高职高专教育“十二五”规划建设教材
高职高专畜牧兽医专业群“工学结合”系列教材建设

养羊生产技术

郭志明　杨孝列　主编

中国农业大学出版社
·北京·

内容简介

本教材以养羊生产技术所必需的知识和技能为主线，以“项目导向、任务驱动”为主要形式，基于工作过程设定了羊场建设规划与羊舍建筑、羊场的环境控制和设备配置、羊的饲料配合和供应计划、羊的选种选配和杂交繁殖、羊的饲养管理和兽医保健、养羊生产成本与效益分析 6 个项目。每个项目具体编写结构均分设【学习目标】、【学习任务】、【案例分析】、【阅读材料】、【考核评价】和【信息链接】6 个教学组织单元，并渗透了相关行业标准和技术规范。本教材内容涵盖了养羊生产的各个方面，淡化理论，注重实用，讲究实效，重点突出养羊技术的操作规范和标准，符合现代职业教育培养高素质技能型人才的基本要求，也体现出了高职教育的特色。这种编排既有利于教师和学生按照“产教融合、校企合作”的人才培养机制，开展诸如集中讲授、岗位操练、分析讨论、考核评价、自学提高等灵活多样的教学方法，又便于教师和学生在养羊生产一线开展“做中学、学中做”的专业技能训练活动，符合现代职业教育培养高素质技能型人才的基本要求。

本教材图文并茂、通俗易懂，职教特色明显，既可作为教师和学生开展“产教融合、校企合作”人才培养模式的特色教材，又可作为企业技术人员的培训教程，还可作为广大畜牧兽医工作者短期培训、技术服务和继续学习的参考用书。

图书在版编目(CIP)数据

养羊生产技术/郭志明，杨孝列主编. —北京：中国农业大学出版社，2014.9(2021.11 重印)

ISBN 978-7-5655-1022-9

Ⅰ.①养… Ⅱ.①郭… ②杨… Ⅲ.①羊-饲养管理-教材 Ⅳ.①S826

中国版本图书馆 CIP 数据核字(2014)第 159059 号

书　　名　养羊生产技术

作　　者　郭志明　杨孝列　主编

策划编辑　康昊婷　　**责任编辑**　刘耀华

封面设计　郑　川　　**责任校对**　王晓凤　陈　莹

出版发行　中国农业大学出版社

社　　址　北京市海淀区圆明园西路 2 号　　**邮政编码**　100193

电　　话　发行部 010-62818525，8625　　读者服务部 010-62732336

编辑部 010-62732617，2618　　出　版　部 010-62733440

网　　址　http://www.cau.edu.cn/caup　　**E-mail** cbsszs @ cau.edu.cn

经　　销　新华书店

印　　刷　北京溢漾印刷有限公司

版　　次　2014 年 9 月第 1 版　2021 年 11 月第 3 次印刷

规　　格　787×1 092　16 开本　14.5 印张　358 千字

定　　价　38.00 元

编审人员

主　编　郭志明（甘肃畜牧工程职业技术学院）

　　　　杨孝列（甘肃畜牧工程职业技术学院）

副主编　孙淑琴（辽宁农业职业技术学院）

参　编　景建武（青海省湖东种羊场）

　　　　彭永帅（河南牧业经济学院）

　　　　姜仲文（甘肃永昌肉用种羊场）

　　　　郭小会（甘肃畜牧工程职业技术学院）

　　　　张建华（甘肃畜牧工程职业技术学院）

审　稿　史兆国（甘肃农业大学动物科技学院）

　　　　董　俊（甘肃省农业科学院畜草与绿色农业研究中心）

前 言

为了认真贯彻落实《国家中长期教育改革和发展规划纲要(2010—2020年)》、教职成[2011]11号《关于支持高等职业教育提升专业服务产业发展能力的通知》、教职成[2011]12号《关于推进高等职业教育改革创新,引领职业教育科学发展的若干意见》、教职成[2012]9号《关于"十二五"职业教育教材建设的若干意见》等政策文件精神,完善现代职业教育"产教融合、校企合作"的人才培养模式,切实做到专业建设与产业需求对接、课程内容与职业标准对接、教学过程与工作过程对接,中国农业大学出版社根据教育部《高等职业学校专业教学标准(试行)》,以"专业教材包"的形式,组织甘肃畜牧工程职业技术学院等15所高职院校的教师和宁夏晓鸣农牧股份有限公司等8家大型养殖企业的技术专家,编写了高职畜牧兽医专业群基于工作过程和职业标准的"工学结合"系列教材,期望为畜牧专业课程开展基于"项目导向、任务驱动"的教学方法,提供必要的教学支撑。以"专业"为基础,开发系列教材,可统筹兼顾专业课程体系,有机衔接课程教学内容,有效提高人才培养质量。

本教材的编写以高职畜牧专业人才培养方案为基础,以突出"产教融合、校企合作"为特色,遵循"理论够用"、"技能突出","技术实用"的教学思想。内容设计以生产岗位为主线,以"项目导向、任务驱动"为主要形式,融入行业标准、企业技术操作规范和生产实践要素,实现"教、学、做"一体化,使学生的职业技能达到从事相应职业岗位群工作所必需的要求和标准,让学生置身于现场工作情景、模拟场景及仿真环境中学习,培养学生分析问题、解决问题的能力;并积极引导学生通过网络、图书和课外生产实践等途径,注重学习信息资源的收集,提高学习质量。

本教材由甘肃畜牧工程职业技术学院郭志明和杨孝列任主编。各项目编写分工如下:项目一由杨孝列编写,项目二、项目三由郭小会编写,项目四任务1、任务2和项目五任务1至任务7由郭志明编写,项目四任务3至任务6由孙淑琴编写,项目五任务8和任务9由彭永帅编写,项目六由张建华编写,全书由郭志明和杨孝列统稿。教材的编写渗透了企业专家姜仲文、景建武提供的饲养管理技术规程,甘肃农业大学动物科技学院史兆国教授、甘肃省农业科学院畜草与绿色农业研究中心董俊研究员审阅了书稿,并提出了许多宝贵意见和建议,在此一并深表谢意。

由于养羊业生产理论和技术发展很快,加之编者水平有限,书中错误和不妥之处在所难免。为此,深切盼望在使用本教材的过程中能够提出批评和建议,以备再版时修改。

编写组

2014年5月

目　录

项目一　羊场建设规划与羊舍建筑

【学习目标】

掌握羊场场址选择的技术要点;掌握场区规划布局的方法;知道羊舍的建筑类型和特点;掌握羊舍建筑设计的基本方法;学会羊舍结构观测与羊舍图纸识别技术。

【学习任务】

任务1　羊场建设选址与规划布局

随着养羊生产集约化、专业化和工厂化的不断发展,合理确定羊场建设位置,并进行科学的规划布局极为重要。

一、场址选择

羊场场址选择时,应依据其经营方向、生产特点(种羊场或商品羊场)、饲养方式(舍饲或放牧)、生产规模和集约化程度等基本特点,并结合当地土地利用规划要求,对地势、地形、气候、水源、土质、交通、电力、防疫和社会条件进行全面考虑。

(一)地理条件

主要考察羊场所处位置的地势和地形。地势主要涉及场区位置的高低、走势等问题,一般选择坐北朝南或南偏东10°～15°的斜坡地(1°～3°)比较理想,便于排水,防止积水和泥泞,要求地势高燥、地下水位2 m以下,场区内的相对湿度比较低,可以限制病原微生物、寄生虫等有害生物的繁殖和生存。低洼潮湿的场地,一方面不利于机体自身的体热调节,易滋生病原微生物和寄生虫;另一方面也会严重影响建筑物的利用年限和生产。开阔整齐的地形有利于羊场的布局、采光、通风和绿化等,场地不宜狭长或边角太多。羊场的场地面积应结合生产规模、生产特点合理确定，一般羊场占地面积按存栏基础母羊的数量来计算：基础母羊 15～20 m^2/只。规模化羊场建设面积如表 1-1 所示。

表 1-1　规模化羊场建设面积

规模/只	500	1 000	1 500	2 000
建设用地面积/m^2	7 500～10 000	15 000～20 000	22 500～30 000	30 000～40 000

(二)水源条件

场址选择时应调查分析当地的水源、水量和水质情况，羊场使用的水源不管来自于地下水或地面水，必须满足 3 个条件：一是水源干净卫生、水质良好。要求符合畜禽饮用水的水质卫生标准，新建水井需调查当地是否有因水质问题而出现过某些地方性疾病。二是水量充足，能满足羊场用水需求。一般羊只的需水量舍饲大于放牧，夏季大于冬季。羔羊的需水量为 3～5 L/(d・只)，成年羊为 10～15 L/(d・只)，职工用水按 20～40 L/(d・人)。水量除保证现有规模羊群的饮水和职工需要外，还需考虑羊场的发展和扩大、绿化等用水。三是取用方便，便于防护。水源要求取用方便，易于消毒净化，同时要保证水质长期处于良好的状态，不受周边环境和条件的污染，也要避免羊场产生的污染物对水源的侵害。

(三)土壤条件

羊场所处位置的土壤主要是考察其特性和土质。许多养殖企业在选场过程中，一般都不考虑土质对养羊生产的影响，因其性质和特点在一定的地方往往比较稳定，且容易在施工中对其缺陷进行弥补和处理。若缺乏长远考虑而忽视土壤潜在的危险因素，则导致土壤的透气性和透水性不良、吸湿性大，使土壤的相对湿度增加，有利于病原微生物和细菌的大量繁殖，从而影响羊的健康生长，并对建筑物的使用寿命产生一定的影响，另外，对场区的排水系统要求更高。因此，在选址时对土壤情况作详细的调查和分析是很有必要的，如果其他条件差异不大，选择沙壤土比选择黏土有较大的好处，沙壤土透气性好，自净能力强，场区地面易保持干燥，对羊的健康、卫生防疫和绿化种植都有好处。

(四)防疫条件

羊场位置应充分调查当地和周边的疫情，不能在有传染病的疫区建场，四周须有一定的区域设置防疫隔离带。羊场应位于公共场所或居民点的下风向处，距离公共场所或居民点 1 000 m 以上，应避开公共场所或居民点污水排出口，更不应在工厂、屠宰场、制革厂等容易造成环境污染的下风向处或附近建场，与工厂、企业、养殖场的距离不小于 3 000 m，做到羊场与周围环境互不影响、互不污染。若存在一定困难时，可在羊场周围设计绿化隔离带或防疫沟，一旦发生疫情，便于隔离封锁。例如，一个 1 000 只的肉羊场，每天粪尿的排泄量可达 2 660～3 750 kg，还有大量的有害气体和污水等，对周围环境容易造成污染。因此，应充分考虑羊场的卫生防疫、粪污的处理和利用，保证生产的正常运行。

(五)交通电力条件

羊场大多数设在农区、半农半牧区。场址选择应考虑交通便利、通信畅通、电力供应可靠等。特别是规模化的种羊场和肉羊场，其物资需求和产品销售量很大，对外联系密切，故应保证交通方便。但为了防疫卫生，羊场距离交通主干道应在 1 000 m 以上，距离乡村公路在 500 m 以上。另外，选择场址时，还需重视供电条件，特别是集约化程度高的羊场，必须配备可靠的供电设备，最好是采用工业用电和民用电双路供电，同时配置小型发电机组，以保证羊场生产的正常进行，有利于羊产品的加工、运输和饲草料的加工调制。

(六)社会条件

新建羊场选址要符合当地土地规划建设发展的要求，综合考虑本地区种羊场、肉羊场、养羊小区等各种饲养方式的合理组织与布局，并与饲料供应、市场需求、产品营销、技术服务、屠宰加工等相互协调。

二、规划布局

(一)功能区划分

羊场规划布局时，应依据有利于生产、防疫、运输与管理的原则，根据当地全年主风向和场区地势的走向，合理安排生活区、管理区、生产区和隔离区的功能划分(图 1-1)，各功能区之间应设计 30～50 m 的缓冲区，并设防疫隔离带或隔离墙，同时安排好绿化区域，绿化覆盖率不低于 30%。绿化不仅美化环境，净化空气，也可以防暑、防寒，改善羊场的小气候环境，利于羊群健康生产，因此，羊场总体布局时，一定要考虑和安排好绿化。

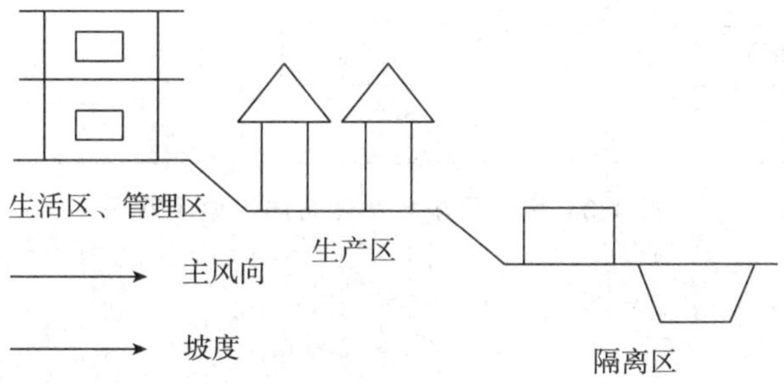

图 1-1　羊场各功能区布局

一般而言，羊场四周应建围墙或防疫沟，围墙高度为 2.5～3.0 m，与场内建筑物应保持 2 m 以上的间距，以防兽害和避免闲杂人员进入场区。场内的办公室、接待室、财务室、食堂、宿舍等属于生活区和管理区的主体设施，是职工生活和工作最频繁的地方，往往与场外联系密切，应单独设立，并布局在生产区的上风向或与风向平行的一侧。为保障羊群防疫，羊场门口应设车辆消毒池，行人消毒通道和值班室等，消毒池与门口等宽，长度不小于出入车轮周长的1.5倍，深度15～20 cm。生产区设在生活区和管理区的下风向，生产区入口设置更衣室、紫外线消毒室。主要建筑物包括种羊展厅、人工授精室、种公羊舍、母羊舍、产羔舍、断奶羔羊舍、后备母羊舍、剪毛室、药浴池、青贮池、草料棚等。各羊舍的位置依据配种、转群、卫生、防疫等要求确定，区内净道与污道应分开。生产区建筑面积应占全场总建筑面积的70%～80%。靠近育肥舍的围墙内侧设羊只装卸台，运输车辆停在墙外装羊。生产区四周应通过隔离围墙与生活区、管理区和隔离区相互分开，附属设施如饲料加工车间、饲料仓库、修理车间、配电房、锅炉房、水泵房等与其毗邻建设。场内的兽医室、解剖室、病羊隔离舍和贮粪场是隔离区的主体设施，应设在生产区的下风向，四周应有天然或人工隔离屏障，尽可能与外界隔绝，设单独的通道和出口，并设置尸体坑和粪污处理区，以防止疾病蔓延和污水、污物对环境的污染。标准化羊场规划布局如图1-2所示。

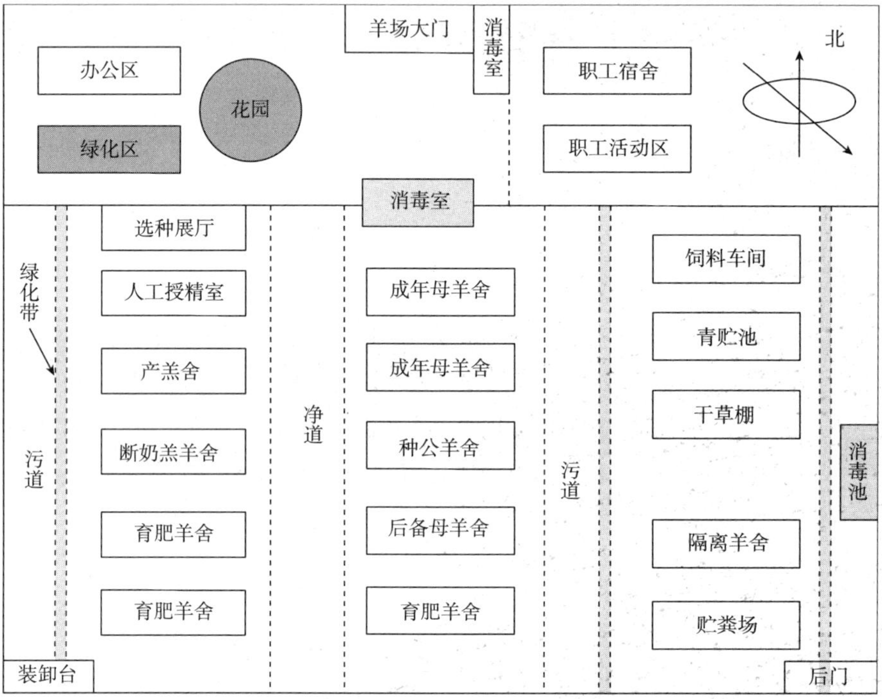

图1-2 标准化羊场整体布局平面示意图

(二)建筑设施

1.羊舍

羊舍是羊只采食、休息、生活的场所，应布置在生产区的中心位置，排列平行整齐，以羊只抵抗力的强弱、生产便利和风向为依据，从上风向至下风向依次排列。羊舍间距应考虑防疫、采光和通风等要求，一般两栋羊舍之间的距离不小于15～20 m。

2.饲料贮藏和加工设施

饲料加工车间应与羊舍保持一定的距离，一是降低噪声对羊只的影响；二是降低饲料加工过程中产生的灰尘和粉末对羊只健康的影响。饲料库应靠近饲料加工车间，利于饲料装卸。草料棚应设在地势比较高、干燥、排水良好的地方，周围设计排水沟，以防草料受潮。青贮池设在距离饲料加工车间 50 m 以内，并根据饲养规模和条件规划切(割)草机、饲料(草)粉碎机等加工设备的存放位置。

3. 排水设施

羊场排水设施一般设在道路两侧及运动场周边，分为传统式排水设施(图 1-3)和漏缝地板式排水设施。传统式排水设施由排尿沟、降口、地下排出管和粪水池构成。若地下排出管道距离较长时，应间隔一定距离设计观察井，便于及时发现管道有无堵塞，一般相邻两观察井间距为 10～15 m。漏缝地板式排水设施由漏缝地板、粪尿沟组成。漏缝地板可用木板、硬质塑料、钢筋混凝土或金属等材料组成。羊栏地面可全部安装漏缝地板，也可在排粪的局部安装漏缝地板，漏缝地板条宽和缝隙间的距离应依据羊只不同阶段而定。粪尿沟位于漏缝地板下方，用以贮存由漏缝地板落下的粪尿，一般宽度为 0.8～2.0 m、深度为 0.7～0.8 m，向粪水池方向的坡度为 3%～5%。

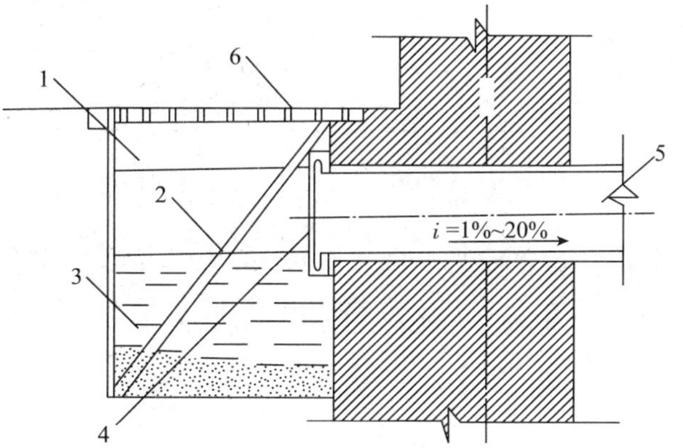

图 1-3 传统式排水设施

1. 通长地沟 2. 铁板水封 3. 沉淀池
4. 可更换的铁网 5. 排水管 6. 通长铁箅子或沟盖地板
i—管道坡度

任务 2 羊舍建筑类型与结构设计

合理的羊舍建筑是为不同生长阶段、不同类型的羊只提供一个最佳或比较适宜的环境，要求羊舍地面和墙体等结构具有良好的保温隔热性能，便于清洗、消毒和粪污的处理，小气候环境能满足羊只的生长发育。所以，羊舍建造时，必须结合羊的生物学特性和生产工艺，遵循合理、适用、经济的原则，综合考虑土地、人力、水电、材料、气候、生产工艺和饲养模式等因素，科学设计，做到方便管理、冬暖夏凉、透光通风、卫生清洁、牢固耐用和环保适用。

一、羊舍设计参数

(一)占地面积

羊舍的占地面积应根据饲养密度、品种、性别和当地气候条件等而定。面积过大,浪费土地和建筑材料,不利于羊舍的保温防寒;面积过小,则造成工作的不便,舍内拥挤,有碍于羊只的生长发育。羊舍建造面积可依据表 1-2 设计。

表 1-2　各类羊每只所需适宜面积　　m^2/只

羊别	面积	羊别	面积
种公羊(独栏)	4.0～6.0	幼龄公、母羊	0.5～0.6
群羊公羊	1.5～2.0	育肥羊	0.6～0.8
空怀母羊	1.0～1.2	产羔室	占基础母羊数的20%～25%计算面积
妊娠前期母羊	0.8～1.1	奶山羊	2.0～2.5
妊娠后期母羊	1.1～1.2	绒山羊	1.5～2.5
育成羊或淘汰羊	0.7～0.9	毛皮羊	1.2～2.0

(二)跨度与长度

羊舍的跨度一般不宜过宽,单坡式羊舍为 6.0～6.5 m,双坡式羊舍为 6.5～8.0 m,双列式羊舍为 10.0～12.0 m,羊舍的长度没有严格的限制,但是考虑到舍内环境条件、设备的安装和生产管理,一般以 50～80 m 为宜。

(三)高度

羊舍的高度根据当地的气候条件和羊舍的宽度有所不同。跨度不大、气候不太炎热的地区,羊舍的高度(从地面至天棚最高点)一般为 2.5～3.0 m。跨度大,气候炎热的地区,高度一般为 3.0～3.5 m。对于寒冷地区,可适当降低至 2.0～2.2 m。另外,羊舍饲养密度较大时,可适当增加舍内高度,以保证舍内小气候环境质量,但过高不利于羊舍冬季的保温。

(四)门、窗

羊舍门的高度一般为 1.8～2.0 m。宽度依据羊舍的跨度而定,单列式羊舍门宽为 1.8～2.0 m,双列式羊舍门的宽度可设计为 2.0～2.5 m 的双扇门,便于羊只的出入、运送草料和清粪。寒冷地区为保持舍内适宜的温度,可在门外设计门斗。羊舍窗户的有效面积一般占羊舍地面面积的 1/15～1/10,前窗距地面高 1.0～1.2 m,后窗距离地面高 1.4～1.5 m,窗间距不超过窗宽的 2 倍。

(五)运动场

运动场面积一般为羊舍面积的 1.5～2 倍,应设在两栋羊舍的中间,运动场地面比羊舍地面低 15～30 cm，向南缓缓倾斜，以沙质壤土为好，便于排水和保持干燥。运动场应设相应的围栏或墙，高度为 1.3～1.5 m。成年羊运动场面积可按每只 4 m^2 计算。运动场围栏高度依据羊的类型而定，公羊 1.5 m，母羊 1.2～1.3 m。

二、建筑类型

由于各地区的气候条件不同，羊舍的建筑类型有很大的差异，在建造羊舍时应根据当地的气候条件、品种、饲养方式和规模的大小等情况而定。羊舍按屋顶形式分为单坡式、双坡式、平顶式、半钟楼式、钟楼式和拱形等；按外围护结构分为开放式、半开放式和封闭式；按平面布置可分为长方形、直角形和半日形等；按舍内羊栏的排列形式可分为单列式、双列式和多列式等。常见羊舍的建筑类型如图 1-4 所示。

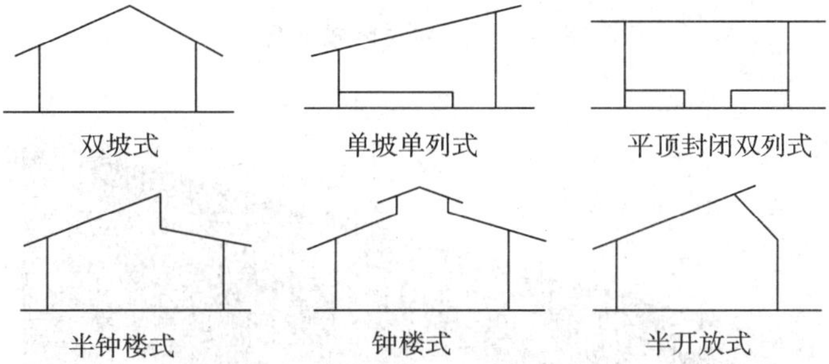

图 1-4　常见羊舍的建筑类型

(一)根据羊舍的外围护结构划分

1. 开放式羊舍

开放式羊舍又称凉棚，有屋顶无墙体，棚的中梁高度一般为 3～4 m，棚顶呈双坡式结构，选用材料有秸秆、树枝、石棉瓦和钢板瓦等，结构简单，造价低。其隔热效果较好，棚下凉爽，适合于在温暖地区和冬季不太冷的地区建造。

2. 半开放式羊舍

半开放式羊舍由两侧山墙、后墙、支柱和屋顶构成，前墙为 1.2 m 高的半截墙，后墙安装一定数量窗户，屋顶为单坡式，跨度较小、排列成"一"字形，保温和隔热性能好，适合于北方寒冷地区。

3. 封闭式羊舍

封闭式羊舍四面有墙和窗户，顶棚全部覆盖，人工控制供暖、降温、通风、换气等环境因子，使得保温性能好，分单列封闭式羊舍和双列封闭式羊舍。单列封闭式羊舍跨度小，通风好，易建造，适合于小型羊场。双列封闭式羊舍(图 1-5)便于机械化操作，科学饲养和管理，适用于规模较大的羊场。

4. 楼式羊舍

南方炎热和潮湿地区，可修建楼式漏缝地板羊舍(图 1-6)。漏缝地板可用木条、竹子铺设，也可铺设水泥预制漏缝地板，漏缝间隙为 1.5～2 cm，板宽 3～4 cm，离地面距离通常为 2.0 m

左右。楼上开设较大的窗户,楼下只开较小的窗户,楼上朝向运动场一侧既可修成半封闭式,也可修成全封闭式。饲槽、饮水槽和补饲草架等均可修在运动场内。

图 1-5 双列封闭式羊舍

图 1-6 楼式漏缝地板羊舍

(二)根据羊舍的屋顶划分

1. 单坡式

单坡式羊舍跨度小,自然采光和通风好,结构简单,造价低,适合于小规模羊群和简易羊舍选用。

2. 双坡式

双坡式羊舍跨度较大,保暖能力强,但自然采光和通风效果差,需配备相应的设备,投资较大,适合于寒冷地区。

3. 钟楼式和半钟楼式

在双坡式屋顶单侧或双侧增设天窗以加强通风和采光,这种羊舍屋顶造价高,但舍内环境条件好,适合于南方炎热或温暖地区。

(三)根据羊栏的排列划分

1. 单列式

舍内羊栏排成一列,基本规格为宽 6.0～6.5 m,中梁高 2.5～3.0 m,长度一般为 40～

50 m。走道设在靠北墙，两山墙对应设计门，利于羊舍的自然通风，舍内保温和防潮效果好，空气新鲜，结构简单，便于维修。

2. 双列式

舍内羊栏排成两列，中间设一通道，与两侧山墙大门相通，基本规格长 60～70 m，宽 10.0～12.0 m，中梁高 3.0～3.2 m，透光部位一般设计在中间通道的正上方，有利于两侧所有羊只的采光，双列式羊舍保温好，管理方便，能有效控制环境条件和提高劳动效率。

三、结构设计

(一)地基

羊舍地基的主要作用是承载羊舍自身重量，其埋置的深度应根据羊舍的总载荷、地基承载力、地下水位及气候条件等确定。要求具备足够的强度和稳定性，以防建筑物下沉，引起裂缝和倾斜，使整体结构受到影响。地基受潮会引起墙壁及舍内潮湿，为防止地下水通过毛细管作用浸湿墙体，基础墙的顶部应设防潮层。

(二)地面

羊舍的地面通常称为畜床，是羊活动、采食、躺卧和排泄的地方，要求坚实、保温、干燥、不透水、平整、防滑、便于清扫、清洗和消毒。羊舍地面分实地面和漏缝地面 2 种类型。实地面依建筑材料的不同有夯实黏土、水泥地、三合土(石灰：碎石：黏土为 1：2：4)和砖块地等，其中以三合土地面或砖块铺垫为好，漏缝地面一般用软木条制成，木条宽 32 mm、厚 36 mm、缝隙宽 15 mm，或者用厚 38 mm、宽 60～80 mm 的水泥条筑成，间距为 15～20 mm。

(三)墙体

墙体主要的作用是承重受力和保温隔热，要求坚固、保温和耐用。一般采用土墙或砖墙，要求表面光滑平整，便于清洗和消毒。厚度可根据当地气候条件和所用材料特性来确定，寒冷地区应加设保温层或增大墙体厚度。

(四)屋顶与天棚

屋顶具有防雨水和保温隔热的作用。其材料有道瓦、石棉瓦、木板、塑料薄膜、油毡等。一般设计三层，外层瓦片、中层油毡、下层为木板和椽子。在寒冷地区，舍内可增添天棚，以利于保温和隔热。

【案例分析】

某现代化肉羊场羊舍结构的布局

一、案例介绍

某现代化肉羊场，采取自繁自养方式，年出栏肥羔 5 000 只。场区各类羊舍朝向为坐北朝南，内部结构布局充分考虑了肉羊生产的标准化饲养工艺，其羊舍内部结构的布局如图 1-7 至

图 1-10 所示。请结合项目一羊场建设规划与羊舍建筑的相关知识和要求，认真分析案例资料，指出羊舍内部结构的布局特点。

图 1-7　羊舍的整体外观图

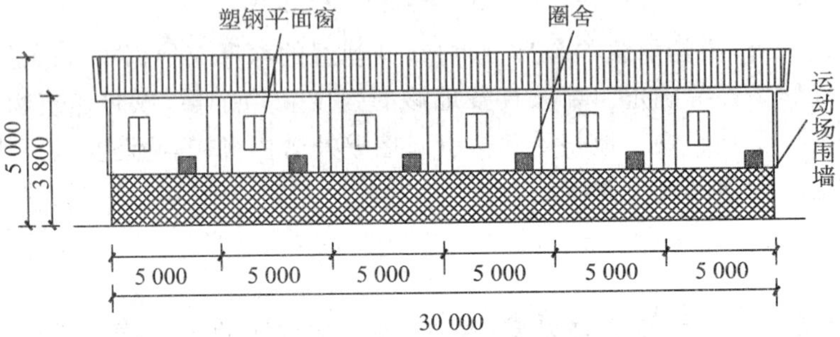

图 1-8　羊舍立面示意图(单位:mm)

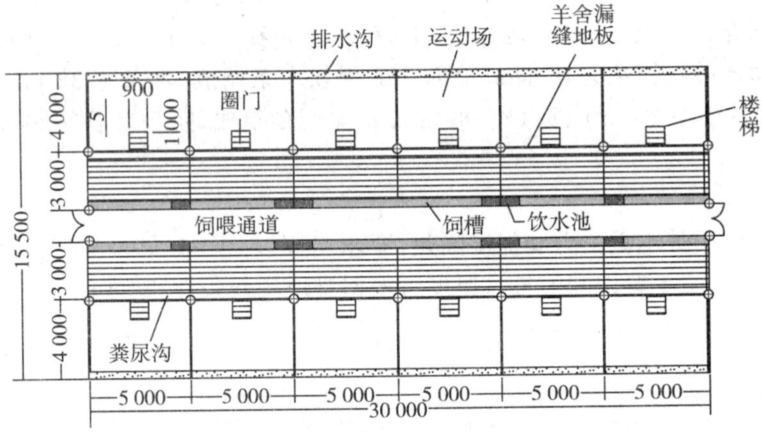

图 1-9　羊舍平面示意图(单位:mm)

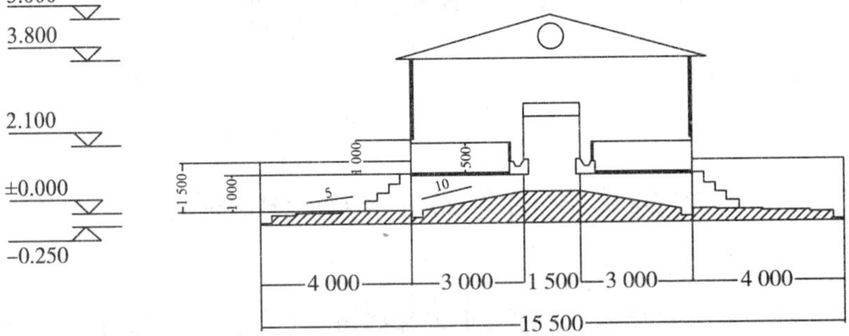

图 1-10　羊舍剖面示意图(单位:mm)

二、案例分析

由图 1-7 至图 1-10 可见，该场育肥羊舍为双列式单层砖木结构，长为 30 m，宽 7.5 m(含 1.5 m 饲喂通道)，高 5 m，运动场位于羊舍南、北墙两侧，宽各为 4 m，高 1.5 m。羊舍圈内地板采用漏缝地板设计，漏缝地板距地面 1 m，下方地面坡度为 10°，后接粪尿沟，一般深 20 cm，宽 30 cm。运动场围栏高 1 m，地面为比较粗糙的水泥地面或砖面，坡度要求 5°左右。

每栋羊舍内设 12 个羊栏，每个羊栏的面积为 15 m^2(长 5 m×宽 3 m)，可育肥肉羊 240～300 只。运动场的面积为 240 m^2(长 30 m×宽 8 m)，每只羊的活动面积为 0.8～1.0 m^2。

通过以上分析，我们可以看到，一个标准化肉羊场，其育肥舍内部结构主要包括羊栏、喂料通道、食槽、漏粪地板、通风光照窗户和圈门等，不仅能够为羊只创造适宜的生活环境条件，而且通过设计漏缝地板，减少了羊与粪污的直接接触，能够使舍内有害气体相对降低；另外，羊舍中梁的高度为 5 m，前后墙为 3.8 m，形成了相对比较大的空间，保证羊舍内空气的新鲜，降低了羊只的发病。

【阅读材料】

北方地区塑料暖棚羊舍设计

一、塑料暖棚羊舍的基本结构

近年来，我国北方地区推广塑料暖棚羊舍。这种羊舍一般是将简易开放式羊舍的采光面用材料做好支架，上面覆盖塑料膜而成。支架材料因地制宜选材，如竹片、钢材、铁丝等，塑料膜常选用厚度为 0.2～0.5 mm、白色透明、透光性好、强度大的薄膜。塑料暖棚舍可用于母羊冬季产羔和肉羊育肥，其结构见图 1-11 至图 1-13。

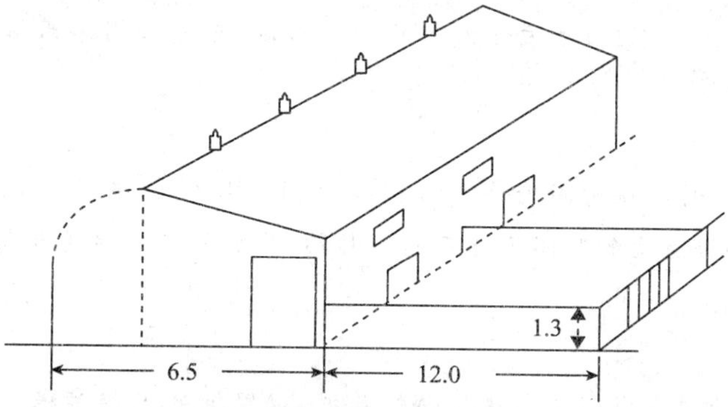

图 1-11　塑料棚舍立体图(单位：m)

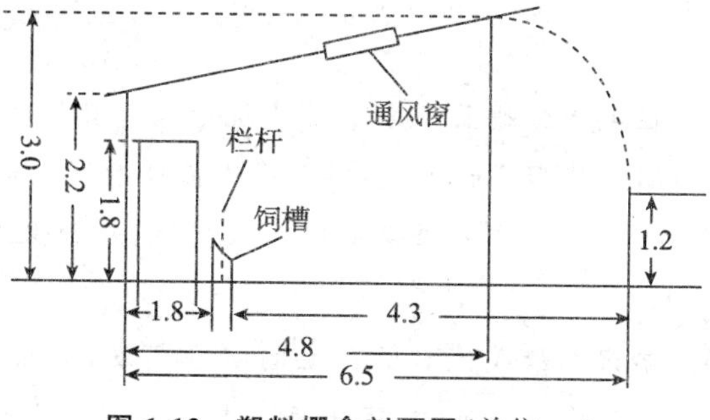

图 1-12　塑料棚舍剖面图(单位：m)

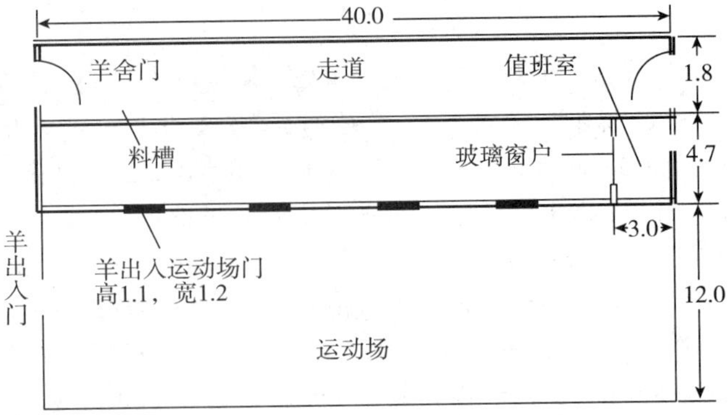

图 1-13　塑料棚舍平面图(单位:m)

二、塑料暖棚羊舍的环境控制

在我国北方地区,随着羊产业的不断发展,塑料暖棚养羊得到了快速发展,通过塑料暖棚羊舍在养羊业中的推广应用,不仅降低了冬季寒冷地区的养羊成本,而且能够充分利用光热资源提高舍内温度,改善羊的生活环境条件,降低羊的死亡率,增加经济效益。但部分养殖户由于管理不当会带来一定的问题,如保温效果差,舍内过潮,有害气体超标等。

(一)保温

为了使羊舍温度达到羊只适宜的温度范围,应选择背风向阳、地势平坦干燥的地方建棚,并选择保温性能好的材料,例如聚氯乙烯薄膜或聚乙烯薄膜等,并采用双层覆盖,夹层间形成空气隔绝层,防止对流,更利于保温。密封好边缘和缝隙,门口应挂门帘。在不影响饲养管理及舍内卫生状况的前提下,适当加大舍内羊的饲养密度,充分利用羊只活动所产生的体热能,可显著提高棚舍内温度。

1. 扣棚和揭棚

一般情况下,适宜的扣棚时间为每年的 10 月至 11 月初,扣棚可随气温的下降由上而下逐步增加棚的面积。揭棚适宜的时间为每年的 4 月初,应随外界气温的升高逐渐缩小棚的面积,直至将棚面全部揭完。

2. 覆盖草帘

冬季寒冷季节,为减少夜间舍内热量向外散失,以保持舍内相对稳定的温度,可采用棚面铺设草帘的方式,将草帘的一端固定于暖棚屋顶,在每天下午 5～6 点将草帘铺设在棚面上,早晨 9 点左右卷起草帘。

3. 地炕加热

在羔羊培育过程中,可在羔羊舍地面下方设计地炕通道。具体做法是:在暖棚舍内地面下方,从一侧山墙向另一侧山墙修建"U"形通道,要求通道前低后高、前厚后薄,这样有利于烟的流动。冬季养羊户可将农作物秸秆、畜禽粪便或煤加入火道,起到保温效果。

(二)防潮

塑料暖棚由于密封好,羊只粪尿或饮水所产生的水分蒸发,导致棚内湿度较大,若不及时排出多余的水汽,会导致疾病的发生。所以,每天气温较高时要进行通风换气,及时清除剩料、废水和粪尿，防止圈舍过潮引起羊只呼吸道和关节疾病。铺设垫草或草木灰，不仅可以改善冷硬地面现状，而且可起到吸湿防潮作用。

1. 增加透光性

羊舍要求经常擦拭薄膜表面的水珠、结露和灰尘，出现破损及时修补。

2. 保持地面干燥

为保持羊舍地面的干燥，特别是地下水位比较浅的地区，要求在建造羊舍过程中，地基必须做好防潮处理，另外，在羊舍墙基四周设防潮结沟，消除降水、冰雪等引起的墙体下部过湿。

（三）有害气体的控制

羊舍内危害最大的气体是氨气和硫化氢，其次是一氧化碳和二氧化碳。氨气主要由含氮有机物如粪、尿、垫草、饲料等分解产生，硫化氢是由于羊采食富含蛋白质的饲料而消化机能紊乱时，由肠道排出的。一般以进入羊舍后感觉无太浓的异常臭味、刺鼻、流泪等为好，说明舍内氨气和硫化氢等有害气体较少，可适当减少通风，以利保温。反之，应延长通风换气时间，以利于有害气体及时排出。

【考核评价】

塑料暖棚羊舍结构图的绘制

一、考核题目

某肉羊养殖小区肉羊育肥舍采用塑料暖棚羊舍结构，其羊舍坐北朝南，具备良好的采光、通风和保暖性能。舍内羊栏为单列单通道布局，羊舍长 33 m，宽 6 m，后墙高 2.2 m，前墙高 1.2 m，中梁高 3.3 m。走道宽度为 1.6 m，食槽的外缘高 40 cm，内缘高 30 cm，槽的上口宽 40 cm，下口宽 30 cm，槽的底部呈凹形，每个羊栏的长度为 6 m，宽度为 4 m。羊舍的门设计在侧墙上，规格为 1.8 m×0.7 m 的双扇门，运动场宽度为 12 m。根据以上参数绘制出育肥羊舍剖面图和平面图。

二、评价标准

塑料暖棚育肥羊舍一般都采用单列式育肥舍，根据上述条件，某肉羊养殖小区肉羊育肥舍剖面示意图如图 1-14 所示，平面示意图如图 1-15 所示。

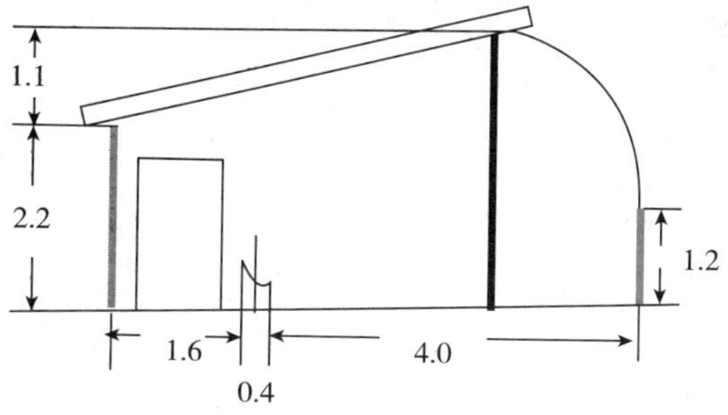

图 1-14　塑料暖棚羊舍剖面示意图（单位：m）

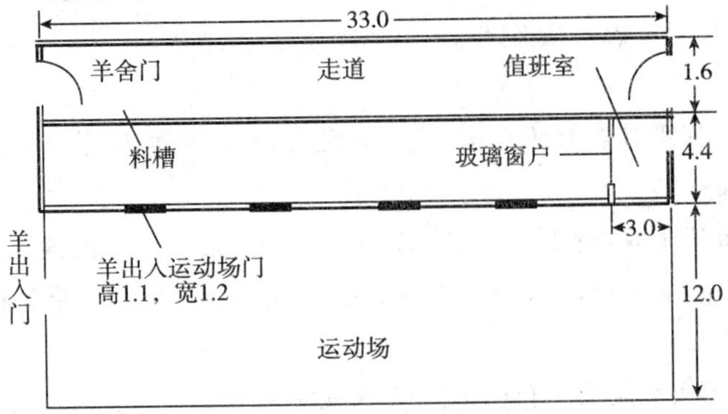

图 1-15　塑料暖棚羊舍平面示意图(单位:m)

【信息链接】

1. DB21/T 1302—2004《肉羊场建设技术规范》。
2. NY/T 1178—2006《牧区牛羊棚圈建设技术规范》。
3. DB11/T 575—2008《种羊场建设规范》。

项目二　羊场的环境控制和设备配置

【学习目标】

知道羊的环境要求和常用生产设备；学会养羊常用设备的使用方法；掌握羊的适宜环境条件控制措施；知道羊的粪污对环境污染及合理利用。

【学习任务】

任务1　羊场的环境要求及控制

养羊环境是指影响羊的生长、发育、繁殖和生产等的一切外界因素，它是由舍内空气质量、温度、湿度、光照、通风、饲养密度等因素组成的特定环境。良好的环境要求在生产过程中人为地进行调节和控制，让羊群生活在符合其生理要求和便于发挥其生产性能的小气候环境内，从而达到高产的目的。

一、适宜环境条件

(一)温度

羊是恒温动物，正常情况下，体温为 38～39.5℃。温度是影响羊只健康和生产力的首要因素。绵羊的适宜温度一般为－3～23℃，山羊的适宜温度一般为 0～26℃。产羔舍适宜的温度范围是 10～18℃，一般冬季产羔舍温度要求不低于 8℃。舍饲条件下，羊舍最适宜温度范围为 14～20℃，夏季羊舍温度不应超过 30℃，在此范围内，羊的生产性能和饲料利用率等都较高。否则，对羊的健康、生长、发育和繁殖等会带来一定的影响，特别是高温环境不利于羊的散热，影响采食和饲料报酬，对公羊精液质量的影响很大，对母羊的受胎也有不良作用。

(二)湿度

在适宜的温度条件下，湿度对羊的影响很小，一般要求相对湿度为 50%～80%。当环境温度发生变化，形成过高或过低温度条件时，则相对湿度要求控制在 70%以内，否则羊舍内易形成高温高湿、低温高湿的环境条件，易引发体外寄生虫病、呼吸道疾病、风湿症和关节炎等，对羊群的健康和生产力产生不良的影响。不同生产类型羊对空气湿度的适应生态幅度见表 2-1。

表 2-1　不同类型羊对湿度适应的生态幅度

(张英杰.绵羊舍饲半舍饲养殖技术，2003.)　　%

类型	适宜相对湿度	最适宜相对湿度
细毛羊	50～75	60
粗毛羊	55～80	60～70
半细毛羊	50～80	60～70
肉用羊	50～75	50～60

(三)通风换气

通风换气有利于排出舍内有害气体和多余水分，引进新鲜空气，降低舍内相对湿度和调节温度。羊舍内应保持适当的气流，冬季羊舍以 0.1～0.2 m/s 为宜，最高不超过 0.25 m/s。夏季可增大气流速度，一般在 0.25～1.0 m/s。以绵羊为例，通风换气参数见表 2-2。

表 2-2　通风换气参数　　m^3/(min・只)

类别	冬季	夏季
成年绵羊	0.6～0.7	1.1～1.4
育肥羔羊	0.3	0.65

设计良好的通风系统，可使羊舍经常保持冷暖适宜、干燥清洁，不但能及时排除舍内的臭味或有害气体，而且还能防止贼风对羊只的侵害。自然通风应设计进、排气管，进气管断面为 20 cm×20 cm 或 25 cm×25 cm，距离天棚 40～50 cm，墙外进气口向下，以防冷空气直接侵入。舍内排气管横断总面积为 0.005～0.006 m^2/只。一般羊舍每个排气管断面为 50 cm×50 cm 或 70 cm×70 cm，设于屋脊两侧，下端穿过天棚伸向舍内，上端高出屋脊 50～70 cm。管顶设屋顶式或百叶窗式管帽，两管间距为 8～10 m。

(四)采光

羊舍大多属于开放式、半开放式和有窗封闭舍，主要利用太阳直射光或散射光通过羊舍开露的部分或窗户进入舍内，达到采光的目的。羊舍的采光设计应充分考虑当地太阳光的照射角度，采光效果主要与羊舍的方位(一般是坐北朝南或略偏东 10°～15°为宜)、窗户的大小和上、下缘位置，入射角与透光角的大小、采光面的清洁程度和舍内墙面的反光率等因素有关。羊舍附近如果有高大建筑物或大树，就会遮挡太阳的直射光和散射光，影响舍内的照度。因此，要求周围建筑物与羊舍的距离不应小于建筑物本身高度的 2 倍。生产中常用采光系数衡量与设计羊舍的采光。采光系数是指窗户的有效采光面积与羊舍地面面积之比，种羊舍一般为 1∶(15～25)，羔羊舍 1∶(15～20)，育肥羊舍为 1∶(12～15)。

(五)空气卫生

羊舍空气卫生差的主要原因：一是羊只自身呼吸产生的二氧化碳、水汽等；二是日常管理不当，主要是清扫地面、分发干草、粉料、翻动垫草等饲养管理引起；三是粪尿分解产生氨气、硫化氢等有害气体。生产中应加强各环节的科学管理，羊舍要求合理地通风换气、及时清理粪污，尽量降低和减少有害气体、尘埃和微生物的浓度。羊舍中有害气体的种类及分布见表 2-3。

表 2-3　羊舍中主要有害气体及分布

种类	理化特性	来源和分布	标准
氨气	无色，具有刺激性气味，比空气轻，易溶于水，在 0℃ 时，1 L 水中可溶解 907 g 氨	来源于羊的粪尿、饲料残渣和垫草等有机物分解的产物；舍内氨含量多少决定于羊的密集程度、舍内地面的结构、舍内通风换气情况和舍内管理水平；上、下含量高，中间含量低	20 mg/m^3
硫化氢	无色、易挥发的恶臭气体，比空气重，易溶于水，1 体积水可溶解 4.65 体积的硫化氢	来源于含硫有机物的分解，当羊采食富含蛋白质饲料而又消化不良时排出大量的硫化氢；粪便厌氧分解也可产生硫化氢；硫化氢产自地面和畜床，密度大，故愈接近地面浓度愈大	8 mg/m^3
二氧化碳	无色、无臭、无毒、略带酸味气体，比空气重	来源于羊的呼吸；由于二氧化碳密度大于空气，因此聚集在地面上	1 500 mg/m^3
一氧化碳	无色、无味、无臭气体，相对密度 0.967	来源于火炉取暖的煤炭的不完全燃烧，特别是冬季夜间畜舍封闭严密，通风不良，可达到中毒程度；聚集在畜舍上部	日平均最高允许量　1.0 mg/m^3；一次最高允许量 3.0 mg/m^3

(六)噪声

生产中噪声的主要来源有 3 种：一是外界传入的；二是羊只本身活动和生产管理人员操作产生的；三是舍内机械设备运行产生的。噪声对羊的影响主要是应激危害，对羊的听觉、大脑、生殖机能、消化系统、生长和行为等都能产生不良的影响。据研究，噪声由 75 dB 增至 100 dB 时羊群表现不安，绵羊的反刍时间减少 5%，平均日增重显著下降，饲料利用率降低；90 dB 的噪声能使绵羊体内甲状腺激素的释放受到抑制。目前尚不清楚羊能够承受的噪声范围，但我国卫生学标准规定，人能承受的噪声以 85 dB 为限，羊场噪声应低于此限。

二、羊舍环境调控措施

(一)保温防寒控制

(1)合理设计羊舍的方位、防潮、采光和通风,提高屋顶和墙壁的保温性能。

(2)要搞好羊舍的维修,顶部不可漏雨雪,四周墙壁、屋顶空隙及窗户要堵塞严实。

(3)在不影响舍内饲养管理和卫生状况下,适当增加饲养密度。

(4)经常更换、铺垫干软土、麦秸或锯末等垫料,可改善羊只周围的小环境,起到防潮保温的效果。

(5)冬、春季节气候渐暖时,应逐渐增大揭棚面积,控制气流,防止阴风。

(6)在日常保温措施仍达不到舍温要求时,可采用集中供暖保温,即利用锅炉等热源,将热水、蒸汽或预热后的空气,通过管道输送到舍内或舍内的散热器,或利用阳光板、玻璃钢窗、塑料暖棚、火炕、火墙等设施来保温。

(二)防暑降温控制

(1)打开所有窗户和通风口,加强通风,并利用风机加强舍内空气的流动。

(2)一般羊舍内气温较高时,可适当降低羊的饲养密度,其比例为1/4～1/3,避免拥挤,改善空气质量,减少热应激。

(3)保证饮水槽内有充足清洁的饮水。在饮水中添加0.5%的小苏打或0.1%～0.2%的人工盐、电解多维等,调节羊体内电解平衡,减少热应激的发生。

(4)增强外围护结构的反射,减少太阳辐射热。墙和屋顶应选用吸热系数小而反热系数大的白色或其他浅色外表面,以减少太阳辐射热。

(5)通过搭建遮阳网和在羊舍或运动场南侧种植植物、树木等,起到遮阳和绿化的作用,并覆盖裸露地面以缓和太阳辐射。

(三)舍内湿度的控制

空气相对湿度的大小,直接影响羊的体热散发。在适宜温度条件下,空气湿度对羊体热调节没有影响,但在高温或低温时,能加剧对羊体的危害。

1.高湿的控制

(1)可采取加大通风换气量的方式,驱除舍内多余的气体,引进新鲜干燥的空气。

(2)通过提高舍内温度,增加饱和水汽压,降低舍内的相对湿度。

(3)减少舍内水汽来源,及时清理水分较多的粪污,保持羊舍的干燥和卫生。

(4)合理设计羊舍,做好羊舍地面防潮层的处理,严格控制水的浪费。

(5)提高屋顶和墙壁的保温性能,防止水汽凝结。

2.低湿的控制

舍内相对湿度较低时,可以在舍内地面洒水或用雾化器直接向舍内喷雾,从而提高舍内湿度。

(四)舍内光照的控制

光照对羊的生理机能具有重要的调节作用,不仅影响羊的健康,也影响羊只的生产性能。适量的光照可以预防佝偻病和软骨症,还可以提高羊的抗病力。另外,光照对羊的繁殖具有一定的影响,适宜的光照可提高母羊的性欲,促进发情,光照过强或时间过长,则抑制母羊的发情和生长。

(五)舍内有害气体控制

1. 加强场址的选择

场址选择应远离污染源,合理设计羊场和羊舍的排污系统及粪污、污水的处理。

2. 加强防潮,适当通风

舍内湿度增大,有利于病原微生物和细菌的繁殖,通过防潮处理和适当的通风换气,可以使舍内多余的水汽降低,形成比较干燥、新鲜的空气,有利于羊只的生长发育。

3. 加强环境的绿化

羊场周边可种植乔木、灌木林带,特别是在北、西两侧,应加宽这种混合林带(宽 10 m 以上),以起到防风阻沙的作用。羊场绿化可以明显地改善场区的温度、湿度、气流等状况。在高温时期,树叶的蒸发能降低空气中的温度,也增加了空气中的湿度,同时也降低了辐射强度,有利于净化空气、减弱噪声、减少尘埃、减少空气及水中的细菌量。另外,羊场外围的防护林带和各区域之间种植的隔离林带,可以起到防止人畜任意往来的作用,减少疾病传播的机会,同时也有利于防火。

(六)舍内灰尘和微生物的控制

(1)羊场应远离污染源,遵循场址选择的基本原则,必须与污染较为严重的工厂、企业、屠宰场等污染源有一定的距离,并做好场区及周边的卫生防疫、消毒和隔离工作。羊场周围居住区大气中的有害物质最高容许浓度见表 2-4。

表 2-4 羊场周围居住区大气中的有害物质最高容许浓度

(苗志国,常新耀.羊安全高效生产技术,2002.)

项目	最高容许浓度	
	一次	日平均
灰尘自然沉降量/[kg/(km^2·月)]	3 000	—
飘尘/(mg/m^3)	0.50	0.15
煤烟/(mg/m^3)	0.15	0.05

注:一次最高容许浓度,指任何一次测定结果的最大容许值;日平均最高容许浓度,指任何 1 d 的平均浓度的最大容许值。

(2)羊场周围种植保护林带,场区内也要种植大量的树木,粉碎饲料、堆放干草等场所应与羊舍保持一定的距离。

(3)羊舍顶部的通风孔要经常打开，生产中分发饲料时动作要轻，每天清扫地面时不得干扫，清扫前应适当喷洒一定的水，禁止在舍内刷拭羊体。

(七)噪声的控制

(1)羊场应尽量避免工矿企业、交通运输的干扰，场内规划布局合理。

(2)羊舍内进行机械化作业时，对设备的安装和操作应尽量减低噪声，避免大声喧哗，尤其是产羔舍。

(3)羊舍周围大量植树。好的绿化条件可以减少灰尘的产生，抑制微生物的大量繁殖，还可以使外界噪声降低 10 dB 以上。

任务 2　羊场的设备配置

传统的放牧饲养和半舍饲养殖，一般很少采用先进的设施设备。舍饲养羊生产中，一般都需配置与生产工艺相配套的先进设施设备。其生产设备选择的合理与否，对养羊生产会产生很大的影响。

一、围栏设备

用木条、木板、圆竹、钢筋、铁丝网等加工成的栅栏、栅板或网栏，栏的两例或四角装有可连接的接钩、插销或铰链，配置部分带拖地板并可插入地层的角钢支接，方便羊只的分栏和管理。

(一)母仔栏

为便于对产后母羊的管理和羔羊的护理，提高羔羊成活率，需使用母仔折叠式围栏。每块栏高 1 m，长 1.2～1.6 m，使用时可在羊舍靠墙处围成母仔栏(图 2-1)，母仔栏数量一般按 10 只母羊一组围栏配备。一个羊舍内可隔出若干个小栏，每栏可供一只带羔母羊使用，使产羔母羊及羔羊有一个安静又不受其他羊只干扰的环境。

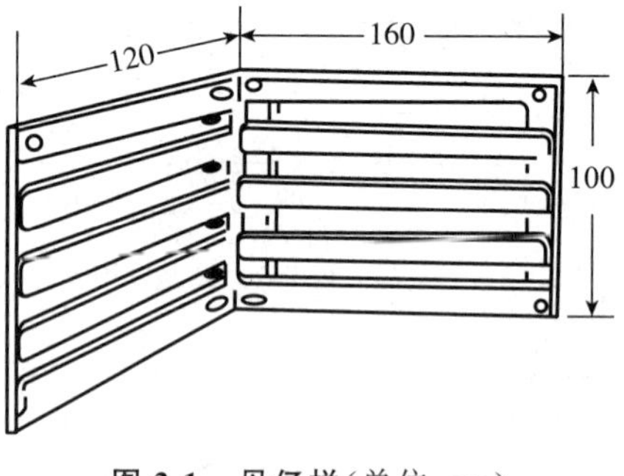

图 2-1　母仔栏(单位:cm)

(二)羔羊补饲栏

补饲栏专用于羔羊补饲,可用多个栅栏、栅板或网杆在羊舍或补饲场靠墙围成足够面积的围栏(图 2-2)。栅栏上设计一小门,要求成年羊不能进入,羔羊能自由出入,以便羔羊能尽早补料、吃草,同时又可跟随母羊吃奶。这种补饲栏一般用木板制成,板间距离 15 cm,补饲栏的大小要依羔羊数量多少而定。

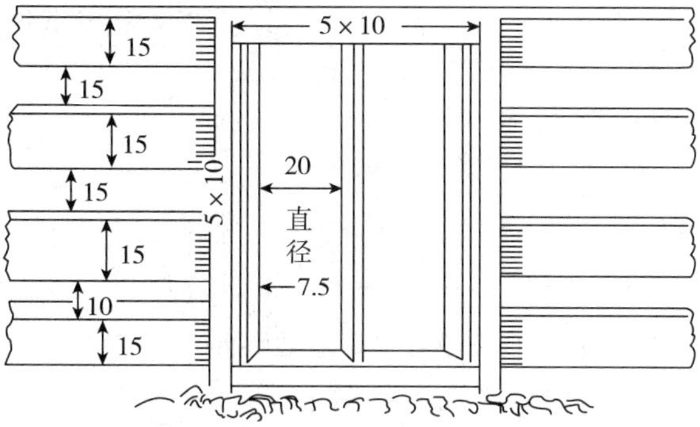

图 2-2 羔羊补饲栏(单位:cm)

(三)分羊栏

分羊栏(图 2-3)主要应用于羊只的分群、鉴定、防疫、驱虫和称重等。分羊栏由许多栅板连接而成,要求结实、坚固。一端设一喇叭形入口,中部为一小的通道,比羊体稍宽,可允许羊只单行前进,不能转身。通道的两侧可根据需要设置若干个小的羊栏,把羊群分成所需要的小群。

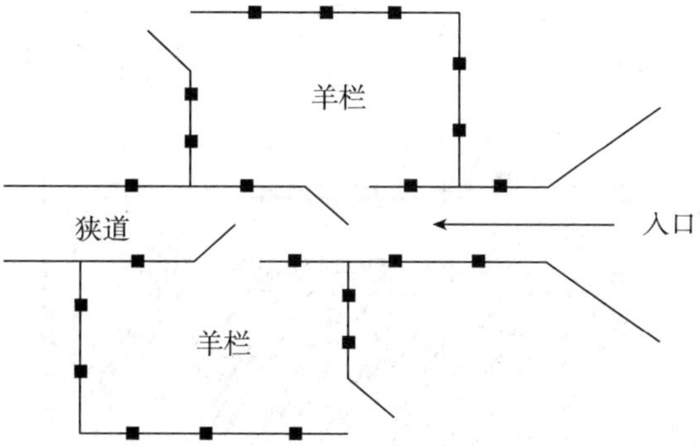

图 2-3 分羊栏

(四)活动围栏

活动围栏可供随时分割羊群使用。在产羔时,利用若干栅栏或网栏,连接固定成圆形、方形的小圈。常见的活动围栏由网杠、立柱、拉筋、圈门等组成,具有体积小、重量轻、拆装运输方便、灵活、牢固可靠等特点,也可以应用于羊只的补饲。活动围栏见图 2-4 和图 2-5。

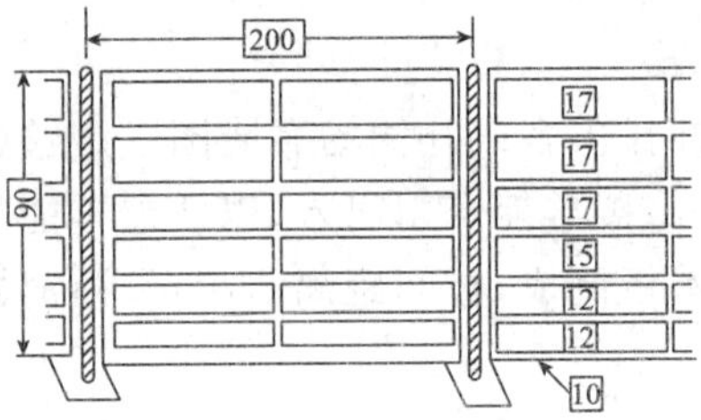

图 2-4 折叠围栏(单位:cm)

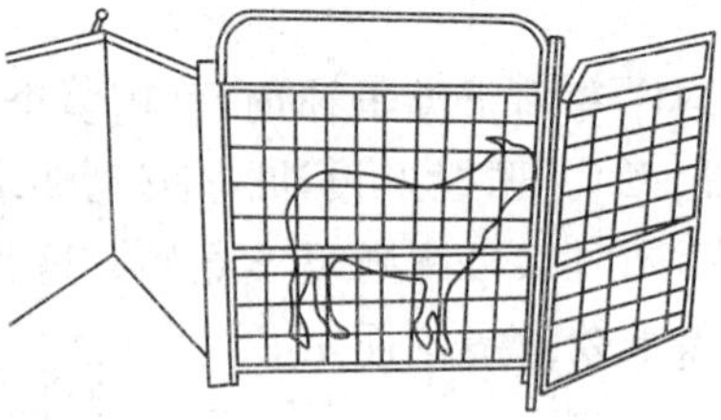

图 2-5 澳式铁网、铁板活动羊栏

二、饲喂饮水设备

(一)草架

草架是喂粗饲料、青绿饲料的专用设备,可以减少饲料的浪费。一般分为“U”形联合式、长方形和三角形草架等形式,可用钢筋或木料制成,形式多种多样。草架设置长度,成年羊按每只 30～50 cm,羔羊按每只 20～30 cm。草架隔栅间距以羊头能伸入栅内采食为宜,一般 15～20 cm。常见的草架见图 2-6 至图 2-8。

图 2-6 “U”形两面联合草架

图 2-7 长方形两面移动草架

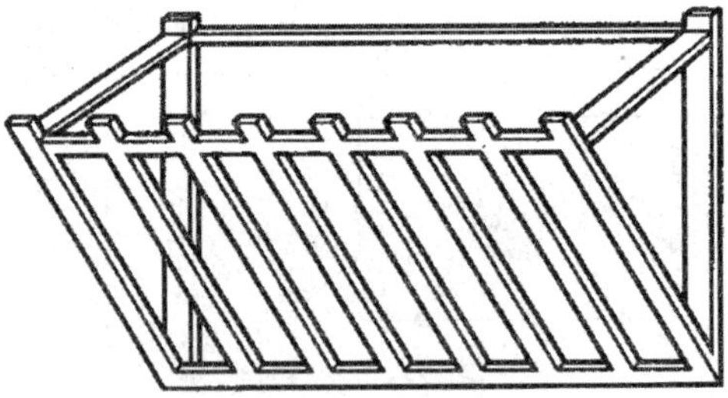

图 2-8 靠墙固定单面草架

(二)饲槽

饲槽主要用于饲喂精料、颗粒饲料和青贮饲料等,一般分为固定式和移动式 2 种类型。

1. 固定式饲槽

固定式饲槽一般为在羊舍、运动场或专门的补饲场,按一定距离用砖石、水泥砌成一行或几行饲槽(图 2-9)。舍饲羊舍多修建永久性固定饲槽。双列式对头羊舍,饲槽在中间走道的两侧;双列式对尾羊舍,饲槽靠窗户走道一侧;在带走道的单列式羊舍内,饲槽靠近走道侧;有些羊舍没有专门的走道,则饲槽靠墙布置。饲槽做法一般上宽下窄,槽底呈圆形,无死角。其规格一般为上宽 25～30 cm,深 20～25 cm,槽高 25～30 cm。饲槽长度以保证整个羊群同时采食为宜,每只羊的采食按成年羊 30 cm、羔羊 20 cm 计算。为防止羊进入槽内,饲槽上部应安装护栏。

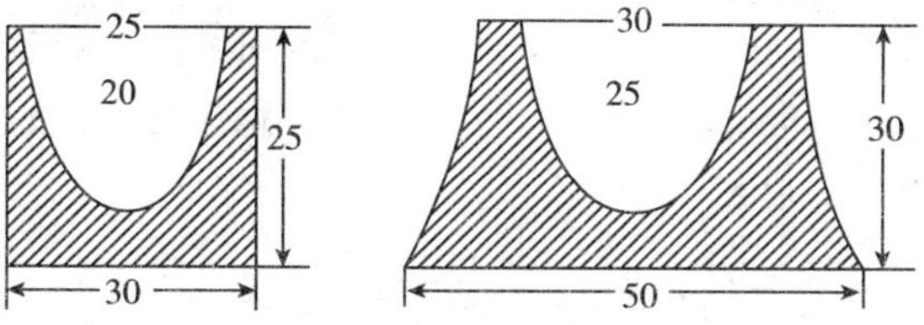

图 2-9 固定式饲槽(单位:cm)

2. 移动式饲槽

这类饲槽移动和存放较为灵活方便,一般用木板或铁皮制作,主要作为冬春舍饲期妊娠母羊、哺乳母羊、羔羊以及病弱羊只补饲用(图 2-10)。饲槽坚固耐用、制作简单、便于携带,长 2～3 m,高 67.5 cm,底座宽 85 cm,饲槽上口宽 35 cm,槽底宽 30 cm。为防止饲喂时羊只攀爬踏翻槽,饲槽两端最好安置临时且拆装方便的固定架,若为铁皮饲槽,应在其表面喷以防锈涂料。

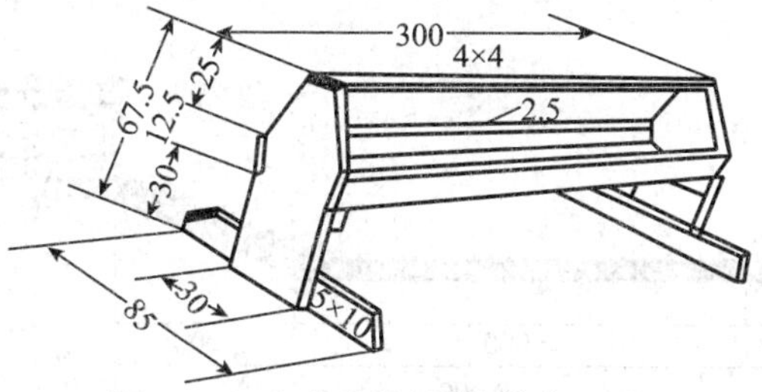

图 2-10 移动式精料槽(单位:cm)

(三)饮水设备

羊场须配备完整的供水系统,包括取水设备、贮水设备、水管网和用水设备等。羊场的饮水设备一般分为简易饮水槽和自动饮水器。

1. 简易饮水槽

简易饮水槽一般为采用砖、水泥或木板制作的水沟式饮水槽(图 2-11)。该设备容易引起水的污染,浪费较大,水槽不宜清洗。

2. 自动饮水器

羊用自动饮水器(图 2-12)为塑钢制作,坚固耐用。羊的嘴巴触碰到饮水器,水自动流出,能有效利用水资源,减少水的浪费,为羊提供清洁卫生的饮水。

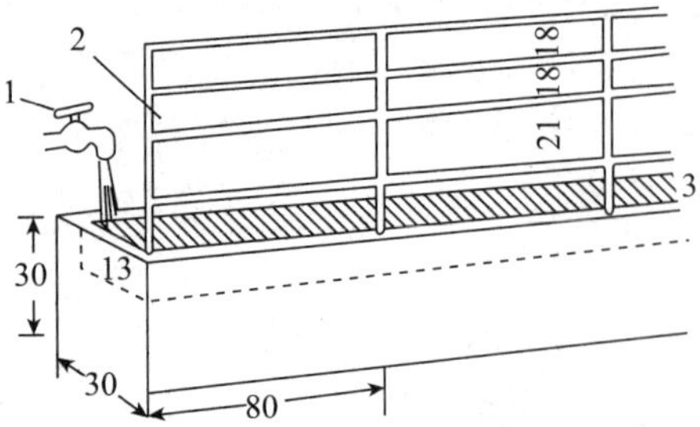

图 2-11　水沟式水槽(单位:cm)

1.水龙头　2.羊栏　3.水槽

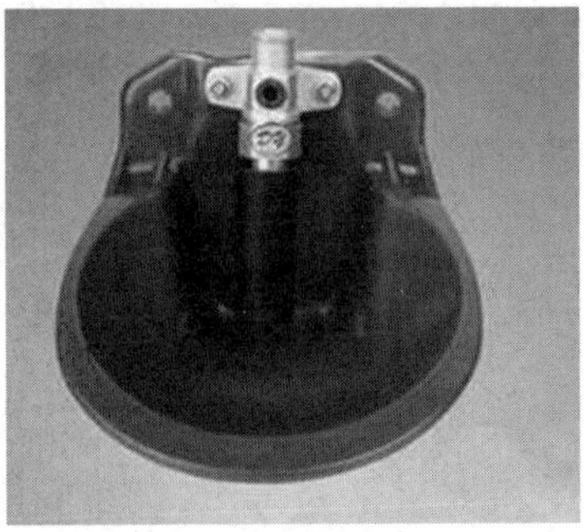

图 2-12　羊自动式饮水器

三、药浴设备

(一)大型药浴池

大型药浴池可供大型羊场或养殖比较集中的乡村药浴用。药浴池可用水泥、砖、石等材料砌成,呈长方形水沟状。药浴池一般长 10～12 m,深度为 1.0 m,上口宽 60～80 cm,下口宽 30～50 cm(图 2-13 至图 2-15),以一只羊能通过但不能转身为宜。药浴池的入口处为陡坡,以利于羊只迅速入池,出口端为台阶式缓坡,以便羊药浴后容易出浴,并使羊体上余存的药液回流到药浴池。

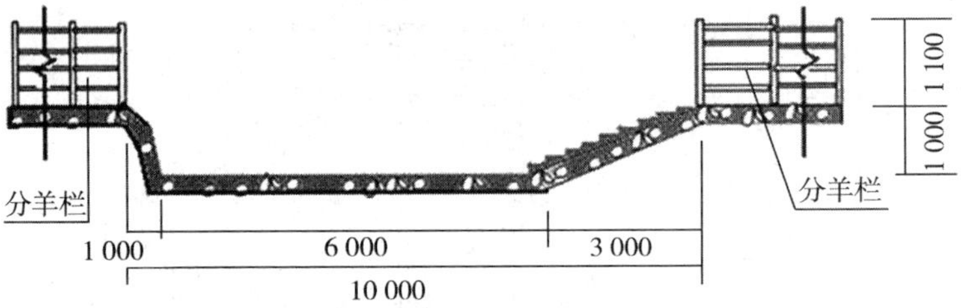

图 2-13　羊药浴池纵剖面图(单位:mm)

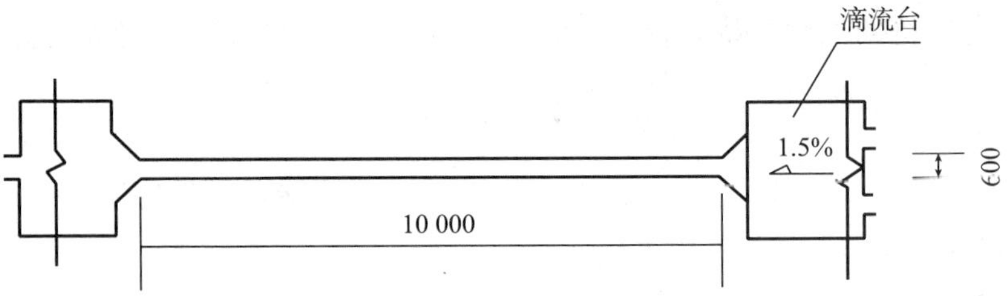

图 2-14　羊药浴池平面图(单位:mm)

(二)小型药浴槽、浴桶、浴缸

羊群数量小的情况下,一般用浴槽、浴桶、浴缸等进行药浴。小型浴槽液量为 1 400 L,可同时将 2 只成年羊或 3～4 只小羊一起药浴(图 2-16)。

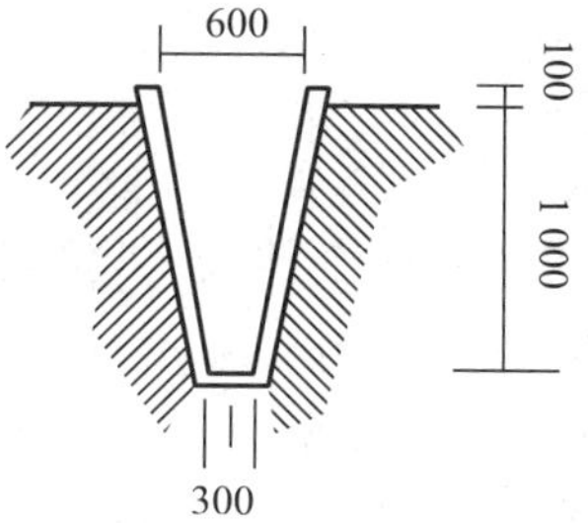

图 2-15　羊药浴池横剖面图(单位:mm)

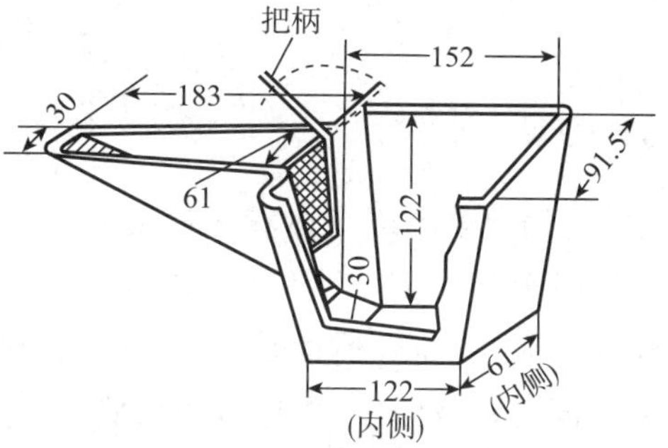

图 2-16　小型药浴槽示意图(单位:cm)

(三)帆布药浴池

帆布药浴池为直角梯形，一般用防水性能好的帆布制作。上边长 3.0 m、下边长 2.0 m、深 1.1 m、宽 0.7 m，容积约 2.3 m^3，外侧固定套环，安装前按药浴池的大小形状挖一土坑，然后放入帆布药浴池，四边的套环用铁钉固定，加入药液即可进行工作。用后洗净，晒干。

(四)淋浴式药浴池

淋浴式药浴池(图 2-17)为一个直径 8～10 m、高 1.5～1.7 m 的圆形淋场，由入口小、后端大的待浴羊圈、滤淋栏、进水池和过滤池等部分组成。羊群药浴时，把羊赶入待浴羊圈，关闭待浴羊圈入口，打开淋场门羊群进入淋场，关闭淋场入口，开动药浴装置即行药浴。机械化淋浴装置的主要特点是不用人工抓羊，节省劳力，降低劳动强度，提高工作效率，避免羊只伤亡。但其建筑费用高，适合于大型羊场或养羊非常集中的地区。

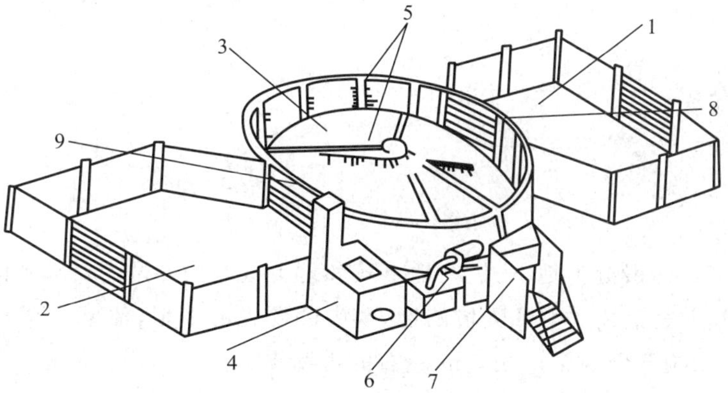

图 2-17　淋浴式药浴装置

1.待浴羊栏　2.浴后羊栏　3.药浴淋场　4.炉灶及热水箱　5.喷头
6.离心式水泵　7.控制台　8.药浴淋场入口　9.药浴淋场出口

四、挤奶设备

(一)挤奶架

小规模的奶山羊场或个体养殖户主要依靠手工挤奶。由于羊只的个体较小,挤奶员蹲在地上挤奶不方便,可配置一个简单的挤奶架(图 2-18)。挤奶架一般长 110 cm,宽 50 cm,台面距离地面高度为 40 cm,前面设计料槽和劲枷。挤奶架可根据羊群数量设置,一般每 25~30 只奶山羊设一台挤奶架,可在挤奶架侧面搭一块斜板,以方便奶山羊进入挤奶架。

(二)挤奶机

羊用挤奶机(图 2-19)结构简单、操作灵活方便、工作平稳、噪声小、挤奶效率高、使用机械挤奶设备,不仅可以节约人工、减轻劳动强度,而且可以提高奶的产量和卫生质量。

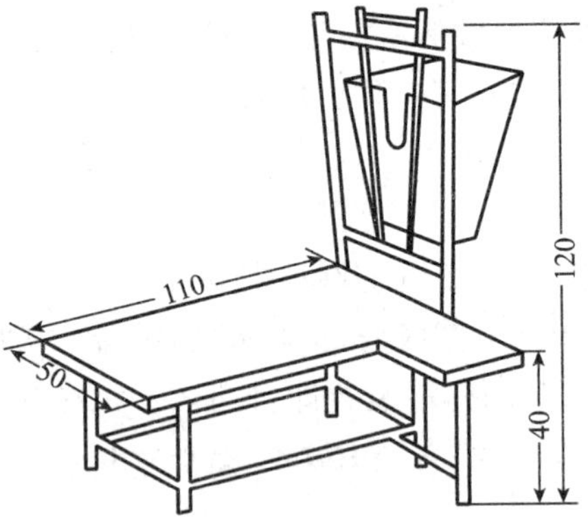

图 2-18 挤奶架示意图(单位:cm)

图 2-19 羊用挤奶机

五、青贮设备

(一)青贮池

青贮池(图 2-20)一般分为地下式、半地下式和地上式 3 种类型。要求坚固、耐用,不透气,不漏水。应在靠近羊舍远离水源和粪坑的地方,内部要光滑平坦,池壁应有一定倾斜度,上宽下窄,底面与地下水位至少要保持 0.5 m 左右的距离。

青贮池的大小依据羊场规模而定,一般按照每只羊每天需要青贮饲料 3 kg 计算,1 m^3 可贮存玉米青贮 550~600 kg。地下式青贮池一般上口宽为 3.0~3.5 m,池底宽为 2.0~3.0 m,深 3~4 m。半地上式青贮池深度为 2.5~3.0 m,宽度依据养殖数量大小而定,若青贮池位置有足够大的面积,池的宽度可设计为 8.0~10.0 m。

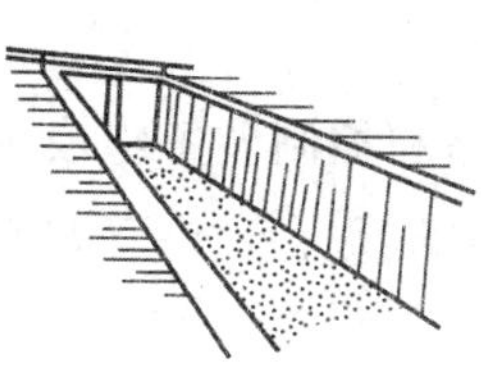
地下式青贮池

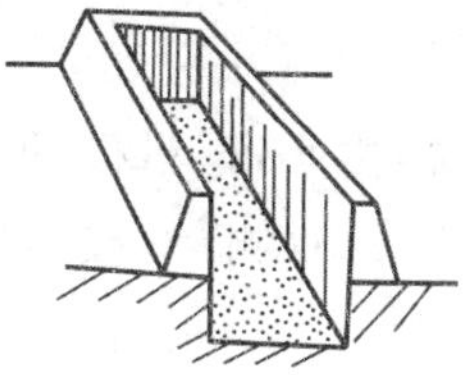
半地下式青贮池

地上式青贮池

图 2-20 青贮池

(二)青贮袋

打捆包青贮就是将玉米秸秆、牧草、稻草、麦秸等各种秸秆粉碎，装袋保存，保存时间可达12个月。干秸秆 40～50 kg/捆，青贮 80～100 kg/捆。

青贮袋(图 2-21)为一种特制的塑料大袋，袋长可达 36 m，直径 2.7 m，塑料薄膜用 2 层帘子线增加强度，非常结实。袋式青贮损失少，成本低。

打捆包青贮

袋式灌装青贮

图 2-21 青贮袋

六、通风降温设备

(一)通风设备

风机是羊舍通风换气和降温最常用的设备，风机的安装应充分考虑羊舍环境所需的换气量、通风换气要求和各地的气候条件而定。羊舍常用风机见图 2-22。

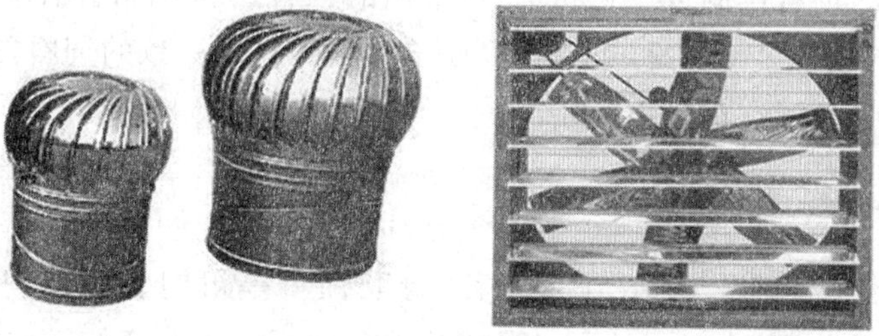

图 2-22 羊舍通风机

(二)降温设备

标准化羊舍多采用水帘-风机降温系统,由水帘、风机、循环水路和控制装置组成。使用时水帘安装在羊舍的进气口,风机安装在水帘的对侧,形成通风降温系统。羊舍水帘-风机降温系统如图 2-23 所示。

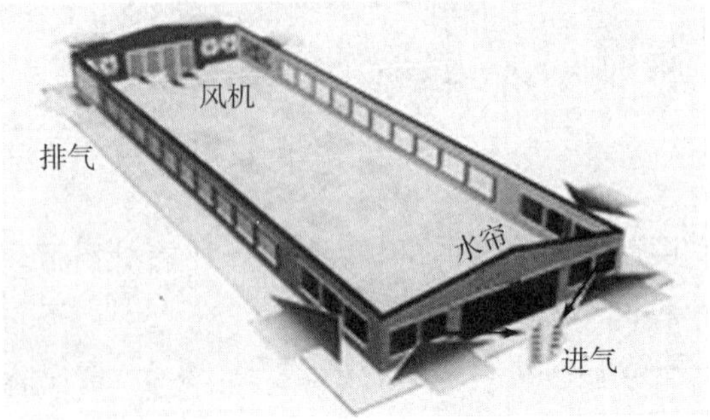

图 2-23　水帘-风机降温系统

七、其他设备

(一)饲草料加工设备

1. 铡草机

利用铡草机将干草和农作物秸秆等铡短后饲喂,可以减少浪费,提高饲草的利用率。铡草机有小型、中型和大型 3 种机型:小型铡草机主要用来切割谷草、稻草、麦秸等;中型铡草机一般可用作铡草和铡青贮料;大型铡草机主要在规模化养殖场用来铡切青贮饲料。按照切割部分的形式又可分为滚筒式和圆盘式切碎机。

2. 秸秆压捆机

秸秆压捆机可以将青草、苜蓿、玉米秸秆以及对小麦的高留茬进行二次切割、打捆。秸秆经压实后打成 20 kg 左右的方捆,缩小了干草体积,便于管理和运输,并有利于保存干草的营养成分,极大地提高了秸秆收集。

3. 颗粒饲料压制机

将搅拌均匀后的饲料压制成颗粒状饲料,常用的颗粒饲料压制机有环模式和平模式 2 种类型。利用颗粒饲料喂羊,特别是羔羊,可以使羊只吃到成分一致的饲料,避免挑食,减少饲料浪费,并且运输、饲喂和贮存都较方便。

(二)TMR 搅拌机

TMR 搅拌机能将各种干草、农作物秸秆、青贮饲料等粗饲料和精饲料直接进行混合搅拌。并通过自动称重装置,可以设计添加量。该设备使用时不破坏纤维成分,使饲料的能量效率最大化,饲料混合均匀度高,营养摄取均衡,降低工人劳动程度,改善饲养环境,提高生产效率，适合大、中型羊场。TMR 搅拌机分固定式和移动式 2 种类型（图 2-24）。

固定式 TMR 搅拌机

移动式 TMR 搅拌机

图 2-24　TMR 搅拌机

（三）饲料粉碎机

常用的饲料粉碎机有锤片式（图 2-25）和齿爪式粉碎机 2 种。锤片式粉碎机按其进料方式的不同又可分为切向进料式（又称切向粉碎机，饲料由转子的切线方向进入粉碎室）和轴向进料式（称轴向粉碎机，饲料由转子的轴线方向即在主轴平行的方向进入粉碎室）。主要利用粉碎机将颗粒比较大的饲料粉碎，便于羊的采食和消化。

（四）剪毛机

剪毛机按使用方式可分为移动式和固定式 2 类。前者适用于广大牧区流动剪毛，后者适用于羊群比较集中的大型牧场。按驱动方式可分为机械式、电动式（图 2-26）和气动式 3 种。

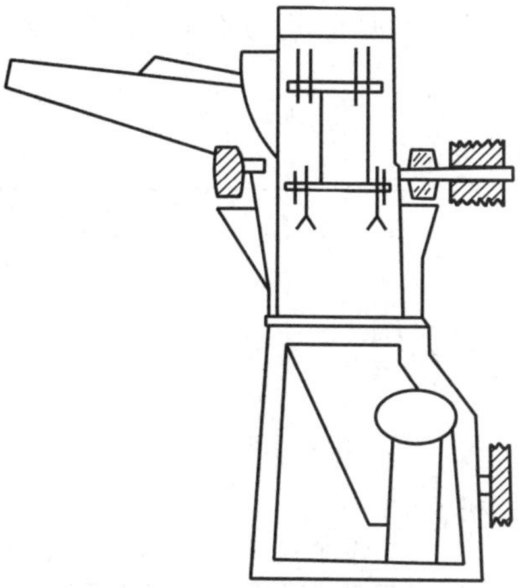

图 2-25　锤片式粉碎机

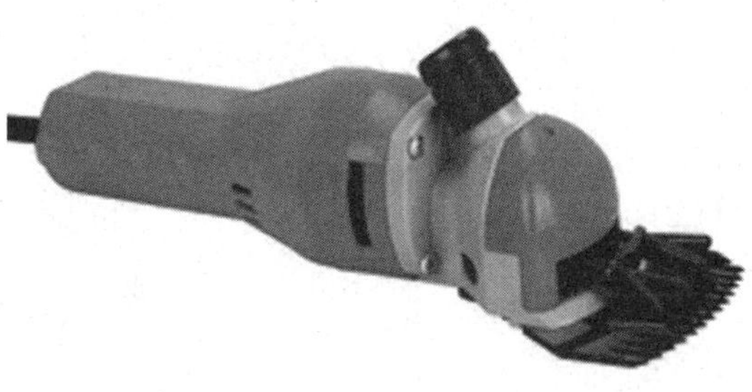

图 2-26　电动式剪毛机

（五）清粪设备

羊场一般采用人工清粪，利用清扫工具将舍内粪便人工清除收集，再由清粪车运输到集粪场地。清粪设备主要有链式刮板清粪机、往复刮粪板清粪机（图 2-27）、传送带清粪等。机械清粪可以提高劳动生产率，但一次性投入大，适用于大型羊场。

图 2-27　往复刮粪板清粪机

【案例分析】

甘肃省某种羊场规划设计

一、案例介绍

甘肃省某种羊场饲养小尾寒羊基础母羊 320 只，繁殖母羊群采用两年三产体系，经产母羊产羔率 281.9%，初产母羊一年一次配种，一次产羔，产羔率 200%；繁殖母羊使用年限为 4～5 年，年更新率 16.7%；公羊使用年限 7 年，年更新率 14.3%。公母比例 1∶40。育成羊占繁殖母羊的 20%～25%。羔羊 60 日龄断奶，哺乳期成活率为 92%，断奶后至配种前成活率为 95%；繁殖母羊总受胎率在 90%以上。羊舍的建筑设计参数见表 2-5。请结合项目二羊的环境控制和设备配置的相关知识和要求，认真分析案例资料，提出该羊场合理的栏位数配置方案。

表 2-5　羊舍的建筑设计参数（单列式）

项目	哺乳母羊舍	妊娠母羊舍	育成、后备母羊舍	待配母羊、公羊舍
舍长/m	64.8	64.8	43.2	43.2
跨度/m	6	6	6	6
羊舍面积与运动场面积之比	1∶2.5	1∶2.5	1∶2.5	1∶2.5
羊栏数/个	16	16	10 （育成羊 4、后备羊 6）	12
每栏饲养数量/只	5	10	12	公羊单栏饲养，待配母羊 10 只/栏

二、案例分析

依据羊的高频繁殖体系，该羊场实行两年三产体系，母羊必须 8 个月产羔一次。该生产体系一般有固定的配种和产羔计划：如 5 月份配种，10 月份产羔；7 月份配种，12 月份产羔；9 月份配种，2 月份产羔；11 月份配种，4 月份产羔。羔羊一般是 2 月龄断奶，母羊断奶后 1 个月配种。为了达到全年的均衡产羔，在生产中，将羊群分成产羔间隔相互错开的 4 个组，每 2 个月安排 1 次生产，见表 2-6。

由表 2-6 可以看出,每个循环周期配种时间和产羔时间重复出现 2 次。

每组饲养的妊娠母羊数量:320÷4=80(只)

每次饲养的妊娠母羊数量:80×2=160(只)

每组产羔母羊间隔 2 个月,故哺乳母羊舍每次容纳的数量:80×(90%~100%)=72~80(只)

每年更新育成、后备母羊数量:320×(20%~25%)+320×16.7%=118~134(只)

以上计算分析可知,该羊场所设计的羊栏数量符合生产需求。羊场内配置多少数量的栏位,既关系到羊场饲养规模和羊舍建筑,又关系到羊的饲养密度、生产工艺、周转组织和生产技术等要求。可以看出,合理设计羊舍的栏位数,既是羊群周转管理的关键条件,又是确定修建羊舍幢数的重要依据,对提高羊舍的利用效率具有重要的指导意义。

表 2-6 两年三产体系模式

配种时间	产羔时间	配种时间	产羔时间	配种时间	产羔时间
5 月份	10 月份	1 月份(第 2 年)	6 月份(第 2 年)	9 月份(第 2 年)	2 月份(第 3 年)
7 月份	12 月份	3 月份(第 2 年)	8 月份(第 2 年)	11 月份(第 2 年)	4 月份(第 3 年)
9 月份	2 月份(第 2 年)	5 月份(第 2 年)	10 月份(第 2 年)	1 月份(第 3 年)	6 月份(第 3 年)
11 月份	4 月份(第 2 年)	7 月份(第 2 年)	12 月份(第 2 年)	3 月份(第 3 年)	8 月份(第 3 年)

【阅读材料】

羊场粪污的处理与综合利用

一、羊场粪污的污染

羊的粪污对环境的污染与危害,已成为不可忽视的问题。除了有社会和人为的因素外,根本之处在于粪污本身包含有对人和动物生活环境造成危害的生物病原,以及粪污经过一定化学变化所产生的大量有害、有毒、恶臭物质。

(一)对水体的污染

粪污和其他污染物一样,需在一定的条件下才能对水体产生污染。当排入水体中的粪污总量超过水体自净能力时,就会改变水体的物理、化学性质和生物群落组成,导致水源水质和生活环境恶化,引起水体富营养化,造成水生动植物死亡、腐烂、沉淀,并导致污泥增多,使水的净化处理困难。另外,用富营养化水灌溉农田可使农作物发生烂秧倒苗、生育期出现倒伏和成熟不良等后果。

(二)对空气的污染

粪污对空气的污染主要来自于舍内外粪尿的堆积。粪污使有机物分解产生的恶臭、有害气体和携带病原微生物的粉尘。羊场的恶臭除直接或间接危害人畜健康外,还会将大量的含硫、含氮化合物及碳氢化合物排入大气,与其他来源的同类化合物一起产生危害,引起羊生产力的降低,使羊场周围生态环境恶化。

(三)对土壤的污染

粪污分解产物进入土壤以后,当超出土壤本身的自净能力时,将会使土壤的组成和性状发生改变，破坏土壤原有的功能，引起土壤的污染。

二、羊场粪污的处理与利用

羊场粪污的处理和利用是一项系统工程，它不仅仅是对羊粪如何处理的问题，还涉及养羊生产中的各个环节，必须综合考虑、系统治理，做到产前防控、产中调控、产后利用。

（一）粪污收集

1. 即时清粪工艺

即时清粪工艺分人工清粪和羊床下机械清粪 2 种（图 2-28、图 2-29）。前者不设羊床，采用扫帚、小推车等简易工具清扫运出，特点是投资少，劳动量大。后者采用刮粪板将粪便集中到一端，用粪车运走，容易实现机械化，但适于较长的羊舍，设备投资大，易损坏。

图 2-28　人工清粪

图 2-29　机械清粪

2. 集中清粪工艺

集中清粪工艺分高床集中清粪和加垫料集中清粪 2 种（图 2-30、图 2-31）。高床集中清粪需设计羊床，床面距离池底高度 70～80 cm，池底设一定坡度，尿液排出舍外，粪便自然发酵。该方法粪尿分离，集中清粪，利于机械化清粪，投资较大。加垫料集中清粪不需设计羊床，经常增加垫料，让粪尿与垫料自然混合发酵，当达到一定高度时，集中清理。该方法投资少，节省劳动力，但舍内空气质量较差，在北方寒冷地区，冬季可选用此模式。

图 2-30　高床集中清粪

图 2-31　加垫料集中清粪

3. 不同清粪收集工艺比较

不同清粪收集工艺比较如表 2-7 所示。

表 2-7 不同清粪收集工艺比较

清粪工艺	舍内空气质量	投资	耗工	耗电	维护费用
即时清粪(人工)	好	低	多	少	低
即时清粪(机械)	好	高	中	多	高
集中清粪(高床)	好	高	少	少	低
集中清粪(加垫料)	差	低	中	少	低

(二)粪污处理方法

羊粪属于优质畜粪,肥效高且久,作肥料还田是最佳的利用方式,其处理方法如下。

1. 制作堆肥

羊粪含水量低,碳氮比值高,氮的释放比较缓慢,所以一般都进行堆制,在堆制过程中,由于有机物的好氧降解,堆制 15～30 d 后,堆内温度可达 50～70℃,可杀死绝大部分病原微生物、寄生虫卵和杂草种子,而且,腐熟的堆肥属迟效肥料,对农作物无害。一般来说,堆肥的场地要求是水泥地或铺有塑料膜的地面,也可在水泥槽中进行。将羊粪堆成长条状,高不超过 1.5 m,宽 1.5～3 m,长度视场地大小和粪便多少而定。堆积方法:先比较疏松地堆积一层,待堆温达 60～70℃ 时,保持 3～5 d,或待堆温自然下降后,将粪堆压实,而后再加一层鲜粪。如此层层堆积至 1.5～2 m 时,用泥浆或塑料膜密封。为保证堆肥质量,含水量超过 75%的最好中途翻堆,含水量低于 60%的最好泼水,密封 2～3 个月以后方可启用。为促进发酵过程,可在肥料堆中竖插或横插适当数量的通气管。

2. 制作复合肥料

制作复合肥料即利用生物菌发酵机理,以工厂生产方式快速制作堆肥,并通过好氧发酵、机械粉碎制粒,成为便于包装运输施用的商品有机肥料,好氧微生物在适宜的水分、酸碱度、碳氮比、空气、温度环境因素下,将畜禽粪便中各种有机物分解产热生成一种无害的腐殖质肥料的过程(图 2-32)。特点是设备采用机械化操作,主要流程为:加菌、混合、通气、抛翻、烘干、筛分、包装。比自然堆肥生产效率高,占地较少,其生产方式有以下几种。

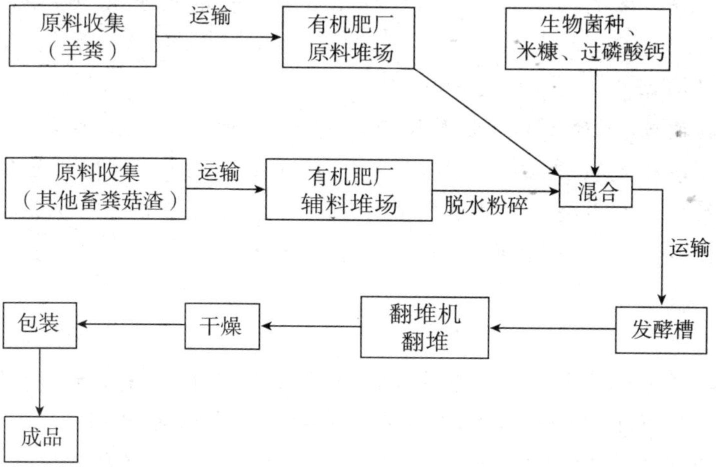

图 2-32 羊粪有机肥料加工流程图

(1)条形堆腐处理:在敞开的棚内或露天将畜禽粪便堆积成宽 1.5 m、高 1 m 的条形,进行自然发酵,根据堆内温度,人工或机械翻倒,堆制时间需 3～6 个月。

(2)大棚发酵槽处理:修筑宽 8～10 m,长 60～80 m,高 1.3～1.5 m 的水泥槽,畜禽粪便置入槽内并覆盖塑料大棚,利用翻倒机翻倒,堆腐时间 20 d 左右。

(3)密闭发酵塔堆腐处理:利用密闭型多层塔式发酵装置进行畜禽废弃物堆腐发酵处理,堆腐时间依据外界气温高低而定,气温高时堆积时间较短,气温低时堆积时间较长,一般为 15～30 d。好氧堆肥法生产有机肥的工艺流程见图 2-33。

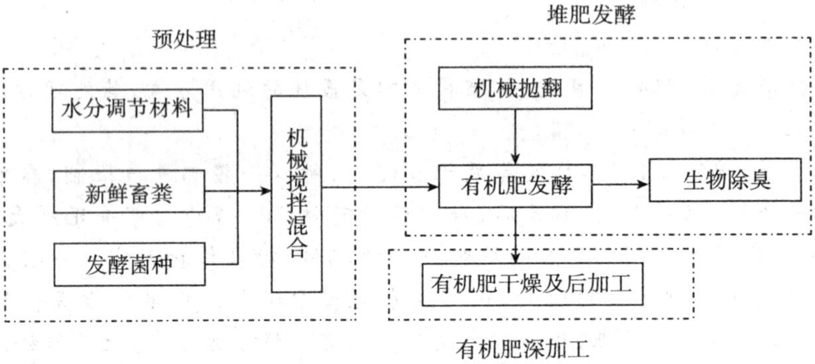

图 2-33 好氧堆肥法生产有机肥的工艺流程

3. 干燥处理

(1)脱水干燥处理:通过脱水干燥,使其中的含水量降到 15%以下,便于包装运输,又可抑制畜粪中微生物活动,减少养分(如蛋白质)损失。

(2)高温快速干燥:采用以回转圆筒烘干炉为代表的高温快速干燥设备,可在短时间(10 min 左右)内将含水率为 70%的湿粪,迅速干燥至含水率仅为 10%～15%的干粪。

(3)太阳能自然干燥:采用专用的塑料大棚,长度可达 60～90 m,内有混凝土槽,两侧为导轨,在导轨上安装有搅拌装置。湿粪装入混凝土槽,搅拌装置沿着导轨在大棚内反复行走,通过搅拌板的正反向转动来捣碎、翻动和推送畜粪,并通过强制通风排出大棚内的水汽,达到干燥畜粪的目的。夏季只需要约 1 周的时间即可把畜粪的含水量降到 10%左右。

(三)粪污利用

1. 全羊粪腐熟堆肥

羊粪尿是一种速效、微碱性的有机质肥料,含有丰富的氮、磷、钾等元素,适合各种土壤施用,具有增高地温、疏松土壤、改善土壤团粒结构、防止板结的作用,特别是对改良盐碱地和重黏土有明显的效果。一只羊全年可排粪 750～1 000 kg,含氮量 8～9 kg,相当于 35～40 kg 硫酸铵的肥效,可施用 1～1.5 亩(1 亩＝666.67 m^2)土地。施用羊粪尿,可以明显提高农作物产量。

2. 发酵床技术

(1)修圈保肥:羊圈也有利于粪肥的保护。羊在卧息时很少排粪尿,一旦由卧息变为起立往往就会排粪尿。根据羊的这一习性,每当羊群在圈舍中的休息时间较长时,中间可赶起 2～3 次,羊就会将粪尿排在羊圈中。出牧时先把羊群在圈内哄起停留或者运动一会儿,待大部分羊排尿后再出牧,这样可以多积肥。此外,对排在运动场上和过道的羊粪尿要及时清除收集,防止风干流失。

(2)合理垫圈：最常见的方法是以土垫圈，每次清圈后先垫 10 cm 厚的沙壤土，以后每隔 2～3 d 垫一层，达到能盖上粪为宜。当圈舍内的粪层到 50 cm 时，一次全部清除，这样有利于保持羊圈清洁干燥，又可多积肥。夏天要勤垫勤起，最好用干的沙壤土垫圈。冬季最好用秸秆、杂草垫圈。羊吃剩下的草渣、杂草或秸秆都可垫圈，既可达到保暖、干燥的目的，还能吸收尿液，增加肥水和有机质。

草木灰垫圈比秸秆和沙壤土更为优越，草木灰的保水作用比秸秆大 3 倍，不仅吸收氨的能力强，而且其自身也含有相当丰富的有机物，可以提高肥效。另外，草木灰还有消毒杀菌的作用。

(3)卧地蹲圈：春季北方养羊采取白天放牧、晚上卧地蹲圈的方法进行积肥，每群羊配备专门的守羊人防止狼害和丢失，让羊群散开均匀地卧在固定的耕地上歇息，每晚将羊群哄起 3～5 次，驱赶活动，使羊排出粪尿。经过羊群卧地后的耕地要及时翻耕，促进土壤均匀地吸收粪肥。

3. 发酵制沼

沼气发酵技术是实现农村废弃物资源化利用，改善环境，保护人的健康，促进生态农业建设的有效途径之一。沼气发酵需要营养源、一定水分和适宜的温度。路娟娟等对羊粪沼气发酵产气潜力进行了试验研究，最终得出结论：在平均温度为 23.0℃，羊粪料液的总固体(TS)质量分数为 8.65%时，1 t 干粪可产生沼气 214.47 m^3。同时，在此试验中还发现了一些问题，如在发酵过程中，由于羊粪不易下沉，在发酵结束时仍有部分羊粪浮于发酵液上面，使得这些羊粪不能充分地与料液中的微生物及各种酶类接触，不能被充分降解。如果在投料前采取一些措施，如将羊粪捣碎，可促进羊粪的下沉和降解。

现阶段的养生产业中，羊粪尿发酵制沼具有广阔的发展及应用前景(图 2-34、图 2-35)。

图 2-34　利用沼液进行无土栽培

图 2-35　蔬菜大棚利用沼液

在目前的羊粪发酵过程中，只利用了其中一部分木质素、纤维素、半纤维素，大部分没有被降解利用。因此，对木质素、纤维素、半纤维素的进一步降解还需做更多的工作。利用生物技术手段筛选一些高效分解木质素、纤维素、半纤维素的菌株和能产生高效酶的微生物，可以提高原料的利用率。另外，沼液作为有机肥可以改进土壤的理化性状，长期施用有机肥有利于土壤生态环境的改善，进而提高牧草的产量与品质；还可以杜绝未经发酵的羊粪直接施用时，羊粪中所含的乳突类圆线虫卵和前后盘吸虫卵对牧草的污染，减少了疾病虫源的传播，有利于生态农业的持续发展。施用沼液的不足之处是沼液的体积大，在生产上可能要花更多的劳动力，因此规模种养必须考虑发展机械化施肥技术，此外，沼液的有机物质含量具有一定的不稳定性。

此外，羊粪还有其他一些用途，如在牧区大部分羊粪都作为了燃料，含水量在30%以下的羊粪，可直接燃烧，但须有专门的烧粪炉；羊粪也可以用来进行生产发酵热，方法是将羊粪的水分调整到65%左右，进行通气堆积发酵而产热，温度可达70℃以上。在堆粪中安放金属水管，通过水的吸热作用来回收粪便发酵产生的热量，此法可用于畜舍取暖保温。

【考核评价】

甘肃省武威市某标准化羊场环境质量测定

一、考核题目

甘肃省武威市某标准化羊场羊舍为砖混结构的带窗封闭式羊舍，羊舍坐北朝南，东西走向，舍长50 m，舍宽7.0 m，双坡式屋顶，屋顶高3.9 m，屋顶南侧为采光板，屋脊有6个排气孔（直径15 cm）。前后墙各设有1.17 m×0.75 m单层窗户18个。窗户距离地面1 m，舍内为双列单通道结构，南北两侧各一列。2012年5月技术人员对该羊场场区、各类羊舍的环境参数进行了检测，发现温度、相对湿度、空气卫生指标和风速等不太合理，如表2-8至表2-10所示。请依据项目二羊场的环境控制与设备配置的相关知识和查阅DB11 T 551.3—2008《无公害食品　畜禽场环境质量》第3部分羊：场环境质量地方标准，予以修改完善。

表2-8　羊场区域环境空气质量参数

序号	项目	日平均	1 h平均
1	总悬浮颗粒物(标准状态)/(mg/m³)	0.46	—
2	二氧化硫(标准状态)/(mg/m³)	0.12	0.8
3	二氧化氮(标准状态)/(mg/m³)	0.06	0.1
4	氟化物/[μg/(dm²·d)]	≤3.0(月平均)	
5	铅(标准状态)/(μg/m³)	1.50(季平均)	

表2-9　羊场舍区空气环境质量参数

序号	项目	日平均
1	氨气(NH_3)/(mg/m³)	30
2	硫化氢(H_2S)/(mg/m³)	8
3	二氧化碳(CO_2)/(mg/m³)	1 890
4	可吸入颗粒(PM_{10})/(mg/m³)	3
5	总悬浮颗粒物(TSP)/(mg/m³)	12
6	恶臭(无量纲)	40
7	细菌总数/(个/m³)	4 356

表 2-10 羊场舍区物理环境质量参数

项目	指标范围	
	羔羊	成年羊
温度/℃	10～18	5～30
湿度/%	40～65	40～65
气流/(m/s)	0.4～0.6	0.6～1.0
光照强度/lx	45	30～55
噪声/dB	65	65

二、评价标准

经查阅地方标准 DB11 T 551.3—2008《无公害食品 畜禽场环境质量》第 3 部分:羊场环境质量,修改完善后的适宜参数见表 2-11 至表 2-13。

表 2-11 修改后羊场区域环境空气质量参数

序号	项目	日平均	1 h 平均
1	总悬浮颗粒物(标准状态)/(mg/m³)	0.26	—
2	二氧化硫(标准状态)/(mg/m³)	0.12	0.4
3	二氧化氮(标准状态)/(mg/m³)	0.06	0.1
4	氟化物/[μg/(dm²·d)]	≤3.0(月平均)	
5	铅(标准状态)/(μg/m³)	1.50(季平均)	

表 2-12 修改后羊场舍区空气环境质量参数

序号	项目	日平均
1	氨气(NH_3)/(mg/m³)	25
2	硫化氢(H_2S)/(mg/m³)	8
3	二氧化碳(CO_2)/(mg/m³)	1 890
4	可吸入颗粒(PM_{10})/(mg/m³)	1.5
5	总悬浮颗粒物(TSP)/(mg/m³)	8
6	恶臭(无量纲)	40
7	细菌总数/(个/m³)	4 356

表 2-13 修改后羊场舍区物理环境质量参数

项目	指标范围	
	羔羊	成年羊
温度/℃	10～25	5～30
湿度/%	40～65	40～65
气流/(m/s)	0.15～0.5	0.2～1.0
光照强度/lx	30	50～55
噪声/dB	60	65

【信息链接】

1. GB/T 19525.2—2004《畜禽场环境质量评价标准》。

2. NY/T 1237—2006《草原围栏建设技术规程》。

3. NY/T 1023—2006《饲料加工成套设备质量评价技术规范》。

4. NY/T 1168—2006《畜禽粪便无害化处理技术规范》。

5. NY/T 1169—2006《畜禽场环境污染控制技术规范》。

6. DB11/T 551.3—2008《无公害食品　畜禽场环境质量》第 3 部分:羊场环境质量。

项目三　羊的饲料配合和供应计划

【学习目标】

了解羊常用饲料的种类及特点；能在养羊生产中合理选用饲草料原料；知道羊的饲料组成及加工调制；掌握羊配合饲料选用及使用；学会羊场饲料供应计划编制方法。

【学习任务】

任务1　羊的饲料组成及加工调制

一、羊的常用饲料

饲料是发展养羊业的物质基础，羊常用的饲料种类很多，特性各异，只有对饲料进行全面的掌握，并依据羊对饲料的利用特性，才能充分发挥其生产性能，实现高效生产。羊常用饲料种类一般分为精饲料、干粗饲料、青绿饲料、青贮饲料、多汁饲料、加工副产品饲料和非蛋白质含氮饲料等(表3-1)。

表3-1　羊常用饲料种类和特点

(范颖，宋连喜，羊生产，2008.)

饲料类型		营养特点	种类
精饲料	禾本科子实饲料	能量价值高，无氮浸出物含量很高，粗纤维含量低，有机物质的消化率高，去壳皮的籽实消化率达75%～90%；蛋白质含量不足，且品质差；脂肪含量少，脂肪酸易酸败；钙、磷比例不平衡，钙少磷多，含有丰富的维生素 B_1 和维生素E，缺乏维生素D；适口性好，易消化	玉米、高粱、大麦

续表 3-1

饲料类型		营养特点	种类
精饲料	豆科子实饲料	粗蛋白质含量高，品质也较好；脂肪含量略低于禾本科籽实，但大豆、花生含量较高；钙、磷含量较禾本科籽实稍多，但钙、磷比例不恰当，钙多磷少；胡萝卜素缺乏；无氮浸出物含量为 30%～50%，纤维素易消化	大豆、蚕豆
干粗饲料		粗纤维含量为 25%～30%，秸秆秕壳类也达 25%～30%。粗蛋白质含量差异很大。一般豆科干草含粗蛋白质较高，可达 10%～19%，禾本科干草为 6%～10%，而农作物秸秆、秕壳仅含 3%～5%，且很难被消化。豆科干草和秸秆、秕壳含钙量在 1.5%左右，禾本科干草和秸秆为 0.2%～0.4%。各种干草的含磷量为 0.15%～0.3%，而各种秸秆多在 0.1%以下。维生素 D 含量丰富，其他维生素则较少，但含有较多的胡萝卜素	青干草、秸秆、秕壳
青绿饲料		青草的粗纤维含量约占干物质的 30%，无氮浸出物含量占 40%～50%。维生素含量丰富。青绿饲料中含有大量的胡萝卜素，每千克含 50～80 mg，高于任何其他饲料，尤其是豆科青草，其胡萝卜素、B 族维生素等的含量要高于禾本科青草。此外，育饲料中还含有较多的维生素 E、维生素 C、维生素 K 等。青绿饲料中粗蛋白质含量一般占干物质重的 10%～12%，尤其是豆科牧草，其蛋白质含量可达 18%～20%，且蛋白质品质较好，生物学价值高，所含必需氨基酸较全面，如赖氨酸、组氨酸含量较多	苜蓿、红豆草、黑麦草
多汁饲料		水分含量高，为 75%～90%，含粗纤维少，一般不超过 10%，不含木质素，干物质含量少，所含营养成分浓度低。但其干物质中富含淀粉和糖，质脆鲜美，易消化。粗蛋白质含量低，只有 1%～2%，矿物质含量不一致，缺少钙、磷、钠，而钾的含量丰富；胡萝卜中含有丰富的维生素	甜菜、胡萝卜、甘薯
加工副产品饲料	糠麸类饲料	粗蛋白质、粗脂肪和粗纤维含量都很高，而无氮浸出物的消化率和有效能值含量低；钙、磷含量比籽实高，但是钙少磷多；B 族维生素含量丰富，含硫氨酸、烟酸、胆碱和吡哆醇、维生素 E 含量较高，缺乏维生素 D 和胡萝卜素	小麦麸、米糠
	油饼类饲料	营养价值高，可消化蛋白质含量 31.0%～40.8%，氨基酸组成较完全，赖氨酸、色氨酸、蛋氨酸丰富，苯丙氨酸、苏氨酸、组氨酸等含量较少，粗蛋白质的消化率、利用率均较高；粗脂肪含量随加工方法不同而异，一般经压榨法生产的油饼类粗脂肪含量为 5%左右；无氮浸出物约占干物质的 1/3(22.9%～34.2%)；粗纤维含量，加工时去壳者含 6%～7%，消化率高；磷含量比钙含量多；B 族维生素含量高，胡萝卜素含量很少	大豆饼、棉籽饼、菜籽饼
	糟渣类饲料	营养成分随原料、加工工艺等差别较大，一般含粗纤维较高，粗蛋白质因其各自的原料不同而有很大差异，但均较低；水分含量高，不易贮存和运输	豆腐渣、甜菜渣、酒糟

续表 3-1

饲料类型	营养特点	种类
非蛋白质含氮饲料	可以代替植物或动物性蛋白质饲料，提供合成菌体蛋白所需要的氨氮，不同产品的含氮量变化幅度较大，除液氮外，为17%～47%，蛋白质当量为106～292，利用率为75%～95%，相当等量豆饼含氮量的1.4～6.5倍。此饲料价格高，适合与植物性蛋白质饲料搭配使用，弥补植物性蛋白质饲料的不足	尿素、二缩脲、铵盐
动物性饲料	粗蛋白质含量高且品质好，必需氨基酸齐全、生物学价值高；无纤维素，消化率高；钙、磷比例适当，能充分被吸收利用；富含B族维生素、特别是维生素 B_{12} 含量高；这类饲料来源较少，不可能大量使用	鱼粉、骨粉
矿物质饲料	羊生长、发育、繁殖不可缺少的物质，维持羊的正常生长代谢	食盐、石粉
复合饲料添加剂	由微量元素如Cu、Fe、Mn、Sn等，维生素如维生素A、维生素D等，瘤胃代谢调节剂、促生长剂以及对有害微生物抑制作用的物质组成	瘤胃素、喹乙醇、杆菌肽锌

二、饲料的加工调制

(一)粗饲料的加工调制

粗饲料经过适当加工处理，可提高其营养价值，大量科学研究和生产实践证明：粗饲料经一般粉碎处理可提高采食量7%，加工制粒可提高采食量37%。

1. 铡短

利用铡草机将粗饲料切短，一般用于喂羊的粗饲料可切至1.5～2.5 cm。

2. 膨化

将初步破碎或不经破碎的粗饲料装入膨化机械高压罐内，在1.47～1.96 MPa的压力下，持续30 min后，突然降至常压喷放即可得到热喷饲料。经过该技术的处理，羊对粗饲料的采食量和有机物质的消化率明显提高。

3. 盐化

盐化指铡碎或粉碎的秸秆饲料用1%的食盐水和等量的秸秆充分搅拌后，放入容器内或在水泥地面堆放，用塑料薄膜覆盖，放置12～24 h，使其自然软化，可明显提高适口性和采食量。

4. 碾青

将秸秆和豆科鲜牧草分层铺在晒场上，用磙子或拖拉机碾压。例如，小麦秸秆平铺20～30 cm厚，上面铺上20～30 cm厚的苜蓿，然后再铺上20～30 cm厚的小麦秸秆，碾压流出的苜蓿汁液被秸秆吸收，秸秆的适口性与营养价值均得到提高。

5.氨化

氨化饲料制作方法简便,可提高粗饲料营养价值。氨化后的秸秆质地松软,气味糊香,颜色棕黄。我国自20世纪80年代后期开始推广应用,尤其是小麦秸和稻草普遍被制成氨化饲料。羊经过1周多的适应后,采食量一般为100 kg体重3.3~8.8 kg,每次取用氨化秸秆后要将塑料布盖好。氨化饲料一般没有副作用,但应在喂前充分通风和混合均匀,若饲喂后发生中毒,每只羊可灌服食醋0.5~1.5 L以解毒,秸秆氨化通常采用池贮法。

(1)建造土池或水泥池:深度一般不超过2 m,池的容积根据贮量的多少而定。池的形状长、方、圆形均可,池壁应光滑,底微凹(蓄积氨水)。若为土池,先在池内铺一块塑料薄膜,薄膜的大小以密封好所贮秸秆为宜,然后将切断的秸秆填入池中,装满后注入一定量的氨水用塑料薄膜四周折叠、密封、压土封严。

(2)氨水用量:每100 kg秸秆需氨水量为3 kg÷氨水含氨量,如氨水含氨量为20%,则每100 kg秸秆需氨水3 kg÷20%=15 kg。

(3)尿素用量:每100 kg秸秆用尿素3~5 kg,加水30~60 kg溶解后均匀喷洒在秸秆上,分层装实,做到"严、紧、密、实",用塑料薄膜密封、压土封严。

(4)氨化处理封闭时间:环境温度30℃以上为7 d;15~30℃为7~28 d;5~15℃为28~56 d;5℃以下为56 d以上。

(5)饲喂方法:喂前必须将氨味完全放掉,切不可将带有氨味的饲料喂羊,饲喂时应由少到多,逐渐适应,并应与其他饲料搭配使用。

6.青贮饲料

青贮饲料指将新鲜的青饲料切短装入密封容器里,经过微生物发酵作用,制成一种具有特殊芳香气味,营养丰富的多汁饲料。它能够长期保存青绿多汁饲料的特性,扩大饲料资源,保证为家畜常年均衡供应青绿多汁饲料。青饲料在制成青贮饲料过程中,养分损失少,不超过10%。一般来说,禾本科饲料作物玉米、高粱和禾本科牧草含糖量高,容易青贮。豆科饲料作物如苜蓿、草木樨和马铃薯茎叶等含糖量低,不易青贮,应与禾本科牧草混合青贮。

青贮饲料适口性好,易消化(表3-2),但多汁轻泻,应与干草、秸秆和精料搭配使用,开始饲喂青贮饲料时,要有一个适应过程,喂量由少到多,逐渐增加。一般每天每只羊喂量为1.5~4 kg。

表3-2 同种青饲料原料晾干与青贮的消化率比较 %

项目	干物质	粗蛋白质	粗脂肪	无氮浸出物	粗纤维
晾干	65	62	53	71	65
青贮	69	63	68	75	72

7.粗饲料发酵

将准备发酵的粗饲料,如秸秆铡碎,按每100 kg粗饲料加入用温水化开的1~2 g菌种,搅拌均匀,使菌种均匀分布于粗饲料中,边翻搅边加水,水以50℃的温水为宜。水分掌握以手握紧饲料,指缝有水珠,但不流出为宜,然后将搅拌好的饲料堆积或装入缸中,插入温度计,上面盖好一层干草粉，当温度上升到35～45℃时，翻动一次。最后，堆积或装缸，压实封闭1～3 d，即可饲喂。

(二)精饲料的加工调制

1. 磨碎

这是最简单、最常用的一种加工方法，要求将质地坚硬或有皮壳的饲料饲喂前磨碎，粒度大小适中，不能磨得很细，以颗粒直径1.0～2.0 mm为宜。经粉碎后的籽实便于采食、咀嚼，可改善饲料适口性，增加饲料与消化液的接触面，使消化作用进行完全，从而提高饲料的消化率和利用率。另外，饲料磨碎后，可以提高羊对饲料的利用，不宜造成饲料的浪费。

2. 湿润与浸泡

湿润一般是用于尘粉比较多的饲料，而浸泡主要应用于硬的籽实或油饼，使之软化或溶去有毒物质。将饲料置于池子或缸中，按1：(1～1.5)的比例加水浸泡。对磨碎或粉碎的精料，在饲喂羊之前，应尽可能湿润，以防饲料中粉尘过多而影响羊的采食和消化，减少羊的呼吸道疾病。坚硬的饲料经过浸泡，吸收水分，膨胀柔软，容易咀嚼，便于消化，而且浸泡后某些饲料的毒性和异味减轻，从而提高适口性。但是浸泡的时间应掌握好，浸泡时间过长，养分被水溶解造成损失，适口性也降低，甚至变质。

3. 蒸煮

蒸煮指饲料的熟制过程。饲料中的豆类籽实、豆饼、豆粕等煮熟后喂羊，可提高蛋白质的利用率。马铃薯及其粉渣，煮熟后可明显提高利用率，并减少腹泻的发生。羊的多数饲料不适合蒸煮熟喂，玉米、高粱、糠麸等禾本科籽实类饲料，煮熟后饲喂会有10%左右的营养损失；青饲料经过焖煮，不仅破坏了饲料中的维生素，引起蛋白质变性，降低其营养价值，而且还易引发亚硝酸盐中毒，是养羊业的陋习，应注意改进。规模化养羊多采用干食生喂，生喂可节省燃料，安全省工，确保营养成分不受损失，可提高养羊效益。

4. 焙炒

禾本科籽实经焙炒后，一部分淀粉转变成糊精，可提高淀粉的利用率。另外一些饲料经焙炒处理，还可消除有毒物质、细菌和病虫，降低抗营养因子的活性。饲料焙炒后变得香脆、适口，可用作羔羊开食料。

5. 饲料颗粒化

将饲料粉碎后，依据羊的营养需要，按一定比例合理配制，用饲料制粒机加工成一定的颗粒形状，一般颗粒直径为4～5 mm、长10～15 mm。颗粒饲料适口性好，饲喂方便，羊只采食后容易消化吸收，可增加羊的采食量，且营养齐全，减少饲料的浪费，颗粒饲料属于全价饲料的一种，可以直接饲喂羊只。

任务2　羊的配合饲料生产及应用

配合饲料是根据羊只对各种营养成分的需要量，利用2种以上的饲料原料，按照饲料配方比例把原料混合在一起制成的混合物。使各种营养物质含量正好与羊对它的需要量相等，既能使羊正常生长和发挥最佳生产性能，又不浪费饲料，实现最低饲料成本养羊。

羔羊出生后在20日龄左右开始出现反刍活动，在7～10 d就能补饲容易被消化的优质干草和精料。羊要维护正常的生命活动和产毛、产肉性能，就需要由饲料中获取必需的营养物质，包括蛋白质、碳水化合物、脂肪、矿物质、维生素和水。所需营养物质的多少因年龄、性别、体质大小和生产目的等不同而有所差别。若所需营养物质在种类和数量上达不到需要，羊就不能正常生长发育和发挥其生产能力；当超过需要量，反而形成浪费，增加饲养成本，甚至降低羊的生产性能。

一、羊用配合饲料的分类

羊的配合饲料是根据其生长阶段和生产水平对各种营养成分的需要量和消化生理特点，把多种饲料原料和添加成分按规定的加工工艺配制成均匀一致、营养价值完全的饲料产品。其所含营养成分的种类和数量均能满足生长与生产的需要，而随意将几种饲料和其他成分粉碎，混合在一起所生产出来的饲料产品不能称为配合饲料。常用的配合饲料有全价配合饲料、精料补充料、浓缩饲料、添加剂预混料和精料混合料。

（一）全价配合饲料

全价配合饲料又叫全日粮配合饲料。该饲料所含的各种营养成分和能量均衡全面，能够完全满足动物的各种营养需要，不需加任何成分就可以直接饲喂，并能获得最大的经济效益，是理想的配合饲料。它是由能量饲料、蛋白质饲料、矿物质饲料，以及各种添加剂饲料所组成。

（二）浓缩饲料

浓缩饲料又称蛋白质补充饲料，主要由蛋白质饲料、常量矿物质饲料（钙、磷、食盐）和添加剂预混饲料配制而成的配合饲料半成品。它一般占全价配合饲料的20%～30%，再掺入一定比例的能量饲料（玉米、大麦、麸皮等）就成为满足动物营养需要的全价饲料，具有粗蛋白质含量高（一般在30%～50%），满足各类添加剂的需要，使用方便等优点。如泌乳母羊蛋白质浓缩料配方为：胡麻饼87.7%、葵花饼6.0%、石粉2.2%、食盐1.7%、微量元素1.8%、维生素0.6%。使用时利用自有的玉米和麸皮按玉米10.0%、麸皮5.0%、蛋白质浓缩料85.0%即可配成泌乳母羊精料补充料。

（三）添加剂预混料

添加剂预混料指用一种或多种营养与非营养性添加剂原料，与载体及稀释剂一起搅拌均匀的混合物，主要含有矿物质、维生素、氨基酸、促生长剂、抗氧化剂、防霉剂和着色剂等，是配合饲料的半成品，可供生产全价配合饲料及浓缩料使用，它不能直接饲喂动物。在配合饲料中添加量一般为0.5%～3%，但作用很大，具有补充营养、促进动物生长、防治疾病、改善动物产品质量等作用。例如羔羊开食料预混料的配方为：玉米30.5%、麸皮10.0%、豆饼30.0%、胡麻饼 25.0%、石粉 1.5%、食盐 1.0%、预混料 2.0%。养殖企业(户)可根据自己的原料情况，规模大小选择不同的方式生产羊用精料补充料。

(四)精料补充料

精料补充料又称精料混合料。专为草食动物(牛、羊等)所生产，它不能单独构成日粮，而是用以补充采食饲草后不足的那一部分营养。亦即牛、羊等草食动物在所采食的青、粗饲料及青贮饲料外，给予适量的精料补充料，可满足饲喂对象的营养需要。例如，以玉米秸秆为主要饲草情况下，泌乳母羊的精料配方为：玉米 10.0%、麸皮 5.0%、胡麻饼 7.5%、葵花饼 5.0%、石粉 2.0%、食盐 1.5%、微量元素 1.0%、维生素 0.5%。

二、配合饲料的应用

配合饲料使用时要科学掌握羊的消化生理特点，反映现代饲养、加工技术发展状况。利用现有的饲料原料特点，生产工艺流程和当地的养殖特点为基础背景，配制适合羊的饲料。配合饲料在一定时间内能够保持生产相对稳定，但并不是一成不变。其产品要符合国家法律法规要求，原料要符合卫生标准，同时要注意环境保护和可持续发展。配合饲料不仅能满足动物的需要，还要通过质量与价格的权衡，充分利用当地的饲料资源，尽可能降低生产成本。

(一)种公羊料

1. 配种期

种公羊在配种期内要消耗大量的营养和体力，根据配种任务或采精次数的不同，个体之间对营养的需要量相差很大，配种任务繁重的种公羊，除正常饲喂日粮外，还需在日粮中增加动物性蛋白质饲料(如鸡蛋等)，以保持其良好的精液品质。此外，日粮也要根据季节、种公羊的精液品质酌情增减。在冬、春季节，青草枯萎，采食量低，很难满足其营养需要，要对种公羊进行较高营养水平的补饲。对于精液品质较差的种公羊，应增加日粮中蛋白质饲料的比例。

2. 非配种期

种公羊在配种期结束后，虽没有配种任务，也需要一定的营养，生产中需逐渐减少精料的喂量，通过一定的时间过渡到非配种期饲养，冬、春季应补饲干草和胡萝卜，并添加微量元素。

(二)母羊料

为使空怀期母羊能以适中的膘情接受配种顺利受胎，应根据膘情添加一定精料，以种母羊膘情为准，酌情增减，不能使其过肥或过瘦。母羊妊娠期，尤其是到了妊娠后期，胎儿的增重明显加快，母羊自身也需贮备大量的养分，但是，妊娠后期母羊腹腔容积有限，对饲料干物质的采食量相对减小，饲料体积过大或水分含量过高均不适宜于饲喂妊娠后期母羊。妊娠后期母羊日粮是在普通日粮的基础上，将能量和可消化蛋白质分别提高 20%～30%和 40%～60%，钙、磷增加 1～2 倍。母羊妊娠期饲料的添加应遵循“高—低—高”的原则。产前 6～8 周至产前

1周，日粮的精料比例提高到20%～30%。在产前1周至产后1周，要适当减少精料用量，以免胎儿体重过大而造成难产和产后不利于羊只的体况恢复。产后1周至羔羊出生后1个月内，随着泌乳量的增加，母羊需要的养分也应增加。另外，对于体况较好的母羊，产后1～3 d内可不喂精料，以免造成消化不良或发生乳腺炎。为了调节母羊的消化机能，可饲喂少量轻泻性饲料。3 d后逐渐增加精饲料的用量，同时给母羊饲喂一些优质青干草和青绿多汁饲料，可促进母羊的泌乳机能。在泌乳后期应逐渐减少对母羊的补饲，羔羊断奶后母羊可完全采用放牧饲养，但对体况下降明显的瘦弱母羊，需补喂一定的干草和青贮饲料，以使母羊在下一个配种期到来时能保持良好的体况。

(三)育成羊料

育成前期是羊骨骼和器官充分发育的时期，对生长发育速度和体型结构起着决定性的作用，育成前期的羊虽然瘤胃微生物区系已经形成，但是对于刚进入育成期的羊来说，只能说是走上了消化粗饲料的起步阶段，此时羊的瘤胃容积有限且机能不完善，瘤胃微生物区系尚未成熟，不能像成年羊那样对粗饲料大量利用。因此，育成羊的日粮应以精料为主，并补给优质干草和青绿多汁饲料，日粮的粗纤维含量不能超过15%。

育成后期，羊的瘤胃机能基本完善，可以采食大量的牧草、青贮饲料和秸秆。补饲精料，每天放牧回圈，应该补喂精料，也有早晚2次补饲的。补饲精料要定量，随着饲喂月龄的增加而逐渐增加。在出栏前的2个月左右属于集中育成阶段，应作为补饲的重点。在配制精料时，应该加入食盐及矿物质元素，也可以在圈内吊挂专门的羊用复合舔砖，让羊自由舔食。该阶段日粮中粗饲料比例可增加到25%～30%，同时还必须添加精饲料或优质青贮和干草。如果是育肥羊，则要提高能量饲料的比例，如果是一般育成羊，可提高粗饲料比例。

(四)羔羊料

刚出生羔羊的瘤胃发育不完全，瘤胃微生物区系尚未形成，没有消化粗纤维的能力，不能采食和利用草料，母乳和高质量的蛋白质饲料是羔羊主要的食物。羔羊出生10日龄以后，除依靠母乳来满足其生长发育需要外，可训练采食一定的粗饲料，并逐渐补饲精料(配方：玉米50%、麸皮15%、豆粕20%、麻粕12%、矿物质和微量元素1%、石粉1%、食盐1%)。生产中还可使用羔羊代乳料和羔羊代乳宝。

1.羔羊代乳料

羔羊代乳料主要由全脂奶粉、乳清粉、全脂大豆粉、葡萄糖、山楂粉、益生素、诱食剂、脂溶性维生素、水溶性维生素、氨基酸、多种微量元素等营养物质及活性成分组成。

(1)特点：①适口性好，营养丰富、均衡，充分满足了羔羊生长的营养需要。②代乳料中的活性成分，能促进提前采食，使幼畜提前断奶，促进瘤胃的发育。③加入的强化免疫因子可提高羔羊免疫抗病力。④使用酶制剂增强羔羊对营养物质的消化吸收能力，加快了羔羊的生长发育，解决了多胎多产奶水不足的问题。

(2)用法：①饲喂初乳3 d后开始使用本产品，直至断奶。②用温度40～60℃的开水冲泡、混匀，用奶瓶或奶盆喂给羔羊。一份代乳料兑7～8份水，或者用1 kg代乳料拌100 kg精料，让羔羊直接采食。

(3)用量：日龄在 15 d 以内，每日喂代乳料 3 次，每次 10～20 g；15 日龄后每日 3 次，每次 40～50 g 代乳粉。实际中可根据羔羊的具体情况调整代乳料的喂量。

2. 羔羊代乳宝

羔羊代乳宝主要用于 7～42 日龄的羔羊，其特点：①羔羊适口性好，容易消化吸收。②充分发挥羔羊的生长优势，抗病力强。③使用羔羊代乳宝，羔羊可实施 42 日龄断奶，最晚不超过 60 日龄断奶，确保母羊早发情配种，提高种母羊的利用率。

任务 3　羊场饲料供应计划的编制

生产中既要保证饲草料及时、充足的供应，又要避免积压。因此，必须做好饲草料供应计划的编制。饲草料供应计划是依据羊场生产周转及饲养消耗定额来制定。各场可根据当地草料资源的不同条件和不同羊群的营养需要，首先制定出各羊群科学合理的饲草料日粮配方，并根据不同羊群的饲养数量和每只每天平均消耗草料量，推算出整个羊场每天、每周、每月及全年各种饲草料的需要量，并依市场价格情况和羊场资金实际，做好所需原料的订购、贮备和生产供应。对于放牧和半放牧方式饲养的羊群，还要根据放牧草地的载畜量，科学合理的安排饲草、饲料生产。

一、确定羊场各类羊群的存栏量

(一)放牧羊只采食量

羊的日干物质采食量一般占体重的 2.5%～3.0%，在现实的饲养管理中其实很难按羊的体重来决定喂料量。我国现阶段大多数养羊场(户)采用半舍饲半放牧的饲养方式，所以羊只的采食主要取决于放牧。

放牧羊只采用模拟采食法，选择 4～6 个观察个体，白天跟群放牧，记录出牧、游走、采食、反刍、卧息和站立时间以及归牧时间。在家畜稳定采食时，观察其单位时间内采食口数以及每种牧草的采食口数，一般每天测定采食速度 5 次左右，每次测定延续 10 min。在家畜采食点附近，模拟家畜采食的牧草种类、高度和数量，一般模拟采食 200 口左右。

$$I = IR \times W \times T$$

式中：I 为采食量；IR 为采食速度；W 为单口采食量；T 为全天采食时间。

据相关资料报道(郭强等报道)，不同绵羊品种的日采食量与放牧时间、草场质量等相关。模拟法测定放牧绵羊的采食量见表 3-3。

表 3-3　模拟法测定放牧绵羊的采食量

放牧绵羊	草地类型	月份	放牧时间/min	采食时间/min	采食速度/(口/min)	单口采食量/(g/口)	日采食干草/(kg/d)
蒙古羊	高平原草地	8	514.17	449.67	43.50	0.08	1.56
		9	420.33	387.50	40.17	0.10	1.56
	沙质草地	8	510.25	424.50	28.00	0.08	0.95
		9	443.00	400.33	27.83	0.12	1.34
引种羊	高平原草地	8	506.33	436.00	46.50	0.09	1.82
		9	426.83	384.83	43.00	0.11	1.82
	沙质草地	8	506.00	410.00	39.75	0.09	1.47
		9	438.17	385.00	34.67	0.13	1.74
杂种羊	高平原草地	8	518.33	448.58	44.50	0.09	1.80
		9	446.67	391.67	41.33	0.10	1.62
	沙质草地	8	511.50	423.50	31.50	0.09	1.20
		9	433.50	381.83	30.17	0.13	1.50

采用模拟采食法测定放牧绵羊在高平原草地和沙质草地 8 月份、9 月份的采食量。由表 3-3 可知，高平原草地时蒙古羊、引种羊和杂种羊 8 月份的采食量分别是 1.56、1.82 和 1.80 kg/d，引种羊和杂种羊高于蒙古羊($P<0.05$)。高平原草地时蒙古羊、引种羊和杂种羊 9 月份的采食量分别是 1.56、1.82 和 1.62 kg/d，引种羊和杂种羊高于蒙古羊($P<0.05$)。沙质草地时蒙古羊、引种羊和杂种羊 8 月份的采食量分别为 0.95、1.47 和 1.20 kg/d，引种羊较杂种羊和蒙古羊高($P<0.05$)。沙质草地时蒙古羊、引种羊和杂种羊 9 月份的采食量分别为 1.34、1.74 和 1.50 kg/d，引种羊较杂种羊和蒙古羊高($P<0.05$)。

(二)舍饲羊只采食量

不同类型羊的日消耗定额如下。

(1)种公羊日消耗饲料定额见表 3-4。

表 3-4　种公羊日消耗饲料定额

不同阶段	干草料/(kg/只)	青贮料/(kg/只)	精料/(kg/只)	额外补料
配种期	1.5～2.0	1.0～2.0	1.2～1.6	2 枚鸡蛋
非配种期	2.0～2.5	1.5～2.5	0.6～0.8	多汁饲料(胡萝卜) 0.1～0.2 kg
后备种公羊	后备种公羊(3～8 月)前期可用羔羊饲料			

(2)妊娠母羊日消耗饲料定额见表3-5。

表 3-5 妊娠母羊日消耗饲料定额 kg/只

不同阶段	精料	干草	秸秆	青贮料
妊娠前期	0.3～0.5	0.5～0.7	0.5～0.7	1.0～2.0
妊娠后期	0.4～0.6	0.6～1.0	0.6～0.8	1.0～2.0

品种	不同阶段妊娠母羊精料饲喂标准					
	产前1个月	产前2个月	产前3个月	产前4个月	产前10 d	产前3 d
肉用绵羊	0.3～0.35	0.35～0.4	0.45～0.5	0.55～0.6	0.6	0.5
肉用山羊	0.2～0.25	0.25～0.3	0.35～0.4	0.4～0.55	0.5～0.55	0.4
日采食量	1.0～1.2	1.1～1.3	1.2～1.4	1.3～1.4	1.3～1.5	1.5

(3)哺乳母羊日消耗饲料定额见表3-6。

表 3-6 哺乳母羊日消耗饲料定额 kg/只

不同阶段		精料	干草	多汁饲料
哺乳前期	单羔	0.3～0.5	1.5～2.0	1.5
	双羔	0.6～0.8	1.5～2.0	1.5
哺乳后期		0.4～0.5	1.0～1.5	0.5

(4)育成羊和羔羊日消耗饲料定额见表3-7。

表 3-7 育成羊和羔羊日消耗饲料定额 kg/只

不同阶段	干草	精料	青贮料	青饲料
育成羊	1.0	0.2～0.3	2.0～3.0	2.5～3.5
羔羊	0.1～0.8	0.05～0.2	0.1～0.2	—

二、确定不同类型羊的日粮组成

羊的饲养方式比较复杂,例如放牧饲养、放牧加补饲饲养、舍饲饲养等。生产中为了比较准确的计算出羊只的饲料消耗量,编制合理的饲料计划,就必须明确羊的饲养方式和羊的日粮组成。不同的羊场、不同的饲养方式形成的日粮组成存在一定的差异。

三、确定各类羊群的饲料需要量

根据公式,饲料需要量=羊群数量(只)×日粮定额(kg/只)×饲养天数,按表3-4至表3-7提供的数据计算出的各类羊群每天、每周、每季(计13周)及每年(计52周)的饲料需要量如表3-8所示。

表 3-8 某羊场饲粮需要量计算结果 kg

羊群	饲料需要量			
	每天	每周	每季度	全年
种公羊				
妊娠母羊				
哺乳母羊				
育成羊				
羔羊				

四、计算各类羊群的饲料供应量

将各阶段羊群所需的饲草料供给量相加，在此基础上追加5%～8%的损耗量，即为该羊场的饲料供应总量，最后将全年各种饲料的需要量进行汇总。羊场各种配合饲料季度供应计划如表3-9所示。

矿物质饲料＝混合精料供给量×(1%～3%)

添加剂预混料＝混合精料供给量×1%

表 3-9 某羊场季度饲料损耗量与供应量 kg

羊群	日均用量	季需要量	追加量	季度供应量
种公羊				
妊娠母羊				
哺乳母羊				
育成羊				
羔羊				

五、填写年度饲料供应计划

不同饲养方式、品种和日龄的羊所需草料量是不同的。各场可根据当地草料资源的不同条件和不同羊群的营养需要，首先制定出各羊群科学合理的饲草料日粮配方，并根据不同羊群的饲养数量和每只每天平均消耗草料量，推算出整个羊场每天、每月、每季度及全年各种草料的需要量，并依市场价格情况和羊场资金实际，做好所需原料的订购、贮备和生产供应。对于放牧和半放牧方式饲养的羊群，还要根据放牧草地的载畜量，科学合理的安排饲草、饲料生产。填写某羊场的年度饲料供应计划，如表3-10、表3-11所示。

表 3-10 ________年度羊场饲料供应计划

项目类别	平均饲养头数	年饲养头日数	精饲料		粗饲料		青绿料		青贮料		食盐		骨粉		石粉	
			定额	小计	定额	小计	定额	小计	定额	小计	定额	小计	定额	小计	定额	小计
1																
2																
3																
4																

表 3-11　______年度精料原料供应计划

序号	饲料名称	计量单位/kg	日均用量/kg	单价/(元/kg)	金额/(元/d)	每季供应量/kg				备注
						一季度	二季度	三季度	四季度	
1	玉米									
2	麸皮									
3	豆粕									
4	菜粕									

【案例分析】

甘肃省某肉羊场羔羊育肥饲料报酬分析

一、案例简介

甘肃省某肉羊场年出栏育肥羔羊 2 000 只，该场羔羊育肥采用自繁自育，主要利用特克赛尔羊作父本，小尾寒羊作母本，生产二元杂交羔羊进行育肥。羔羊 4 月龄断奶，根据羔羊出生时间、体重、性别等分组，育肥前进行驱虫、防疫、药浴等。为进一步探索羔羊育肥技术，该场设计了不同的日粮配方，通过对羔羊生产性能的测定和研究，筛选出适合羔羊当年出栏的育肥饲料配方。

试验期间，共设计了 3 个组，2 个试验组（试验Ⅰ、Ⅱ组），1 个对照组，试验设 7 d 的预饲期，正式育肥期为 60 d。羔羊育肥饲料依据 5～7 月龄羔羊的营养需要和饲养标准进行设计，并结合当地饲草料资源，配制了 2 种试验精料（A 料和 B 料）和 1 种对照精料试验 C 料。其精饲料配方与营养水平见表 3-12。

表 3-12　精饲料配方与营养水平　　%

项目	A 料	B 料	C 料
饲料名称			
玉米	60	60	60
麸皮	10	10	10
豆饼	25	17	13
棉籽饼	5	13	10
胚芽饼			7
磷酸氢钙	3	3	3
食盐	2	2	2
矿物质	0.046	0.046	0.046
维生素	0.025	0.025	0.025
营养水平			
消化能/(MJ/kg)	13.76	13.50	12.87
可消化粗蛋白质/(g/kg)	151.86	138.48	123.56
钙	0.80	0.83	0.79
磷	0.86	0.94	0.88

按照育肥试验要求，测定了每组羊只的始重和末重，试验设计预饲期 7 d，在预饲期结束时空腹所称的体重为试验始重，试验结束时空腹称的体重为末重。

1. 各组采食量和营养水平

试验期间羊只每天的实际采食量和营养水平见表 3-13。

表 3-13 试验羊每天的实际采食量和营养水平

组别	玉米秸秆/kg	苜蓿干草/kg	精饲料/kg	总采食量/kg	消化能/(MJ/kg)	可消化粗蛋白质/g	钙/g	磷/g
试验Ⅰ组	0.43	0.2	0.50	1.13	12.37	89.83	4.12	4.36
试验Ⅱ组	0.45	0.2	0.50	1.15	12.25	84.36	4.03	4.85
对照组	0.48	0.2	0.50	1.18	11.96	78.27	3.97	4.52

2. 体重变化(表 3-14)

表 3-14 育肥羔羊体重变化

组别	始重/kg	末重/kg	平均增重/kg	平均日增重/(g/d)
试验Ⅰ组	33.48	43.85	10.37	172.83
试验Ⅱ组	34.39	43.23	8.84	147.33
对照组	33.86	41.37	7.51	125.17

由表 3-14 可知，试验Ⅰ组和试验Ⅱ组的平均增重比对照组分别高 2.86、1.33 kg，试验Ⅰ组和试验Ⅱ组的平均日增重比对照组分别提高了 47.66、22.16 g。

二、案例分析

(1)从表 3-14 可以看出，不同的营养配方对羔羊的生长发育有一定的影响，适当增加蛋白质含量可以促进羔羊的生长发育，提高育肥效果。

(2)经济效益分析(表 3-15)。

表 3-15 育肥羔羊经济效益

组别	每天粗饲料成本			每天精饲料成本			全期效益			
	采食量/kg	单价/(元/kg)	成本/元	采食量/kg	单价/(元/kg)	成本/元	成本/元	增重/kg	增值/元	效益/元
试验Ⅰ组	0.63	0.24	0.603	0.50	2.57	1.888	113.28	10.37	228.14	114.86
试验Ⅱ组	0.65	0.24	0.608	0.50	2.49	1.853	111.18	8.84	194.48	83.30
对照组	0.68	0.24	0.615	0.50	2.38	1.805	108.3	7.51	165.22	56.92

注：粗饲料中玉米秸秆按 0.24 元/kg、苜蓿干草按 2.5 元/kg 计算，精饲料中玉米按 2.30 元/kg、麸皮按 1.60 元/kg、豆饼按 3.6 元/kg、棉籽饼按 2.5 元/kg、胚芽饼按 1.50 元/kg、磷酸氢钙按 3.2 元/kg、食盐按 1.2 元/kg、维生素按 100 元/kg 计算，羔羊出栏活重按 22 元/kg 计算。

(3)本试验所选用的育肥饲料比较好，在同等饲养管理条件下，试验Ⅰ组和试验Ⅱ组比对照组增重分别提高了 38.08%、17.71%。从经济效益来看，试验Ⅰ组比对照组增加了 57.94 元，试验Ⅱ组比对照组增加了 26.38 元，效果明显。

【阅读材料】

羊常用饲料配方设计实例

养羊生产中，由于羊的消化特点及羊可用饲料的广泛性，使制定饲料配方的灵活性很大，因而许多养殖企业(户)不能正确掌握饲料的配合技术。实际生产中可在满足粗饲料的前提下，参考羊的饲养标准配制出精料，通过科学饲养，粗、精饲料的合理搭配，以满足羊只所需要的各种营养物质。

一、混合精料配方

羊常用混合精料配方见表 3-16。

二、舍饲日粮配方

(1)母羊哺乳期日粮：混合精料 0.7～1.5 kg、稻草粉 0.75 kg、青干草 1 kg、蚕沙 0.25 kg，每千克日粮中含粗蛋白质 250～380 g，含消化能 10.1～10.5 MJ。

(2)哺乳期羔羊日粮：混合精料 100 g(大麦 22.5%、麸皮 40%、米糠 20%、豆粕 5%、菜籽粕 5%、贝壳粉 1.5%、食盐 1%)，青草自由采食。

(3)断奶羔羊日粮：混合精料 300～350 g(大麦 22.5%、麸皮 40%、米糠 20%、豆粕 5%、菜籽粕 10%、贝壳粉 1.5%、食盐 1%)，青草 250 g，青干草 300 g。

(4)30 kg 体重羔羊日粮：混合精料 600～800 g(玉米 70%、菜籽饼 30%)，青草 200 g，青干草或氨化稻草 400～600 g。

(5)育肥羊日粮：混合精料为 45%(混合精料配比为玉米 75%、豆粕 18%、豆科草粉 5.5%、食盐混合矿物质 1.5%)，粗饲料和其他饲料为 55%。每天必须供给 1 kg 以上的青饲料。

表 3-16 混合精料配方

(苗志国，常新耀.羊安全高效生产技术，2012.)

类型		精料配方及营养成分	饲喂量和方法
种羊混合精料配方	种公羊	玉米 53%，麸皮 7%，豆粕 20%，棉籽饼 10%，鱼粉 8%，食盐 1%，石粉 1% 精料中含干物质 88%，粗蛋白质 22%，钙 0.9%，磷 0.5%，每千克干物质含有的代谢能为 11.05 MJ	非配种公羊每天每只混合精料喂量为 0.5～0.7 kg，分 2～3 次饲喂 配种期混合精料的喂量为 1.2～1.6 kg，分 4 次饲喂 粗饲料喂量为 2.0～2.5 kg
	种母羊	玉米 60%，麸皮 8%，豆粕 12%，棉籽饼 16%，食盐 1%，磷酸氢钙 3% 精料中含干物质 87.9%，粗蛋白质 16.2%，钙 0.9%，磷 0.8%，每千克干物质含代谢能 10.54 MJ	舍饲母羊的日粮混合精料喂量为 0.3～0.7 kg，妊娠后期和哺乳前期应相应加大精料喂量，每天 3～4 次，其他时间可减少喂量，日喂 2～3 次，粗饲料喂量 1.7～2.0 kg，饮水不限
	羔羊	玉米 55%，麸皮 12%，酵母饲料 15%，豆粕 15%，食盐 1%，鱼粉 2% 精料中含干物质 88.0%，粗蛋白质 20.6%，钙 0.3%，磷 0.4%，每千克干物质含代谢能 11.12 MJ	羔羊混合精料的喂量随年龄的增长而增长，20 日龄到 1 月龄每只羔羊的日喂量为 50～70 g，1～2 月龄为 100～150 g，2～3 月龄为 200 g，3～4 月龄为 250 g，4～5 月龄为 350 g，5～6 月龄为 400～500 g。羔羊的粗饲料为自由采食

续表 3-16

类型		精料配方及营养成分	饲喂量和方法
舍饲肥育羊混合精料配方	舍饲肥育羊	玉米 21.5%，草粉 21.5%，麸皮 17%，豆粕 12%，棉籽饼或菜籽饼 21.5%，花生饼 10.3%，饲料酵母 6.9%，食盐 0.7%，尿素 0.3%，添加剂 0.3%，混合均匀即可	前 20 d 日均每只喂料 350 g，中 20 d 日均每只喂料 400 g，后 20 d 日均每只喂料 450 g。粗料不限量
	舍饲强度肥育羊	玉米 49%，麸皮 20%，棉籽粕或菜籽粕 30%，石粉(骨粉)1%，添加剂(羊用)20 g，食盐 5～10 g	肥育的前 20 d，每只每天供给精料 0.5～0.8 kg
		玉米 55%，麸皮 20%，棉籽粕或菜籽粕 24%，石粉(骨粉)1%，添加剂(羊用)20 g，食盐 5～10 g	肥育的中 20 d，每只每天供给精料 0.7～0.8 kg
		玉米 65%，麸皮 14%，棉籽粕或菜籽粕 20%，石粉(骨粉)1%，添加剂(羊用)20 g，食盐 10 g	肥育的后 20 d，每只每天供给精料 0.9～1.0 kg
羔羊肥育混合精料配方	肥育前期	玉米 50%，饲料酵母 11%，麸皮 22%，豆饼 15%，矿物质 2%，精料含粗蛋白质 13.5%	羔羊混合精料的喂量随年龄的增长而增长，每只羔羊的日喂量为 70 g，自由采食优质牧草
	30～60 日龄羔羊	玉米 45%，麸皮 6%，向日葵饼 18%，苜蓿粉 30%，微量元素添加剂 0.5%，食盐 0.5%	每日每只喂配合料 0.15～0.20 kg，自由采食优质牧草
	60 日龄以后	玉米 50%，麸皮 20%，向日葵饼或亚麻饼 20%，饲用酵母 8%，食盐 2%	每日每只喂配合料 0.30～0.50 kg，饲喂禾本科青干草或田间青草 0.8 kg
	羔羊肥育通用饲料	玉米 58%，麸皮 20%，棉籽粕或菜籽粕 10%，饲料酵母 10%，添加剂 1.2%，骨粉等 0.8%	20 日龄到 1 月龄每只羔羊的日喂量为 60～80 g，1～2 月龄为 120～180 g，2～3 月龄为 250 g，3～4 月龄为 300 g，4～5 月龄为 400 g，5～6 月龄为 400～500 g。羔羊的粗饲料为自由采食
	放牧补饲精料	玉米 30%，麸皮 25%，菜籽饼 20%，棉籽粕 20%，矿物质 3%，食盐 2% 配合饲料中干物质的含量为 91%，粗蛋白质 17.4%，钙 0.72%，磷 0.3%，每千克干物质含代谢能 7.91 MJ	日补饲混合精料 0.3～0.5 kg，上午归牧后补总量的 30%，晚 8 点补 70%。饲喂时加草粉 15%混匀拌湿，槽喂。枯草期，在混合精料中还应加 5%～10%麸皮，添加微量元素和维生素 A 和维生素 D_3 粉，冬季低于 4℃时，应进入保温圈舍内
舍饲育成羊精料喂量	育成前期(4～8 月龄)	玉米 68%，麸皮 10%，豆粕 7%，花生饼 12%，添加剂 1%，磷酸氢钙 1%，食盐 1%	饲喂精料 0.4 kg，苜蓿 0.6 kg，玉米秸秆 0.2 kg
		玉米 50%，麸皮 12%，豆粕 15%，花生饼 20%，添加剂 1%，磷酸氢钙 3%，食盐 1%	饲喂精料 0.4 kg，青贮 1.5 kg，干草或稻草 0.2 kg
	育成后期(8～10 月龄)	玉米 45%，麸皮 15%，花生饼 25%，葵花饼 13%，食盐 1%，磷酸氢钙 1%，添加剂 1%	饲喂精料 0.5 kg，青贮 3 kg，干草或稻草 0.6 kg
		玉米 80%，麸皮 10%，花生饼 8%，食盐 1%，添加剂 1%	饲喂精料 0.4 kg，苜蓿 0.5 kg，玉米秸秆 1 kg

【考核评价】

甘肃省某肉羊场育肥羊饲料筹划

一、考核题目

甘肃省某肉羊场每年肥育4批肉羊，每批计划肥育1 000只。每批育肥期为60 d。其育肥羊只选择体重30 kg左右，精神状态良好，健康无病，生长发育良好的羊只进行舍饲肥育，预计日增重290 g左右，其肥育期羊的日采食量为：粗饲料0.9 kg，其中青贮料0.45 kg、苜蓿干草0.27 kg、野干草0.18 kg；精料补充料约0.9 kg，其中玉米0.66 kg、麸皮0.13 kg、豆粕0.08 kg、棉籽粕0.05 kg、花生饼0.03 kg、食盐5 g、石粉6.2 g。精粗饲料的比例为1∶1。请依据项目三羊的饲料配合与供应计划的相关知识，计算该肉羊场每年需要贮存各种原料的量。

二、评价标准

依据题目所给出的相关条件可知，每批肥育羊（1 000只）在60 d的育肥期内所消耗的饲料原料见表3-17。

表3-17　每批（1 000只）肥育羊60 d消耗的饲料原料

项目	饲料组成	日采食量/kg	60 d需要量/kg	每批羊需要量/kg
粗饲料	青贮料	0.45	27	27 000
	苜蓿干草	0.27	16.2	16 200
	野干草	0.18	10.8	10 800
精饲料	玉米	0.66	39.6	39 600
	麸皮	0.13	7.8	7 800
	豆粕	0.08	4.8	4 800
	棉籽粕	0.05	3.0	3 000
	花生饼	0.03	1.8	1 800
	食盐	5 g	300 g	300
	石粉	6.2 g	372 g	372

根据表3-17，该肉羊场每年要肥育4批肉羊。其各种原料的需求总量为：

青贮料＝27 000×4＝108 000(kg)　　苜蓿干草＝16 200×4＝64 800(kg)

野干草＝10 800×4＝43 200(kg)　　玉米＝39 600×4＝158 400(kg)

麸皮＝7 800×4＝31 200(kg)　　豆粕＝4 800×4＝19 200(kg)

棉籽粕＝3 000×4＝12 000(kg)　　花生饼＝1 800×4＝7 200(kg)

食盐＝300×4＝1 200(kg)　　石粉＝372×4＝1 488(kg)

【信息链接】

1. GB/T 19541—2004《饲料用大豆粕》。
2. NY/T 816—2004《肉羊饲养标准》。
3. GB/T 16764—2006《配合饲料企业卫生规范》。

4. NY 5032—2006《无公害食品　畜禽饲料和饲料添加剂使用准则》。
5. GB/T 23184—2008《饲料企业 HACCP 安全管理体系指南》。
6. GB/T 17890—2008《饲料用玉米》。
7. NY/T 471—2010《绿色食品　畜禽饲料及饲料添加剂使用准则》。
8.《中国饲料成分及营养价值表》(2012 年第 23 版，中国饲料数据库)。

项目四　羊的选种选配和杂交繁殖

【学习目标】

了解羊的生物学特性并掌握其利用方法；了解羊的品种分类，掌握不同品种的外貌特征和生产性能；根据生产中羊常用的品种做好引种工作，学会羊的选配和纯种选育方法；掌握羊的发情鉴定、人工授精、早期妊娠诊断和接产技术；学会设计羊的杂交利用模式。

【学习任务】

任务1　羊的生物学特性与利用

一、羊的生物学特性

1. 采食能力强，对粗饲料的利用率高

羊的嘴尖，唇灵活，牙齿锐利，上唇中央有一纵沟，下颚切齿向前倾斜，对采食地面很短的牧草、小草和灌木枝叶等都很有利，对草籽的咀嚼也很充分。所以，在马、牛放牧过的草场或马、牛不能利用的草场，羊都可以正常放牧采食，生产中可以进行牛羊混牧。

绵羊和山羊的采食特点明显不同：①山羊后肢能站立，有助于采食高处的灌木或乔木的幼嫩枝叶，而绵羊只能采食地面上或低处的草尖与枝叶；②绵羊与山羊合群放牧时，山羊总是走在前面抢食，而绵羊则慢慢跟随山羊后边低头啃食；③山羊舌尖苦味感受器发达，对各种苦味植物较乐意采食；④绵羊中的粗毛羊爱吃"走草"，即边走边采食，移动较勤，游走较快，能扒雪吃草，对当地毒草有较高的识别能力，而细毛羊及其杂种羊则吃的是"盘草"（站立吃草），游走较慢，常落在后面，扒雪吃草和识别毒草的能力较差。

2. 合群性强

羊的合群性很强，放牧时虽分散，但不离群，一有惊吓或驱赶便马上集中。羊群主要通过视、听、嗅、触等感官活动来传递和接受各种信息，以保持和调整群体成员之间的活动，利用合群性，在羊群进行出圈、入圈、过河、过桥、饮水、换草场等活动时，只要有领头羊先行，其他羊只即跟随领头羊前进并发出保持联系的叫声，为生产中的大群放牧提供了方便。但由于群居行为强，羊群间距离近时，容易混群，故在管理上应避免混群。在自然群体中，羊群的领头羊多是由年龄较大、子孙较多的母羊来担任，也可利用山羊行动敏捷、易于训练及记忆力好的特点选作领头羊。应注意，经常掉队的羊，往往不是患病，就是老弱跟不上群。一般山羊的合群性强于绵羊。

3. 喜干厌湿

“羊喜干厌湿，利居高燥之地，最忌湿热湿寒”，表明羊的牧地、圈舍和休息场所都以高燥为宜。久居泥泞潮湿之地，则羊只易患寄生虫病和腐蹄病，甚至毛质降低，脱毛严重。不同的绵羊、山羊品种对气候的适应性不同，如细毛羊喜欢温暖、干旱、半干旱的气候，而肉用羊和肉毛兼用半细毛羊则喜欢温暖、湿润、全年温差较小的气候，但长毛肉用品种的罗姆尼羊，较能耐湿热气候和适应沼泽地区，对腐蹄病有较强的抵抗力。

4. 嗅觉灵敏

羊的嗅觉比视觉和听觉要灵敏，这与其发达的腺体有关。其具体作用表现在以下 3 个方面。

(1)靠嗅觉识别羔羊：羔羊出生后与母羊接触几分钟，母羊就能通过嗅觉识别出羔羊。羔羊吮乳时，母羊总要先嗅一嗅其臀尾部，以辨别是不是自己的羔羊。

(2)靠嗅觉辨别植物种类或枝叶：羊在采食时，能依据植物的气味和外表细致地区别出各种植物或同一植物的不同品种(系)，选择含蛋白质多、粗纤维少、没有异味的牧草采食。

(3)靠嗅觉辨别食物和饮水的清洁度：羊在采食草料和饮水之前，总要先用鼻子嗅一嗅再吃。被污染、践踏或发霉变质有异味的食物和饮水，都会拒食。所以，要保持草料的清洁卫生，保证羊只正常采食。

5. 山羊活泼好动，绵羊性情温驯、胆小易惊

山羊机警灵敏，活泼好动，记忆力强，易于训练成特殊用途的羊(如登台演出)；而绵羊则性情温顺，胆小易惊，反应迟钝，易受惊吓而出现“炸群”。当遇兽害或其他突然惊吓时，山羊能主动大呼求救，并且有一定的抵御能力；而绵羊性情温驯，缺乏抵抗力，四散逃避，不会联合抵抗。

6. 适应性强

羊对逆境有良好的适应性，主要表现为抗寒耐热，抗饥渴耐粗饲，抗病力强等。

(1)抗寒耐热：由于羊毛有绝热作用，能阻止太阳辐射热迅速传到皮肤，所以较耐热。但绵羊的汗腺不发达，蒸发散热主要靠呼吸，其耐热性比山羊差，故当夏季炎热时，常有停食、喘气甚至“扎窝子”等现象；而山羊不会出现“扎窝子”现象，东游西窜，气温 37.8℃时仍能继续采食。粗毛羊与细毛羊比较，前者较能耐热，只有当中午气温高于 26℃时才开始扎窝子；而后者则在 22℃左右即有此种表现。

(2)抗饥渴耐粗饲：羊在极端恶劣条件下，具有令人难以置信的生存能力，能依靠粗劣的秸秆、树叶维持生活。与绵羊相比，山羊更能耐粗，除能采食各种杂草外，还能啃食一定数量的草根树皮，对粗纤维的消化率比绵羊要高出 3.7%。

羊对饥渴的抵抗力强于其他家畜。当夏秋季缺水时，羊只能在黎明时分沿牧场快速移动，

用唇和舌接触牧草,以搜集叶上凝结的露珠。在野葱、野百合、大叶棘豆等牧草分布较多的牧场放牧,可几天乃至十几天不饮水。张松荫教授曾用羊作过饥饿试验,甘肃高山细毛羊不吃不喝 20 d 后才开始死亡,有些个体可存活 40 d 之久。相对而言,山羊更能耐渴,山羊每千克体重代谢需水 188 mL,绵羊则需水 197 mL。

(3)抗病力强:绵、山羊均有较强的抗病力。只要搞好定期的防疫注射和驱虫,给足草、料和饮水,满足羊只的营养需要,羊是很少发病的。体况良好的个体对疾病的耐受力较强,病情较轻时一般不表现症状。因此,在放牧和舍饲管理中必须细心观察,才能及时发现病羊。若等到羊只已停止采食或停止反刍时进行治疗,其疗效往往不佳,会给生产带来很大损失。

7. 善于游走

游走有助于增加放牧羊只的采食空间,特别是牧区,羊终年以放牧为主,需长途跋涉才能吃饱喝好,故常常一天往返里程达到 6～10 km。山羊具有平衡步伐的良好机制,喜登高,善跳跃,采食范围可达崇山峻岭,悬崖峭壁,如山羊可直上直下 60°的陡坡,而绵羊则需斜向作“之”字形游走。

二、羊生物学特性的利用

(一)有利于羊群组织放牧

羊的群居性一般粗毛羊最强,细毛羊、半细毛羊次之,肉用羊最弱。在放牧、放牧加补饲等条件下,能够利用羊的群居特性,很好地开展放牧,特别是在以放牧为主的饲养模式中,更有利于羊群的组织和管理,可节约大量的人力和物力。通过个体离群现象,及时掌握个体的变化,尤其发现某些个体离群后,应及时分析其原因,并采取相应的措施进行管理和治疗。过强放入群居性往往会给管理带来一定的困难,甚至发生意外伤害,如领头羊不慎跌入水中,其他的羊也会跟着往下跳,因而造成一定的损失。所以,放牧时应特别加强领头羊的引导、管理和控制。

(二)便于生产和管理

羊具有很强的抗病力和适应性,且对饲料的利用比较广泛。另外,羊对环境的要求不是很高,所以在羊舍的建造、舍内设备的投入等方面,相对于其他家畜饲养管理的成本较低,便于组织生产和管理。

(三)环境污染低,产业发展前景广阔

羊喜欢清洁、干燥,生产中要求管理人员应严格按照生产管理制度和羊的行为习性操作,为羊创造舒适的生存环境。另外,羊在生产过程中所产生的粪污相对于其他畜禽粪便污染较小,便于清理,所产生的有害气体也较少,而且羊粪经过简单的贮存和发酵,是一种很好的有机肥料,可与无机肥配制成复合肥。羊粪制成的复合肥不但松软、易拌、无臭味,而且施肥后也不再发酵,特别适合于盆栽花卉和无土栽培及庭院种植业。

(四)促进养羊产业的发展

羊的适应性很强,具有抗寒耐热、抗渴、发病力低等特点,且对粗饲料的利用种类较多,所

以在我国很多地区都能很好地发展养羊产业。现阶段，我国粗饲料资源相当丰富，而且粗饲料的开发和利用有了进一步的提高，为推进我国节粮型养殖奠定了坚实的基础，为养羊业发展提供了丰富的饲料资源，且羊肉的营养价值也很高，使得养羊产业经济效益较高。

任务2　羊的品种与外貌特征

一、绵羊品种分类

(一)按尾形分类

尾形的差异是根据尾部脂肪沿尾椎沉积的程度以及外形特征来决定的，尾的大小主要是根据尾的长短是否超过飞节部位来决定的。据此可将绵羊分为5类：短瘦尾羊、长瘦尾羊、短脂尾羊、长脂尾羊、肥臀羊。

(二)按经济用途分类

根据绵羊的主要产品及经济用途划分，将绵羊分为肉用羊、毛用羊和皮用羊3类。

1. 肉用羊

这类羊肉用性能好，以产肉为主，其他产品为辅。

(1)肉脂羊：具有肥大的尾部(脂尾和肥臀)，善于贮存脂肪，产肉性能较好。其优良的品种有寒羊、阿勒泰羊、乌珠穆沁羊、同羊等。

(2)肉羊：生长发育快、早熟、饲料报酬高、产肉性能好、肉质佳、繁殖率高、适应性强等特性。体型外貌上具有体躯长、肩宽胸深、背腰平直、后躯宽大、肌肉丰满、体躯呈圆桶状或长方体等特征，如夏洛来羊、无角陶赛特羊、萨福克羊、杜泊羊、特克赛尔羊等。

2. 毛用羊

毛用羊主要有3种类型。

(1)细毛羊：被毛白色，生产同质细毛，毛纤维细度在60支以上，12月龄体侧部毛长在7.0 cm以上。多数公羊有发达的螺旋形角，母羊无角，公羊颈部有1～2个横皱褶，母羊有1个横皱褶或发达的纵皱褶，头毛着生至两眼连线，四肢盖毛前肢到腕关节以下，后肢到飞节以下，腹毛着生良好，被毛的细度、长度基本一致，并具有一定的弯曲。

细毛羊根据其生产性能和用途的不同，又分为毛用细毛羊、毛肉兼用细毛羊和肉毛兼用细毛羊3个类型：①毛用细毛羊，体格略小，以生产细毛为主，如澳洲美利奴羊、中国美利奴羊等；②毛肉兼用细毛羊，体格较大，有较好的产肉性能，仍以产细毛为主，如新疆细毛羊、东北细毛羊、高加索细毛羊等；③肉毛兼用细毛羊，体格大，产肉性能好，但也有一定的产毛性能，如德国美利奴羊、泊力考斯羊等。

(2)半细毛羊：被毛白色，生产同质半细毛，毛纤维细度为32～58支，12月龄体侧部毛长在 9 cm 以上。

半细毛羊根据其生产性能和用途的不同,又分为毛肉兼用半细毛羊和肉毛兼用半细毛羊两大类:①毛肉兼用半细毛羊,如青海半细毛羊、茨盖羊等;②肉毛兼用半细毛羊,如罗姆尼羊、考力代羊等。

(3)粗毛羊:被毛异质,由粗毛、绒毛、两型毛及死毛等几种不同类型的毛纤维组成,被毛细度、长度及毛色等均不一致,这类羊的肉脂、皮毛可综合利用,其特点是抗逆性强,适应性强,如蒙古羊、西藏羊、哈萨克羊等。

3. 皮用羊

皮用羊主要分为羔皮羊和裘皮羊。

(1)羔皮羊:以生产羔皮为主要生产方向,其毛皮的毛卷图案美观,经济价值很高,是制作裘皮大衣、皮帽、衣领的高级原料,如卡拉库尔羊、湖羊等。

(2)裘皮羊:以生产裘皮为主要生产方向,其皮板轻薄、柔软,毛穗美观、洁白、光泽好,具有保暖、轻便、结实和不毡结等优点,如滩羊。

4. 乳用羊

这类羊具有优良的产奶性能,但高产品种不多,著名品种有东佛里生羊。

二、绵羊品种

(一)细毛羊品种

1. 新疆毛肉兼用细毛羊(简称新疆细毛羊)

(1)培育历史:新疆细毛羊(图 4-1)于 1954 年育成于新疆维吾尔自治区巩乃斯种羊场,是我国育成的第一个细毛羊品种。新疆细毛羊的培育从 1934 年开始,以从苏联引进的高加索细毛羊和波列考斯细毛羊为父本,以当地的哈萨克羊和蒙古羊为母本进行杂交改良,在四代杂种羊的基础上经自群繁育、选种选配,培育而成。1954 年经国家农业部命名为“新疆毛肉兼用细毛羊”,简称“新疆细毛羊”。

公羊

母羊

图 4-1 新疆细毛羊

(2)外貌特征:体格大,体质结实,结构匀称,颈短而圆,胸宽深,背腰平直,体躯长深,后躯丰满，四肢肢势端正。少数个体眼圈、耳、唇有小色斑。公羊大多数有螺旋形角，鼻梁微有隆起，颈部有1～2个完全或不完全的横褶皱。母羊无角或有小角，颈部有一个横褶皱或发达的纵褶皱。

新疆细毛羊全身被毛白色，闭合性良好，毛密度中等以上，毛丛弯曲正常，无环状弯曲。羊毛细度以64支为主，12月龄体侧部羊毛长7 cm以上，各部位羊毛的长度和细度均匀。油汗含量适中，分布均匀，呈白色或浅黄色，净毛率为49.8%～54.0%。头毛着生至两眼连线，前肢至腕关节，后肢至飞节或飞节以下，腹毛着生良好。

(3)生产性能：成年公羊剪毛量为12.42 kg，成年母羊为5.46 kg。周岁公、母羊的剪毛量分别为5.4、5.0 kg。羊毛平均长度成年公、母羊分别为11.2 cm、8.74 cm，周岁公、母羊均为8.9 cm。成年公羊体高75.3 cm，体长81.7 cm，体重93 kg。成年母羊体高65.9 kg，体长72.7 cm，体重46 kg。周岁公羊体高64.1 cm，体长67.7 cm，体重45 kg。周岁母羊体高62.7 cm，体长66.1 cm，体重37.6 kg。

经夏季放牧的2.5岁羯羊宰前活重可达65.5 kg，屠宰率平均为49.5%，净肉率为40.8%。夏季育肥的当年羔羊(9月龄羯羊)宰前活重为40.9 kg，屠宰率可达47.1%。

2.中国美利奴羊

(1)培育历史：中国美利奴羊(图4-2)育种工作始于1972年，以澳洲美利奴羊为父本，以波尔华斯羊、新疆细毛羊和军垦细毛羊为母本，采用复杂育成杂交，按照统一的育种目标，由内蒙古的嘎达苏种畜场、新疆的巩乃斯种羊场和紫泥泉种羊场、吉林的查干花种羊场联合育成。1985年12月经鉴定验收命名为“中国美利奴羊”，简称“中美羊”。

公羊　　母羊

图4-2　中国美利奴羊

(2)外貌特征：体质结实，体型呈长方形，鬐甲宽平，胸宽深，背平直，尻宽平，后躯丰满，四肢有力，肢体端正。公羊有螺旋形角，少数有角，母羊无角。公羊颈部有1～2个横褶皱，母羊有发达的纵褶皱。公、母羊体躯均无明显的褶皱。

全身被毛呈毛丛结构，闭合性良好，密度大，有明显的大、中弯曲，油汗含量适中，呈白色或乳白色，头毛密而长，着生至两眼连线。前肢着生至腕关节，后肢着生至飞节，腹毛着生良好。羊毛细度以64支为主，净毛率可达59%。

(3)生产性能：成年公羊剪毛量为16.0～18.0 kg，成年母羊为6.4～7.2 kg。育成公羊剪毛量为8.0～10.0 kg，育成母羊为4.5～6.0 kg。羊毛自然长度，成年公羊为12.0～13.0 cm、成年母羊为10.0～11.0 cm，育成公、母羊分别为10.0～12.0 cm、9.0～10.0 cm。成年公羊体高72.5 cm,体长77.5 cm,胸围105.9 cm,体重91.8 kg;成年母羊上述指标分别为66.1 cm、77.1 cm、88.2 cm、43.1 kg。育成公羊体高65.4 cm,体长68.1 cm,胸围92.8 cm,体重69.2 kg,育成母羊上述指标分别为63.6 cm、66.0 cm、82.9 cm、37.5 kg。

2.5岁羯羊宰前活重为51.9 kg,胴体重22.94 kg,净肉重18.04 kg,屠宰率为44.19%,净肉率为34.78%。

3. 东北细毛羊

(1)培育历史:东北细毛羊(图4-3)的育种开始于1912—1923年,最早引入兰布列耶美利奴羊与本地蒙古羊杂交,1952年又引进了苏联美利奴羊、斯达夫羊、高加索羊、阿斯卡尼羊品种公羊进行杂交。1959年和1960年2次由东北农业科学研究所引进了含斯达夫羊血液,于1967年定名为"东北毛肉兼用细毛羊",简称"东北细毛羊"。

公羊

母羊

图4-3　东北细毛羊

(2)外貌特征:体质结实,结构匀称,体躯长,后躯丰满,四肢肢势端正。公羊有螺旋形角,颈部有1～2个完全或不完全的横褶皱;母羊无角,颈部有发达的纵褶皱。被毛白色,毛丛结构良好,呈闭合型,头毛着生至两眼连线,前肢着生至腕关节,后肢着生至飞节,腹毛呈毛丛结构。全身被毛白色,毛丛结构良好,呈闭合型。毛密度中等以上,毛丛弯曲正常,油汗含量适中,分布均匀,呈白色或淡黄色,羊毛细度为60～64支。

(3)生产性能:成年公羊剪毛量为13.44 kg、成年母羊为6.10 kg,净毛率为35%～40%,成年公羊毛长为9.33 cm,成年母羊为7.37 cm。成年公、母羊平均体高分别74.3 cm、67.5 cm,成年公、母羊平均体长分别为80.6 cm、72.3 cm。

成年公羊平均体重83.66 kg,成年母羊为45.36 kg;成年公羊屠宰率为43.6%,成年母羊为52.4%,经产母羊产羔率为125%。

4. 澳洲美利奴羊

(1)产地:澳洲美利奴羊(图4-4)是世界著名的细毛羊品种,原产于澳大利亚。

(2)外貌特征:体形近似长方形,腿短,体宽,背部平直,后肢肌肉丰满。公羊颈部有1～3个横褶皱,母羊有发达的纵褶皱。被毛毛丛结构良好,密度大,细度均匀,油汗白色,羊毛弯曲均匀、整齐、明显,光泽良好。羊毛覆盖头部至两眼连线,前肢至腕关节或以下,后肢至飞节或以下。

图4-4　澳洲美利奴羊

(3)生产性能:澳洲美利奴羊是世界上最著名的细毛羊品种。根据体重、羊毛细度和长度的不同,分为4个类型,即超细型、细毛型、中毛型和强毛型。不同类型澳洲美利奴羊生产性能见表4-1。

表4-1 不同类型澳洲美利奴羊生产性能

类型	成年羊体重/kg		剪毛量/kg		羊毛细度/支	毛长/cm	净毛率/%
	公羊	母羊	公羊	母羊			
细毛型	60~70	32~38	7.5~8.5	4~5	64~70	7.5~8.5	58~63
中毛型	70~90	40~45	8~12	5~6.5	60~64	8.5~10.0	62~65
强毛型	80~100	43~68	8.5~14	5~8	58~60	9~13	60~65
超细型	50~60	32~38	7~8	3.4~4.5	70~80	7.0~7.5	65~70

我国从1972年以来,先后多次引进澳洲美利奴羊,用于新疆细毛羊、东北细毛羊、内蒙古细毛羊品种的导入杂交和中国美利奴羊的杂交育种工作,对我国细毛羊品种的培育和改良起了重要作用。

(二)半细毛羊品种

1. 青海高原毛肉兼用半细毛羊(简称青海半细毛羊)

(1)培育历史:青海高原半细毛羊(图4-5)1987年育成于青海省的英得尔种羊场和河卡种羊场。以新疆细毛羊、茨盖羊和罗姆尼羊为父本,当地的藏羊及一部分蒙古羊为母本,采用复杂的育成杂交培育而成。同年经青海省政府命名为"青海高原毛肉兼用半细毛羊",简称"青海半细毛羊"。

公羊

母羊

图4-5 青海高原毛肉兼用半细毛羊

(2)外貌特征:青海半细毛羊因含罗姆尼羊血液的不同,分为罗茨新藏(蒙)型和茨新藏(蒙)型2个类型。罗茨新藏(蒙)型羊头稍宽短,体躯粗深,四肢较短,蹄壳多为黑色或黑白相间,公、母羊均无角。茨新藏(蒙)型羊体型、外貌近似于茨盖羊,体躯较长,四肢较高,蹄壳多为乳白色或黑白相间。公羊大多有螺旋形角,母羊无角或有小角。被毛白色,羊毛同质,密度中等,呈大弯曲,油汗白色或浅黄色,羊毛强度好,具有纤维长、弹性好、光泽好等特点。

(3)生产性能:成年公羊剪毛前体重 76.9 kg,平均剪毛量 5.9 kg,净毛率 55%,毛长 11.72 cm;成年母羊剪毛前体重 38.0 kg,平均剪毛量 3.1 kg,净毛率 60%,毛长 10.01 cm。羊毛细度 48~58 支,以 50~56 支为主。

青海半细毛羊对严酷的高寒地区具有良好的适应性,抗逆性强,对饲养管理条件的改善反应明显。

2. 同羊

(1)培育历史:同羊(图 4-6)是我国著名的肉毛兼用脂尾半细毛羊,是古老的地方良种,原产于陕西的渭南和咸阳地区,主要分布于陕西省渭北高原东部和中部一带。

公羊

母羊

图 4-6 同羊

(2)外貌特征:体质结实,体躯呈长方形,头颈较长,鼻梁微隆,耳中等大,公羊具小弯角,母羊有小角或无角,后躯较发达,四肢坚实而较高,骨细而轻,尾大如扇,有大量脂肪沉积。全身主要部位毛色纯白,部分个体眼圈、耳、鼻端、嘴端及面部有杂色斑点,腹部多为异质粗毛和少量刺毛覆盖。被毛柔细,羔皮洁白,美观悦目。

(3)生产性能:成年公羊体重 60~65 kg,成年母羊 40~46 kg,屠宰率为 50%,被毛同质性好,毛长 9 cm 以上。成年公羊剪毛量 1.4 kg,成年母羊 1.2 kg。

同羊属多胎高产类型,性成熟较早,易饲养,毛质和肉质好,生长快,毛皮优。但产毛量低、繁殖力低。

3. 云南半细毛羊

(1)培育历史:云南半细毛羊(图 4-7)是在云南省的昭通地区,用长毛种半细毛羊(罗姆尼、林肯等)为父本,当地粗毛羊为母本,级进杂交再横交固定而育成。1996 年 5 月正式通过国家新品种委员会鉴定验收,2000 年 7 月被国家畜禽品种委员会正式命名为“云南半细毛羊”。

图 4-7 云南半细毛羊

(2)外貌特征:体躯中等大小,羊毛覆盖至两眼连线,背腰平直,肋骨开张良好,四肢短,羊毛覆盖至飞节以上。

(3)生产性能:羊毛细度 48~50 支。成年公羊平均体重 65 kg,剪毛量 6.55 kg,成年母羊平均体重 47 kg,剪毛量 4.84 kg。毛丛长度 14~16 cm。母羊集中在春、秋季节发情，产羔率为106%～118%。10月龄羯羊屠宰率55.76%，净肉率41.2%。

(三)粗毛羊品种

1. 蒙古羊

(1)产地：蒙古羊(图4-8)原产于内蒙古自治区。是我国分布最广、数量最多的三大粗毛羊品种之一。

公羊　　母羊

图4-8　蒙古羊

(2)外貌特征：蒙古羊由于分布地区广，各地的自然条件差异大，体型外貌有很大差别，其基本特点是：体质结实，骨骼健壮，头中等大小，鼻梁隆起。公羊有螺旋形角，母羊无角或有小角。耳大下垂，脂尾短，呈椭圆形。尾中有纵沟，尾尖细小呈S状弯曲。胸深，背腰平直，四肢健壮有力，善于游牧。体躯被毛白色，头、颈、四肢部黑、褐色的个体居多。被毛异质，由绒毛、两型毛、粗毛及干死毛组成。

(3)生产性能：成年公羊体重69.7 kg，剪毛量1.5～2.2 kg；成年母羊体重54.2 kg，剪毛量1.0～1.8 kg，净毛率77.3%，屠宰率为50%左右。每年产羔一次，双羔率3%～5%。

2. 西藏羊

西藏羊又称藏羊、藏系羊，为我国三大粗毛绵羊品种之一。

(1)产地：西藏羊(图4-9)原产于青藏高原，主要分布在西藏、青海、甘肃、四川及云南、贵州两省的部分地区，是饲养在高海拔地区的绵羊品种。由于西藏羊分布地域广，藏羊的体格、体型和被毛也不尽相同，按其所处地域可分为高原型(草地型)、山谷型、欧拉型。

(2)外貌特征：西藏羊以高原型藏羊为代表，其特点是体格高大粗壮，体质结实，鼻梁隆起，公羊和大部分母羊均有角，角长而扁平，呈螺旋状向上、向外伸展，头、四肢多为黑色或褐色。体躯被毛以白色为主，被毛异质，两型毛含量高，毛辫长度18～20 cm，有波浪形弯曲，弹性大，光泽好，以"西宁大白毛"而著称，是织造地毯、提花毛毯、长毛绒的优质原料，在国际市场上享有很高的声誉。

(3)生产性能：成年公羊体重44.03～58.38 kg，成年母羊38.53～47.75 kg。成年公羊剪毛量1.18～1.62 kg，成年母羊0.75～1.64 kg。净毛率为70%左右。屠宰率43%～48.68%。母羊每年产羔一次，双羔率极低。产肉性能较好，屠宰率较高，为50.18%。

西藏羊由于长期生活在较恶劣的环境下，具有顽强的适应性，体质健壮，耐粗放的饲养管理等优点，同时善于游走放牧，合群性好。但产毛量低，繁殖率不高。

高原型藏公羊　　　　高原型藏母羊

欧拉型藏公羊　　　　欧拉型藏母羊

图 4-9　西藏羊

3.哈萨克羊

(1)产地:哈萨克羊(图 4-10)原产于新疆维吾尔自治区,主要分布在新疆境内,甘肃、新疆、青海三省(区)交界处也有分布,为我国三大粗毛绵羊品种之一。

公羊　　　　母羊

图 4-10　哈萨克羊

(2)外貌特征:鼻梁隆起,公羊多数有螺旋形大角,母羊多数无角。体质结实,背腰宽平,后躯发达,四肢高而结实,骨骼粗壮,肌肉发育良好。脂尾分成两瓣高附于臀部。羊毛色杂,被毛异质,干死毛多。抓膘力强,终年放牧,对产区生态条件有较强的适应性。

(3)生产性能:成年公羊体重 60.34 kg,剪毛量 2.03 kg,净毛率 57.8%;成年母羊体重 45.8 kg,剪毛量 1.88 kg,净毛率 68.9%。成年羯羊屠宰率为 47.6%,1.5 岁羯羊为 46.4%。产羔率 102%。

哈萨克羊耐寒耐粗饲，生活力强，善于爬山越岭，适于高山草原放牧，具有较高的产肉性能。

(四)肉羊品种

1. 萨福克羊

(1)产地：萨福克羊(图 4-11)原产于英国英格兰东南部的萨福克郡州。萨福克羊具有早熟、产肉多、肉质好、屠宰率高的特点。

图 4-11 萨福克羊

(2)外貌特征：公、母羊均无角，体躯主要部位被毛白色，头、面部、耳与四肢下端为黑色，体躯被毛白色，含少量有色纤维。头较长，耳大，颈短粗，胸宽深，背腰平直，肌肉丰满，后躯发育良好，四肢粗壮结实。

(3)生产性能：萨福克羊早熟，生长发育快，产肉性能好。成年公羊体重 100～110 kg，成年母羊 60～70 kg。4 月龄公羔胴体重达 24.2 kg，母羔 19.7 kg，屠宰率 55%～60%。毛长 7.0～8.0 cm，剪毛量 3～4 kg，细度 50～58 支。胴体中脂肪含量低，肉质细嫩，肌肉横断面呈大理石花纹状。母羊周岁开始配种，可全年发情，产羔率 130%～140%。

2. 无角陶赛特羊

(1)产地：无角陶赛特羊(图 4-12)原产于澳大利亚和新西兰，是以考力代羊为父本，雷兰羊和英国有角陶赛特羊为母本进行杂交，杂种后代羊再与有角陶赛特公羊回交，选择无角的后代培育而成。

图 4-12 无角陶赛特羊

(2)外貌特征：体质结实，公、母羊均无角，颈粗短，胸宽深，背腰平直，体躯长、宽而深，肋骨开张良好，体躯呈圆桶状，四肢粗壮，后躯丰满，肉用体型明显。被毛白色，同质，具有生长发育快、易肥育、肌肉发育良好、瘦肉率高的特点。

(3)生产性能：成年公羊体重 90～110 kg，成年母羊为 65～80 kg，毛长 7.5～10 cm，剪毛量 2～3 kg，净毛率 55%～60%，细度 50～56 支。产肉性能高，胴体品质好。2 月龄公羔平均日增重 392 g，母羔 340 g。经过肥育的 4 月龄羔羊胴体重可达 20～24 kg。屠宰率 50%以上。产羔率 110%～140%，高者达 170%。

该品种羊具有生长发育快，早熟，产羔率高，母性强，常年发情配种，适应性强，遗传力强等特点，是理想的肉羊生产的终端父本之一。20 世纪 80 年代以来，我国先后从澳大利亚引进无角陶赛特羊，适应性较好，在进行纯种繁殖外，还用来与蒙古羊、哈萨克羊和小尾寒羊杂交，杂种后代产肉性能得到显著提高，改良效果良好。

3.特克赛尔羊

(1)产地:特克赛尔羊(图4-13)原产于荷兰。19世纪中叶,由当地沿海低湿地区的晚熟但毛质好的马尔盛夫羊与林肯羊和来斯特公羊杂交培育而成。

图4-13　特克赛尔羊

(2)外貌特征:体格大,体质结实,体躯较长,呈圆筒状,颈粗短,前胸宽,背腰平直,肋骨开张良好,后躯丰满,四肢粗壮。公、母羊均无角,耳短,头、面部和四肢下端无羊毛着生,仅有白色的发毛,全身被毛白色、同质,眼大突出,鼻镜、眼圈部位皮肤为黑色,蹄质为黑色。

(3)生产性能:成年公羊体重115~140 kg,成年母羊75~90 kg。平均产毛量3.5~4.5 kg,毛长10~15 cm,羊毛细度46~56支。羔羊生长速度快,4~5月龄羔羊体重可达40~50 kg,屠宰率55%~60%,瘦肉率高。眼肌面积大,较其他肉羊品种高7%以上。母羊泌乳性能良好,产羔率150%~160%。

该品种羊产肉和产毛性能好,肌肉发育良好,适应性强,具有多胎、早熟、羔羊生长迅速、母羊繁殖力强等特点,被用于肥羔生产的杂交父本。

4.杜泊羊

(1)产地:杜泊羊(图4-14)原产于南非,是有角陶赛特羊与当地的波斯黑头羊杂交育成的肉用绵羊品种,该品种羊在干旱和半干旱的沙漠条件下,在非洲的各个国家甚至中非和东非的热带、半热带地区都有很好的适应性,是目前世界上公认的最好的肉用绵羊品种。

(2)外貌特征:杜泊羊分白头和黑头2种,体躯呈独特的桶形,公、母羊均无角,颈粗短,肩宽厚,背平直,肋骨拱圆,前胸丰满,后躯肌肉发达,四肢短粗,肉用体型好。头上有短、暗、黑或白色的毛,体躯有短而稀的浅色毛(主要在前半部),腹部有明显的干死毛。

黑头杜泊公羊

白头杜泊公羊

图4-14　杜泊羊

(3)生产性能:成年公羊体重100~110 kg,成年母羊75~90 kg;周岁公羊体重80~85 kg,周岁母羊60~62 kg。成年公羊产毛量2.0~2.5 kg,成年母羊1.5~2.0 kg。羔羊初生重大,可达5.5 kg,生长速度快,平均日增重可达300 g以上,成熟早,瘦肉多,胴体质量好,3.5~4月龄羔羊活重达36 kg,胴体重16 kg左右,肉中脂肪分布均匀,肉质细嫩、多汁、色鲜、瘦肉率高，为高品质胴体，是生产肥羔的理想肉用羊品种，国际上誉为“钻石级肉”。

5. 小尾寒羊

（1）产地：小尾寒羊（图 4-15）是我国古老的优良地方品种之一，原产于鲁、豫、苏、皖四省交界地区，主要分布在山东省菏泽地区和河北省境内。

（2）外貌特征：体格高大，头略长，鼻梁隆起，耳大下垂，四肢较高、健壮。公羊有螺旋形大角，母羊有小角或无角。公羊前胸较深，鬐甲高，背腰平直。母羊体躯略呈扁形，乳房较大，被毛多为白色，少数个体头、四肢部有黑、褐色斑，被毛异质。

（3）生产性能：周岁公羊体重 60.83 kg，屠宰率 55.6%；周岁母羊体重 41.33 kg。成年公羊体重 94.15 kg，成年母羊 48.75 kg。6 月龄公羔体重达 38.17 kg，母羔 37.75 kg。成年公羊剪毛量为 3.5 kg，成年母羊剪毛量为 2 kg，毛长 11～13 cm，净毛率 63%。

公羊

母羊

图 4-15　小尾寒羊

该品种羊生长发育快，性成熟早，母羊 5～6 月龄开始发情，常年发情，经产母羊产羔率达 270%，居我国绵羊品种之首，是世界上著名的高繁殖力绵羊品种之一。

（五）皮用绵羊品种

1. 中国卡拉库尔羊

图 4-16　中国卡拉库尔羊

（1）产地：中国卡拉库尔羊（图 4-16）主要分布在新疆和内蒙古境内，是以卡拉库尔羊为父本，哈萨克羊及蒙古羊为母本，采用级进杂交方法于 1982 年育成的羔皮羊品种。

（2）外貌特征：头稍长，鼻梁隆起，耳大下垂，公羊多数有角，呈螺旋形向两侧伸展，母羊无角或有小角。胸深体宽，尻斜。四肢结实。尾肥厚，毛色主要为黑色，灰色、彩色较少，毛被颜色随年龄增长而变化，黑色的羊羔断奶后，逐渐变为黑褐色，成年时变成灰白色。灰色羊到成年时多变成浅灰色和白色。苏尔色的羊成年时变成棕白色，但头、四肢、腹部和尾端的毛色终生保持初生时的毛色。

（3）生产性能：成年公羊体重为 77.3 kg，成年母羊体重为 46.3 kg。成年公羊剪毛量为 3.0～3.5 kg，成年母羊剪毛量为 2.5～3.0 kg。毛长 8～13 cm。产羔率为 105%～115%。

该品种羊所产羔皮具有独特而美丽的轴形和卧蚕卷曲，花案美观漂亮，所产羊毛是编织地毯的上等原料。

2. 湖羊

(1)产地：湖羊(图 4-17)产于太湖流域，主要分布在浙江和江苏等地。

(2)外貌特征：头形狭长、鼻梁隆起，公、母羊均无角，体躯较长呈扁长形，肩胸较窄，背腰平直，后躯略高，全身被毛白色，四肢较细长。

(3)生产性能：湖羊是我国特有的羔皮用绵羊品种，也是目前世界上少有的白色羔皮羊品种。成年公羊体重 48.68 kg，成年母羊体重 36.49 kg。成年公羊剪毛量 1.65 kg，成年母羊剪毛量为 1.17 kg。净毛率 50%左右。湖羊繁殖率高，母羊常年发情，产羔率 228.9%。

公羊

母羊

图 4-17　湖羊

湖羊羔皮洁白光润，皮板轻柔，花纹呈波浪形，紧贴皮板，扑而不散，在国际市场上享有很高的声誉，有"软宝石"之称。

湖羊对产区的潮湿、多雨气候和常年舍饲的饲养管理方式适应性强，生长快，成熟早，多胎多产。

3. 滩羊

(1)产地：滩羊(图 4-18)主要产于宁夏贺兰山东麓的银川市附近各县，与宁夏毗邻的甘肃、内蒙古、陕西也有分布。

公羊

母羊

图 4-18　滩羊

(2)外貌特征:体格中等大小,体质结实,体躯窄长,四肢较短,鼻梁稍隆起,公羊角呈螺旋形向外伸展,母羊一般无角或有小角。背腰平直,胸较深。属脂尾羊,尾根部宽大。体躯毛色多为白色,部分个体头部有褐、黑、黄色斑块。被毛异质,有髓毛细长柔软,无髓毛含量适中,无干死毛,毛股明显呈长毛辫状。长脂尾,尾根部宽大而尖部细,呈三角形,下垂至飞节以下。

(3)生产性能:成年公羊体重为 47.0 kg,成年母羊体重为 35.0 kg。成年公羊剪毛量 1.6～2.2 kg,成年母羊剪毛量 0.7～2.0 kg,净毛率 65%左右。成年羯羊屠宰率 45%,成年母羊屠宰率 40%,产羔率 101%～103%。

(六)国外其他绵羊品种

国外其他绵羊品种见表 4-2。

表 4-2　国外其他绵羊品种

品种名称	原产地及分布	外貌特征	生产性能
高加索细毛羊	原产于俄罗斯斯塔夫洛波尔地区	体大,结实,结构良好,体长,胸宽,背平,颈部有 1～3 个横皱褶,体躯有小皱褶,被毛良好	公羊体重 90～100 kg,母羊 50～55 kg,公羊剪毛量 12～14 kg,母羊 6.0～6.5 kg;净毛率 40%～42%,毛长 7～9㎝,细度 64 支,产羔率 130%～140%
林肯羊	原产于英国,现分布于世界许多国家	体躯高大,体质结实,结构匀称,背腰平直,腰臀部宽广,四肢较短。公、母羊均无角,头较长,颈短,前额有丛毛下垂。毛被呈辫形结构,大弯曲,光泽强	公羊体重 120～140 kg,母羊 70～90 kg,公羊剪毛量 8～10 kg,母羊 6～6.5 kg,产羔率 120%,4 月龄公羔体重 22 kg,母羔 20.5 kg
德国美利奴羊	原产于德国,1958 年引入我国	体格大,胸宽深,背腰平直,肌肉丰满,后躯发育良好;公、母羊均无角,颈部及体躯均无褶皱;被毛白色,毛较长而弯曲明显	成年公羊体重 90～100 kg,母羊 60～70 kg。成年公羊剪毛量 7～10 kg,母羊 4.5～5.0 kg。羊毛细度 60～64 支,净毛率为 45%～52%。羔羊 6 月龄体重达 40～45 kg,胴体重达 19～22 kg。繁殖力强,性早熟,产羔率可达 150%～175%,羔羊成活率高
夏洛莱羊	原产于法国夏洛莱地区,20 世纪 80～90 年代引入我国	公、母羊均无角,耳修长,并向斜前方直立。头和面部无覆盖毛,皮肤粉红或灰色,有的个体唇端或耳缘有黑斑。颈短粗,肩宽平,体长而圆,胸宽而深,背腰宽平,全身肌肉丰满,后躯发育良好,两后肢间距宽,呈倒挂"U"形。毛被白色同质	公羊体重 110～140 kg,母羊 54～72 kg;公羔 4 月龄体重 35 kg,母羔 33 kg。剪毛量为 3～4 kg。性成熟早,6～7 月龄母羔可配种,公羊 9～12 月龄可采精,成年母羊产羔率高达 185%。屠宰率达 55%以上

续表 4-2

品种名称	原产地及分布	外貌特征	生产性能
边区莱斯特羊	原产于英国北部苏格兰边区地区，19 世纪中叶，用莱斯特公羊与山地雪伏特母羊杂交育成	边区莱斯特羊体格大，体质结实，体躯长，背宽平，公、母羊均无角，鼻梁隆起，耳竖立，头、面部和四肢下端无盖毛	公羊体重 90～140 kg，母羊 60～80 kg，公羊剪毛量 5～9 kg，母羊 3～5 kg，产羔率 150%～200%，具很高的早熟性，4～5 月龄羔羊胴体重 20～22 kg

三、山羊品种

在山羊分类上各国略有差异，但主要还是根据生产方向进行分类，一般分为 7 大类：绒用山羊、毛用山羊、羔皮用山羊、裘皮用山羊、肉用山羊、乳用山羊、普通山羊。

(一)辽宁绒山羊

1. 产地

辽宁绒山羊(图 4-19)，原产于辽宁省辽东半岛及周边地区，是我国珍贵的优良地方绒用山羊品种。

图 4-19　辽宁绒山羊

2. 外貌特征

体格大，毛色纯正，结构匀称。公羊角发达，由头顶部向两侧呈螺旋式平直伸展，母羊多板角，向后上方伸展。颌下有髯，颈宽厚，颈肩结合良好，背平直，后躯发达，四肢粗壮。被毛白色，具有丝光光泽，毛长而无弯曲，外层为粗毛，内层由纤细柔软的绒毛组成。

3. 生产性能

成年公羊体重 51.7 kg，体高 63.6 cm，体长 75.7 cm；成年母羊体重 44.9 kg，体高 60.0 cm，体长 72.8 cm。成年公羊平均产绒量 540 g，最高 1 375 g，成年母羊平均产绒量 470 g，最高 1 025 g。山羊绒自然长度 5.5 cm，伸直长度 8～9 cm，细度 16.5 μm，净绒量 70%以上。屠宰率 50%左右，产羔率 120%～130%。

(二)内蒙古白绒山羊

1. 产地

内蒙古白绒山羊(图 4-20)原产于内蒙古西部地区。内蒙古白绒山羊是在内蒙古山羊优良类型的基础上，经过长期自然选择和人工选育而成的绒肉兼用型新品种。1988 年，由内蒙古自治区正式命名为“内蒙古白绒山羊”。

2. 外貌特征

公、母羊均有角，角后外上方弯曲伸展，呈倒“八”字形。公羊角粗大，母羊角细小。头清秀，鼻梁平直或微凹，体质结实，结构匀称，体躯近似方形，后躯略高，背腰平直，尻略斜，四肢粗壮结实，蹄质坚硬，被毛白色，由外层的粗毛和内层的绒毛组成异质毛被。

图 4-20 内蒙古白绒山羊

3. 生产性能

成年公羊体重 45～52 kg，产绒量为 400 g，粗毛产量为 350 g。成年母羊体重 30～45 kg，产绒量为 360 g，剪毛量为 300 g。羊绒长度为 5.0～6.5 cm，羊绒细度为 14.2～15.6 μm，强度 4.24～5.45 g，净绒率 50%～70%，成年羯羊屠宰率为 46.9%。公、母羊 1.5 岁开始配种，产羔率为 103%～105%。

(三)济宁青山羊

1. 产地

济宁青山羊(图 4-21)，原产于山东省西南部的菏泽和济宁两地区，是优良的羔皮用山羊。

图 4-21 济宁青山羊

2. 外貌特征

体格小，俗称为“狗羊”。公、母羊均有角，两耳向前外方伸展，有髯，额部有卷毛，被毛由黑、白两色毛混生，特征是“四青一黑”，即背毛、唇、角和蹄皆为青色，两前膝为黑色，毛色随年龄的增长而变深。依据黑白毛比例不同，分为正青(黑色 30%～50%)、粉青(黑毛 30%以下)、铁青(黑毛 50%以上)；根据被毛的粗细和长短不同分 4 个类型：细长毛型、细短毛型、粗长毛型和粗短毛型。以细长毛型的猾子皮质量最好。

3. 生产性能

成年公羊体重 30 kg，成年母羊体重 26 kg。产绒量 30～100 g，成年公羊粗毛产量 230～330 g，成年母羊为 150～250 g。主要产品“青猾子皮”(羔羊出生后 3 d 内屠宰剥取的皮张)，毛短而细，紧密适中，皮板上有美丽的花纹，花型有波浪花、流水花、片花、隐花和平毛等多种类型，以波浪花最为美观。成年羯羊屠宰率为 50%。

一般 4 月龄初配种，母羊一年可产两胎或两年产三胎，一胎多羔，平均产羔率为 293.65%，羔羊出生重 1.3～1.7 kg。

(四)中卫山羊

1. 产地

中卫山羊(图 4-22)，又名“沙毛山羊”，是我国独特而珍贵的裘皮山羊品种，原产于宁夏回族自治区的中卫、中宁、同心、海源及甘肃省的景泰、靖远等县。

公羊

母羊

图 4-22　中卫山羊

2. 外貌特征

体质结实，体格中等，体型短深近似方形。头清秀，额部有卷毛，颌下有须，背腰平直，四肢端正。公羊有向上、向后、向外伸展的捻曲状大角，母羊有镰刀状细角。被毛多为白色，少数呈现纯黑色或杂色，光泽悦目，形成美丽的花案。

3. 生产性能

成年公羊体重 30～40 kg，产绒量 164～200 g，粗毛产量 400 g；成年母羊体重 25～30 kg，产绒量 140～190 g，粗毛产量 300 g，羊绒细度 12～14 μm，母羊毛长 15～20 cm，光泽良好。成年羊屠宰率 40%～50%，产羔率 103%。

中卫山羊的代表性产品为中卫二毛皮(羔羊生后 30～35 d，当毛股长 7～8 cm 时，宰杀剥取的毛皮)，因用手捻摸有发沙的感觉，故又称“沙毛二毛皮”。该裘皮有美丽的花穗，具有美观、轻便、结实、保暖和不擀毡等特点，中卫山羊是我国乃至世界上独特而珍贵的裘皮山羊品种。

(五)南江黄羊

1. 产地

南江黄羊(图 4-23)原产于四川省南江县，是我国培育的第一个肉用山羊品种，1998 年 4 月，农业部正式命名为“南江黄羊”。

图 4-23　南江黄羊

2. 外貌特征

被毛黄褐色，面部多呈黑色，鼻梁两侧有一条浅黄色条纹，从头顶至尾根沿脊背有一条宽窄不等的黑色毛带，前胸、肩、颈和四肢上段着生黑而长的粗毛。体型较大，大多数公、母羊有角，头型较大，颈部较粗，背腰平直，后躯丰满，体躯近似圆筒状，四肢粗壮。

3. 生产性能

成年公羊体重 66.87 kg，成年母羊体重 45.64 kg。成年羊屠宰率为 55.65%。6 月龄胴体重 11.89 kg，12 月龄胴体重 18.70 kg。最佳适宜屠宰期为 8～10 月龄，肉质好，肌肉中粗蛋白质含量高达 19.64%～20.56%。

南江黄羊性成熟早，3 月龄就有初情表现，且四季发情，但母羊最佳初配年龄为 8 月龄，公羊 12～18 月龄可配种，产羔率为 187%～219%。

（六）关中奶山羊

1. 产地

关中奶山羊（图 4-24）原产于陕西省的渭河平原，是我国培育的奶山羊品种。

2. 外貌特征

体质结实，结构匀称，乳用体型明显，头长额宽，鼻直嘴齐，眼大耳长。母羊颈长，胸宽背平，腹大而不下垂，乳房大，多呈方圆形，质地柔软，乳头大小适中。公羊颈部粗壮，前胸开阔，腰部紧凑，外形雄伟，四肢端正，蹄质坚硬，睾丸发育良好。全身毛短色白，皮肤粉红色，耳、唇、鼻及乳房皮肤上偶有大小不等的黑斑，部分羊有角和肉垂。

图 4-24　关中奶山羊

3. 生产性能

成年公羊体重 78.6 kg，体高 82 cm 以上；成年母羊体重 44.7 kg，体高 69 cm 以上。优良个体平均产奶量为，一胎 450 kg，二胎 520 kg，三胎 600 kg，高产个体可达 700 kg 以上，乳脂率 3.8%～4.3%。母羊 4～5 月龄性成熟，发情季节多集中于 9～11 月份，初配年龄在 8～10 月龄，一胎产羔率平均为 130%，二胎以上平均为 174%。

（七）萨能奶山羊

1. 产地

萨能奶山羊（图 4-25）原产于瑞士，是世界著名的奶山羊品种。

2. 外貌特征

具有乳用家畜特有的楔形体型，各部位轮廓清晰，棱角明显，结构紧凑细致。体躯高大，背长而直，后躯发达。被毛白色或淡黄色，有四长的外形特点，即头长、颈长、躯干长、四肢长。公、母羊均有须，大多无角，耳长直立，部分个体颈下有 1～2 个肉垂。公羊颈粗而短，后躯发育良好，肋拱圆，尻部略有倾斜。母羊乳房发达，四肢坚实。

图 4-25　萨能奶山羊

3. 生产性能

成年公羊体重 75～100 kg，成年母羊体重 50～65 kg。泌乳期 10 个月左右，以产羔后第 2～3 个月产奶量最高，年平均产奶量 600～1 200 kg，个体最高产奶量达 3 498 kg，乳脂率为 3.2%～4.0%。性成熟早，一般 10～12 月龄配种，秋季发情，年产羔一次，头胎多产单羔，经产母羊多为双羔或多羔，产羔率 160%～220%。

(八)波尔山羊

1. 产地

波尔山羊(图 4-26)原产于南非,是目前世界上公认的最受欢迎的肉用山羊品种之一,有"肉羊之父"的美称。

2. 外貌特征

图 4-26　波尔山羊

波尔山羊具有良好的肉用体型,体躯呈长方形,背腰宽厚而平直,皮肤松软,有较多的褶皱,肌肉丰满。被毛短密有光泽、白色,头颈为红褐色,从额中至鼻端有一条白色毛带。头平直、粗壮,耳大下垂,前额隆起,颈粗厚,体躯呈圆桶状、匀称,肌肉发达,后躯丰满,四肢短粗强健。公羊角较宽且向上向外弯曲,母羊角小而直。

3. 生产性能

成年公羊体重 90～100 kg,成年母羊体重 65～75 kg。羔羊初生重 3～4 kg,公、母羔羊 3 月龄断奶体重分别为 21.9 和 20.5 kg。羔羊生长速度快,6 月龄内日增重为 225～255 g。肉用性能好,屠宰率 50%～60%,肉质细嫩,肌肉横断面呈大理石花纹状。

波尔山羊繁殖性能好,母羊 6～7 月龄可初配,春羔当年可配种,一年产二胎或两年产三胎。初产母羊产羔率 150%,经产母羊产羔率 220%。

(九)安哥拉山羊

1. 产地

安哥拉山羊(图 4-27)原产于土耳其的安哥拉地区,是世界上最著名的毛用山羊品种,以生产优质"马海毛"而著名。

2. 外貌特征

图 4-27　安哥拉山羊

体格中等,公、母羊均有角,鼻梁平直或微凹,耳大下垂,颈部细短,体躯窄,骨骼细。被毛白色,由波浪形毛辫组成,毛辫长可及地。

3. 生产性能

成年公羊体重 55～55 kg,成年母羊体重 32～35 kg。成年公羊剪毛量 4.5～6.0 kg,成年母羊剪毛量 3.0～4.0 kg。羊毛长度平均为 18～25 cm,最长可达 35 cm,净毛率为 65%～85%,羊毛细度为 40～60 支,一般年剪毛 2 次。

安哥拉山羊生长发育慢,性成熟晚,1.5 岁后才能发情配种,繁殖力低,多产单羔,产羔率 100%～110%。

任务3 羊的选种方法与引入

一、选种的依据与方法

羊的选种就是通过选择来挖掘有遗传优势的个体，把生产性能高、体格健壮的优秀公、母羊留作种用，使羊群的整体生产性能逐代提高，并迅速扩大其在群体中的基因频率的过程。

(一)选种的依据

种羊的选留需要考察清楚被选羊的系谱资料、体型外貌、生长发育、生产性能和健康状况等项目，有些项目需要现场鉴定，有些项目需要查阅资料，进而确保其可靠性。

1. 体型外貌特征

要求符合本品种的典型特征，遗传稳定。种羊的体质应结实，前胸宽深、四肢粗壮、肌肉发达。公羊要求头大雄壮、眼大有神、睾丸发育匀称、性欲旺盛，阴囊紧缩，特别要注意是否单睾或隐睾。母羊要求体大，前后躯发达，乳房发育良好，富有弹性，乳静脉明显，乳头大小、长短适中。采食量大，产羔多，母性强，哺乳性能好，产乳量高，产奶高峰期长。

2. 体表部位

羊的体型外貌在一定程度上能反映出生产力水平的高低，为区别、记载每只羊的外貌特征，就必须识别羊的外貌部位名称(图 4-28、图 4-29)。

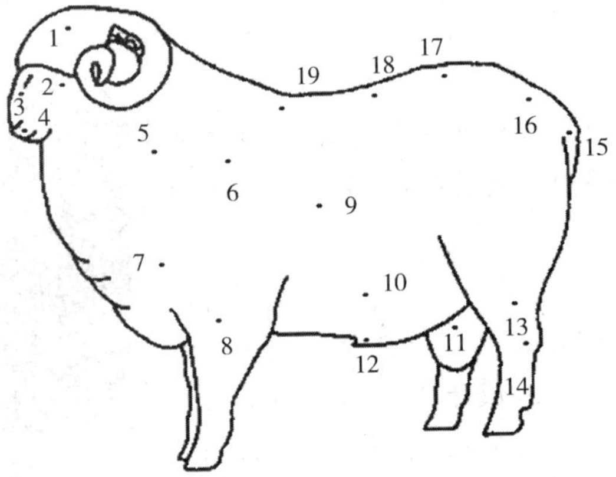

图 4-28 绵羊体表各部位名称

1. 头 2. 眼 3. 鼻 4. 嘴 5. 颈 6. 肩 7. 胸 8. 前肢 9. 体侧 10. 腹 11. 阴囊 12. 阴筒 13. 后肢 14. 飞节 15. 尾 16. 臀 17. 腰 18. 背 19. 鬐甲

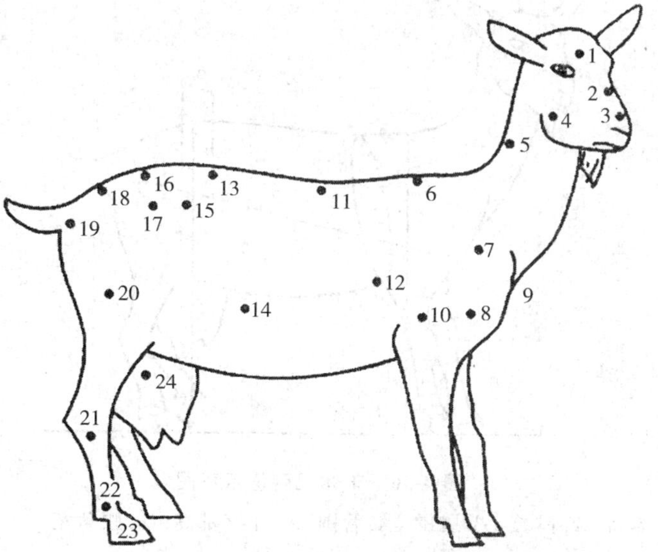

图 4-29　山羊体表各部位名称

1.头　2.鼻梁　3.鼻　4.颊　5.颈　6.鬐甲　7.肩部　8.肩端
9.前胸　10.肘　11.背部　12.胸部　13.腰部　14.腹部　15.肷部　16.十字部
17.腰部　18.尻　19.坐骨端　20.大腿　21.飞节　22.系　23.蹄　24.乳房

3.羊体各部位特征

(1)头颈部:毛用羊的头较长,面部较大,颈部一般有 2～3 个皱褶;肉用羊的头短而宽,颈部较短无皱褶,肌肉和脂肪发达,呈宽的方圆形。

(2)鬐甲:毛用羊的鬐甲大多比背线高;肉用羊的鬐甲宽,与背部成水平线。

(3)背腰部:毛用羊的背腰较窄;肉用羊背腰平直,宽而多肉。

(4)胸部:毛用羊的胸腔长而深,容量较大;肉用羊的胸部宽而短,容量较小。

(5)腹部:要求腹线与背线平行,腹部下垂的称为"垂腹",是一大缺陷,是在幼龄阶段饲喂大量粗饲料所致,有时也与凹背有关。

(6)四肢:羊的品种不同,四肢高矮也有差异,要求羊的肢势端正、直立。

4.体尺测量与体重估测

(1)体尺测量:羊只一般在 3 月龄、6 月龄、12 月龄和成年 4 个阶段进行体尺测量,通过体尺测量可以了解羊的生长发育情况。测量时,场地要平坦,站立姿势要端正。常用测量工具有测杖、卷尺和圆形测定器。测定项目根据目标而定,但必须熟悉主要的测量部位和基本的测量方法(图 4-30)。

①体高:鬐甲最高点至地面的垂直距离。

②体长:肩端前缘至坐骨结节后缘的直线距离。

③胸围:在肩胛骨后缘绕胸一周的长度。

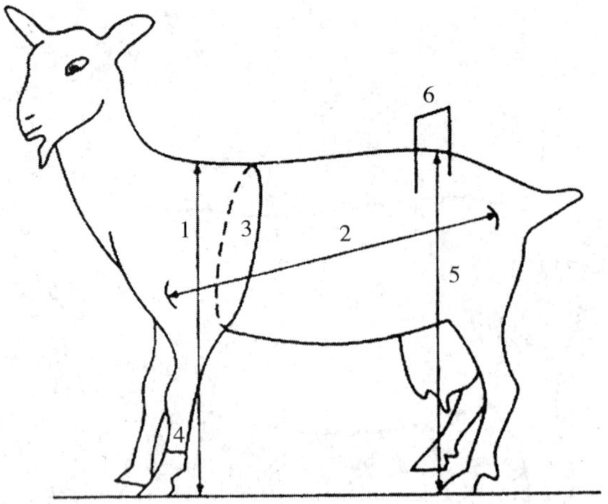

图 4-30　羊体尺测量示意图

1.体高　2.体长　3.胸围　4.管围　5.十字部高　6.腰角宽

④管围:左前肢管骨最细处(管骨上 1/3 处为准)的水平周径。

⑤十字部高:两腰角连线与背中线交叉点到地面的垂直距离。

⑥腰角宽:两侧腰角外缘间距离。

(2)体重估测:估算羊的体重与估算黄牛体重的方法相同。

$$羊的体重(kg)=(羊的体斜长\ cm\times 胸围^2\ cm)\div 10\ 800$$

例如:一只羊身体的斜长是 58 cm,胸围是 62 cm,则这头羊的体重约为 20.6 kg。

$$58\times 62^2\div 10\ 800\approx 20.6(kg)$$

5.繁殖力指标

繁殖力是表示羊只维持正常繁殖机能和生育后代的能力,对母羊来说,包括排卵、受精、妊娠和哺育羔羊的能力。这一生理特性由遗传因素和个体状况所决定。

(1)适繁母羊比率:主要反映羊群中适繁母羊的比例。适繁母羊是指 1.5 岁以上的绵羊和 10 月龄以上的山羊。

$$适繁母羊比率=\frac{本年度适繁母羊数}{本年度末羊群总数}\times 100\%$$

(2)空怀率。

$$空怀率=\frac{适繁母羊数-受胎母羊数}{适繁母羊数}\times 100\%$$

(3)受配率。

$$受配率=\frac{配种母羊数}{适繁母羊数}\times 100\%$$

(4)受胎率。指在本年度内配种后妊娠母羊数占参加配种母羊数的百分率。实践中又分为以下几种。

①总受胎率。指本年度内受胎母羊数占参加配种母羊数的百分率，反映母羊群中受胎母羊数的比例。计算公式为：

$$总受胎率=\frac{受胎母羊数}{配种母羊数}\times 100\%$$

②情期受胎率。指在一定的期限内，受胎母羊数占本期内参加配种母羊数的百分率，反映母羊发情周期的配种质量。计算公式为：

$$情期受胎率=\frac{受胎母羊数}{情期配种母羊数}\times 100\%$$

③第一情期受胎率。指第一情期配种的妊娠母羊数占第一情期配种母羊数的百分率。计算公式为：

$$第一情期受胎率=\frac{第一情期配种的受胎母羊数}{第一情期配种母羊数}\times 100\%$$

④不返情率。指在一定期限内，经配种后未再出现发情母羊数占本期内参加配种母羊数的百分率。随着配种后时间的延长，不返情率就越接近于实际受胎率。

(5)产羔率。

$$产羔率=\frac{出生羔羊数}{分娩母羊数}\times 100\%$$

(6)羔羊成活率。

$$羔羊成活率=\frac{断奶成活羔羊数}{出生羔羊数}\times 100\%$$

(7)繁殖成活率。

$$繁殖成活率=\frac{断奶成活羔羊数}{适龄繁殖母羊数}\times 100\%$$

6.肉用性能指标

(1)经济早熟性。指在一定的饲养条件下，肉羊能早期达到一定体重的能力。通常以达到适宜屠宰时的年龄作为经济早熟性的指标。

(2)屠宰率。指胴体重加内脏脂肪(包括大网膜和肠系膜脂肪)和脂尾重与羊屠宰前活重(宰前空腹 24 h)之比。

$$屠宰率=\frac{胴体重+内脏脂肪重+脂尾重}{屠宰前活重}\times 100\%$$

(3)胴体重。指屠宰放血后剥去毛皮、去头、内脏及前肢腕关节和后肢关节以下部分，整个躯体(包括肾脏及其周围脂肪)静止 30 min 后的重量。

(4)胴体净肉率。

$$胴体净肉率=\frac{胴体重-骨重}{胴体重}\times 100\%$$

(5)肉骨比。

$$肉骨比=\frac{胴体净肉重}{胴体骨重}\times 100\%$$

(6)眼肌面积。测倒数第1和第2肋骨间脊椎上的背最长肌的横切面积,因为它与产肉量呈正相关。测量方法:用硫酸纸描绘出横切面的轮廓,再用求积仪计算面积。如无求积仪,可用下面的公式估测:

$$眼肌面积=眼肌高(cm)\times眼肌宽(cm)\times0.7$$

(7)胴体品质。主要根据瘦肉的多少及颜色、脂肪含量、肉的鲜嫩度、多汁性与味道等特性来评定。上等品质的羔羊肉,应该是质地坚实而细嫩,味美,膻味轻,颜色鲜艳,结缔组织少,肉呈大理石状,背脂分布均匀而不过厚,脂肪色白、坚实。

(8)生长速度。

①平均日增重。平均日增重指肉羊从断奶到屠宰整个肥育期间的平均日增重。

$$平均日增重(g)=\frac{宰前活重-断奶重}{肥育时间}$$

②饲料利用率。饲料利用率是指肉羊肥育期间平均每单位增重的饲料消耗量。饲料利用率的表示法:

$$料肉比=\frac{肥育期内消耗的饲料总量}{肥育期末重-肥育期初重}$$

$$或饲料转化率=\frac{肥育期末重-肥育期初重}{肥育期内消耗的饲料总量}$$

(9)出栏率。

$$出栏率=\frac{本年度出栏羊只数}{年初羊只数}\times100\%$$

(二)选种方法

种羊的选留应根据被选个体的年龄,依据相应的选种性状,合理利用系谱选择、同胞测定、个体鉴定和后裔测验等方法进行选留。

1.羔羊的选择

选留羔羊时,应优先选留亲代生产性能好的后代,要求初生重大,生长发育好,体型外貌好,体躯长,后躯方正,四肢及头部端正,髻甲高与荐高基本相等。

2.后备羊的选择

后备羊在选留时,应从以下几个方面进行。

(1)个体选择:应从初生重大,生长发育快,体尺指标符合本品种标准,发育良好的羔羊中选择。

(2)系谱选择:要看祖先,从优良的公母羊交配后代中,全窝都发育良好的羔羊中选择。母羊需要第2胎以上的经产多羔羊。

后备母羊的数量,一般要达到需要数量的3～5倍,后备公羊的数量也要多于需要数,以防在育种过程中有不合格的羊不能作种用而造成数量不足。

3.种公羊的选择

种公羊要求体质健壮,精力充沛,敏捷活泼,食欲旺盛。其头略粗重,眼大且突出,颈宽且长,肌肉发达,鬐甲高于荐部,背平直,肋骨拱张,背腰宽平,尻平而宽长,四肢端正,被毛较粗而长，具有雄性的悍威。种公羊睾丸大小适中，包皮开口处距阴囊基部较远。凡单睾、隐睾和生殖器官畸形的都不能作为种用。种公羊鸣声高昂，臊味重是性欲旺盛的表现。

4. 种母羊的选择

种母羊应灵敏，神态活泼，行走轻快，头高昂，食欲旺盛，生长发育正常，皮肤柔软富有弹性。作为奶用的种母羊应外貌清秀，骨细、皮薄，鼻直、嘴大，体躯高大，胸深而宽、肋骨拱张，背腰宽长，腹大而不下垂，尻部宽长而平，后躯宽深，不肥胖。还应要求乳房发育良好，青年羊的乳房圆润紧凑，紧紧地附着于腹部。老龄羊的乳房多表现下垂、松弛，呈长圆桶状。

二、种羊的引入

(一)供种单位的选择

引进种羊、肉羊、幼龄羊时要对供种单位进行认真选择。引入国内品种时，一般应选择该品种主产地区的种羊场引种。引入国外品种时，一般都在国内科研部门及育种场去引种。在缺乏对品种的辨别认识时，最好不要到主产地以外的地方去引种。引种时要本着"耳听为虚，眼见为实"的原则，对供种单位必须进行详细的考察，不能一味贪图便宜而导致品种质量无法保证。

引种前首先要了解种羊场是否有营业执照，有畜牧部门签发的《种畜禽生产许可证》、《动物卫生防疫合格证》，然后了解羊场的发展历史、种羊生产、推广销售情况、疫病状况、种羊、幼龄羊、肉羊价格、售后技术、销售服务等情况。经过认真考察，选择有实力、信誉好、质量佳、管理严格、售后服务完善的大型羊场引入种羊。

(二)引种方式

1. 活体引进

活体引进即直接购进种羊，这是最常用的引种方式。这种方式对引进种羊有比较直观的了解，并可直接使用，但引种运输中的管理较为麻烦，风险较大，经费投资也较大。

2. 引进冷冻精液

引进优良公羊的冷冻精液，然后进行人工授精。这种引种方式仅需液氮灌，携带运输轻便、安全，投资不大，而且易于推广。现阶段，我国多地已普遍采用，是一种较好的引种方式，但要注意冷冻精液的质量。

3. 引进冷冻胚胎

引进良种肉羊的冷冻胚胎，然后进行胚胎移植，生产优良个体。这种方式不需引进种母羊就可以生产，且运输方便，但对技术要求较高，在一般生产中推广有一定的难度。

(三)引种前的准备

1. 目标定位

引种是为了引进优良基因，改良和提高原有品种的生产性能或改变原有品种的生产方向，使其创造更高的经济价值。例如,在引进良种肉羊时,必须考虑肉羊的早熟性、生长发育速度、增重、屠宰率、净肉率和羊肉品质以及繁殖性能等。引种前必须明确引种的目的和任务,要根据当地或国内外养羊业的发展现状和今后市场变化情况进行认真研究,以免带来不必要的经济损失。

2.品种定位

首先要明确引入什么品种和引入羊只的数量。在引种前要根据当地农业生产、饲草饲料、地理位置等因素加以分析,认真对比供种地区与引入地区的生态环境条件的异同,有针对性地考察品种的特性及对当地的适应性,进而确定引入品种。

3.圈舍准备

已有羊只的羊场,引种前除要修缮羊舍,备足草料,配备饲喂、饮水、粪便清理等必要的设施外,并在种羊到场1周前对隔离羊舍进行全面彻底的消毒。新建羊场、新饲养农户引种前要建好圈舍,保证羊群晴避暴晒,阴避雨雪,冬避风寒,夏避酷暑。

4. 草料准备

草料是物质基础,有了充足的草料,养羊就成功了一半。精料一般市场供应充足,来源容易。粗饲料、农作物秸秆、农副产品等必须在引种前有必要的储备。

5. 技术准备

随着养羊业的不断发展,羊场规模的扩大,技术缺乏成为发展养羊业的难题。特别是在养羊数量较少的地区,由于引种不当,饲养技术缺乏,导致在发展养羊业的过程中遭受了损失。因此,引种前应进行必要的技术咨询、培训,参加必要的养羊实践,才能保证羊群引得来,养得活,长得快,效益高。

6.引种时间

在调运时间上首先应考虑两地之间的季节差异。如由温暖地区向寒冷地区引种羊,应选择在夏季为宜,由寒冷地区向温暖地区引种应以冬季为宜。其次在启运时间上要根据季节而定,尽量减少途中不利的气候因素对羊造成影响。如夏季运输应选择在夜间行驶,防止日晒。冬季运输应选择在白天行驶。

一般春、秋两季是运输羊比较好的季节。从引种季节来说,较为气候较适宜的季节是春、秋季,最好不在夏季引种,7～8月份天气炎热、多雨,不利于远距离运输。如果引种距离较近,不超过1 d的时间,可不考虑引种的季节,一年四季均可进行。

7.人员准备

羊场应对所引进的品种进行全面的了解,没有经验者可邀请具有养羊经验的专业人员选择所需的种羊,把好品种关和质量关,并协助进行饲养、检疫、防疫、办理手续等。

8.其他准备

对于较大规模的引种企业,还应做好饲养人员的招聘、培训,管理、财务、兽医人员的配备,人员分工和各项规章制度的建立,做到有章可循,有条不紊,忙而不乱。

(四)引种技术要点

1. 制订引种计划

结合羊场的实际情况，根据种群更新计划，确定所需品种和数量，有选择性地引入优良品种，一方面进行纯种繁育，扩大利用；另一方面改良和提高羊场的羊群质量。新建种羊场应从所建羊场的生产规模、产品市场和羊场未来发展的方向等方面进行计划，确定所引进种羊的数量、品种。根据引种计划，选择质量高、信誉好的大型种羊场引种。

2. 确定好公母比例

要依据羊场资金、场地和引种目的确定所引种羊的数量和性别比例。若采用本交，一般公、母比例为 1∶(20～30)，人工授精时公、母比例一般为 1∶(300～500)。

3. 慎重选择个体

(1)品种特征：优良个体应具备该品种的特征，如体型外貌、生产特征、适应性等。特别是体型外貌方面不应有任何缺陷。体型外貌包括头形、角形、耳形及大小、头毛着生情况、背腰是否平直、四肢是否端正、蹄色是否正常及整体结构等。

(2)生产性能：选择的个体应是种群中生长发育优秀的个体，各项生产指标应高于群体平均值，如体尺、体重、生长发育速度等。

(3)健康状况：选择无任何传染病，体质健壮，生长发育良好，四肢运动正常。母羊乳房紧凑，乳头整齐、发育良好。公羊睾丸大小正常，无隐睾、单睾现象。

(4)查看系谱：依据羊只系谱查看所选个体的父本、母本、祖父、祖母的生产成绩，特别是父本和母本的生产成绩，并在引种时索取加盖单位公章的系谱资料。

(五)调运和管理

1. 专车运输

种羊运载 24 h 之前，应对运载车辆和用具进行 2 次以上的严格消毒，最好能空置 1 d 后装羊，在装羊前用刺激性较小的消毒剂(烧碱、石灰、来苏儿等，口服可用 0.1%高锰酸钾)彻底消毒 1 次。

从车辆来说，主要有火车、汽车 2 种工具，羊属于中小型动物，一般以汽车运输为主。应将种羊按性别、大小、强弱进行分群装车，不能太拥挤，车厢最好能分成小格。一般安排每 10 m^2 容纳 15～20 头为一个隔栏，车厢内应铺设垫草。

2. 减少应激

在运输过程中应减少种羊应激和肢蹄损伤，避免在运输途中死亡和感染疫病。要求供种场提前 2 h 对准备运输的种羊停止投喂饲料。上车时不能装得太急，注意保护种羊的肢蹄，装羊结束后应固定好车门。长途运输的种羊，应对种羊口服维生素 C 或电解多维等抗应激药物，以防过度疲劳，对表现特别兴奋的种羊，可注射适量氯丙嗪等镇静针剂。

3. 保暖防暑

冬季要注意保暖，夏天要重视防暑，避开炎热时间装运种羊，可在早晨和傍晚装运；途中应注意供给饮水，防止种羊中暑，运羊车辆应备有帆布或遮阳网，若遇到烈日或下雨时，应将帆布或遮阳网遮于车顶上面，防止烈日直射和雨淋，车厢两边的帆布或遮阳网应挂起，以便通风散热；冬季应注意车厢迎风面的保暖。

4. 观察羊群

根据路途远近确定运输方式，运输羊只以汽车运输最佳，方便、灵活、迅速，汽车运输要掌握“先慢后快常停车”，运输途中要适时停歇，检查有无异常，对趴下、跌倒的羊只及时拉起、保护，否则就会因被踩、挤压而窒息死亡，特别是上下坡时更要注意经常检查。如羊只出现呼吸急促、体温升高等异常情况，应及时采取有效的措施，可注射抗生素和镇痛退热针剂，必要时可采用耳尖放血疗法。大批量运输时最好能准备一辆备用车，以免运羊车出现故障，停留时间太长而造成不必要的损失。

5. 严格执行检疫制度

动物检疫是引种中必须进行的一个项目，检疫的目的一是保证引进健康的种羊，二是防止传染病的带入和传播。进行动物检疫的部门是县级以上动物检疫站。国内的检疫项目一般有临床检查和传染病检查，包括布氏杆菌病、蓝舌病、羊症、口蹄疫等。种羊运输前必须经检疫后才准运输。

6. 种羊引入后的过渡管理

种羊到达目的地后，不要急于大喂大饮，可先给予优质易消化的饲草和少量多次的清洁饮水及适量的麸皮，否则易引起羊只的消化不良、口膜炎或眼的结膜炎而造成吃草困难或其他不良反应，若出现上述症状，应及早对症治疗。

(1)及时消毒：种羊到达目的地后，立即对车辆、羊只及车周围地面进行消毒，然后将种羊卸下，按大小、公母进行分群饲养，有损伤及其他非正常情况的种羊应立即隔开单栏饲养，并及时治疗处理。

(2)做好隔离：新引进的种羊，应先在隔离舍饲养 30 d 左右，不能直接转入生产区，因否则极可能带来新的疫病，或者由不同菌株引发相同疾病。

(3)科学饮水：先给羊只提供一定量的饮水(淡盐水或口服补液盐)，休息 6～12 h 后方可供给少量优质的青、干草，第 2 天可组织放牧，由近到远，逐渐加大放牧强度。种羊到场后的前 2 周，由于疲劳加上环境的变化，机体对疫病的抵抗力会降低，饲养管理上应注意减少应激，可在补饲饲料中添加畜用电解多维，使种羊尽快恢复正常状态。

(4)观察检疫：种羊引入后，在隔离舍应做到勤观察，严检疫。特别是对布氏杆菌、伪狂犬病(PR)等传染性疾病，须给兽医检疫部门提供血液进行化验检测，确认没有细菌感染阳性和病毒感染，并在兽医人员的配合下确认种羊无任何异常情况下方可转入生产区进行饲养。

(5)防疫驱虫：种羊到场 1 周开始，应按本场的免疫程序接种各类疫苗，后备种羊在此期间可做一些引起繁殖障碍疾病的防疫注射，如三联四防苗、细小病毒苗、乙型脑炎疫苗等。接种完各种疫苗后，进行一次全面驱虫，可使用长效伊维菌素或阿维菌素等广谱驱虫剂按皮下注射进行驱虫。

任务4 羊的选配方法与杂交

一、羊的选配

(一)选配的作用

选配就是在选种的基础上，根据母羊的特点，为其选择恰当的公羊与之配种，以期获得理想的后代。选配是选种工作的延续，两者相互联系、不可分割，是改良和提高羊群品质最基础的方法。

通过合理的选配巩固选种效果，使亲代的固有优良性状、分散在双亲个体上的不同优良性状以及细微的不甚明显的优良性状累积起来传给下一代，对不良性状、缺陷性状给予削弱或淘汰。

(二)选配的原则

(1)选配应与选种紧密结合，选种要考虑选配的需要，为其提供必要的资料；选配要巩固选种效果，使双亲有益性状固定下来，并遗传给后代。

(2)用优秀的公羊配优秀母羊，公羊的品质和生产性能必须高于母羊。

(3)要扩大优秀种公羊的利用，最好经过后裔检验，在遗传性未经证实之前，选配可按羊体形外貌和生产性能进行。

(4)不宜滥用。采用亲缘选配时应当特别谨慎，切忌滥用。

(三)选配的类型

选配可分为表型选配和亲缘选配 2 种类型。表型选配是以与配公、母羊个体本身的表型特征作为选配的依据，亲缘选配则是根据双方的血缘关系进行选配。这 2 类选配都可以分为同质选配和异质选配，其中亲缘选配的同质选配和异质选配即指近交和远交。

1. *表型选配*

表型选配是根据公、母羊双方的品质来安排交配组合的方法。

(1)同质选配：指具有相同优良性状和特点的公、母羊进行的交配，使相同特点能够在后代身上得以巩固和继续提高。通常特级羊和一级羊是属于品种理想型羊只，它们之间的交配即具有同质选配的性质；或者羊群中出现优秀公羊时，为使其优良品质和突出特点能够在后代中得以保存和发展，则可选用同群中具有同样品质和优点的母羊与之交配，这也属于同质选配。例如，体大毛长的母羊选用体大毛长的公羊相配，以便使后代在体格大和羊毛长度上得到继承和发展。这就是“以优配优”的选配原则。

(2)异质选配：指选择在主要性状上不同的公、母羊进行交配，使公、母羊所具备的不同的优良性状在后代身上得以结合，创造一个新的类型；或者是用公羊的优点纠正或克服与配母羊的缺点或不足。用特级、一级公羊配二级以下母羊即具有异质选配的性质。例如，选择体大、毛长、毛密的特级、一级公羊与体小、毛短、毛密的二级母羊相配，使其后代体格增大，羊毛增长，同时羊毛密度得到继续巩固提高。又如，用生长发育快、肉用体型好、产肉性能高的肉用型品种公羊，与对当地适应性强、体格小、肉用性能差的蒙古土种母羊相配，其后代在体格大小、生长发育速度和肉用性能方面都显著超过母本。在异质选配中，必须使母羊最重要的有益品质借助于公羊的优势得以补充和强化，使其缺陷和不足得以纠正和克服。这就是"公优于母"的选配原则。

2. 亲缘选配

亲缘选配是根据公、母羊血缘关系的远近来安排交配组合。如果交配双方有较近的血缘关系(指交配双方到共同祖先的代数之和在 6 代以内)，称为亲缘交配，或叫近亲交配，简称近交；反之则称为非亲缘交配，或叫远亲交配，简称远交。

亲缘选配的目的，主要是为了避免不必要的近亲繁殖，或者是在某种特定的情况下有意识地开展近交，以巩固优良性状，保持优良血统或暴露有害隐形基因。

(四)选配计划

羊的选配计划又称选配方案，应根据羊场的具体情况、任务和要求进行编制。为制订好选配计划，事先必须了解和搜集必要的资料，整个羊群和品种的基本情况，现有的羊群生产水平和需要改进提高的地方，以往的选配结果和参加选配的每只种羊的系谱和个体品质等。

选配计划没有固定的格式，但一般都包括种公羊和与配母羊的品种、个体号、品质特征、选配方式和预期效果等内容。选配计划执行中，如发生公羊精液品质变劣或伤残死亡等偶然情况，应及时对选配计划做出合理调整。对优秀种公羊应扩大其利用范围。选配计划执行后，在下次配种到来之前，应认真分析上次选配结果，遵循"好的维持，差的重选"的原则。羊的选配计划如表 4-3 所示。

表 4-3　羊的选配计划表

母羊	品种	预期配种时间	主要特征	与配公羊					选配方式
				主配		候补		主要特征	
				羊号	品种	羊号	品种		

二、纯种繁育

(一)品系繁育

品系是品种内具有共同特点,彼此有血缘关系的个体,所组成的遗传性稳定的群体。品系繁育就是根据一定的育种制度,充分利用优秀的种公羊及其后代,建立高产和遗传性稳定的羊群。通过品系繁育,丰富品种的遗传结构,有意识地控制品种内部的差异,以此来促进整个品种的发育。

在一个品种内,需要同时提高几个性状(如日增重、屠宰率、胴体品质和繁殖力等),但同时选择由于考虑的性状过多,每个性状的遗传进展就很微小;如果将群体中有不同优点的个体分别组合起来,形成品种内小群体(品系),在各个品系内进行选育,有重点地将这些特点加以巩固提高,然后再将不同品系进行杂交,便可提高整个品种的质量。所以,品系繁育是现代家畜育种中一种高级育种技术。

1.选择优秀的种公羊作为系祖

系祖是畜群中最优秀的个体,要求具有独特的优点。理想型系祖的产生主要是通过有计划、有意识地选种选配,加强定向培育等选择。

2.组建品系基础群

根据育种的目的,选择品种内符合要求的个体组建成品系繁育基础羊群,组建品系时,可按2种方式进行。

一是按血缘关系组群,先将羊群进行系谱分析,查清公羊后裔特点,选留优秀公羊后裔建立基础群,但其后裔中不具备该品系特点的不应留在基础群,这种品系对于遗传力低的性状,如繁殖力、肉品质特性等有较好效果。二是按表型特征组群,这种方法简便易行,不考虑个体间的血缘关系,将具有符合品系要求的个体组成群体即可。在育种和生产实践中,对于有中高度遗传力的性状,多数采用这种方法建立品系。

3.闭锁繁育阶段

品系基础群组建后,必须用系内公羊(又叫系祖)和母羊进行"品系内繁育",或者说将品系群体"封闭"起来进行繁育,通常进行同质选配,在这个阶段应从以下几个方面进行。

(1)按血缘关系组建品系的封闭繁育,应尽量利用遗传稳定的优秀公羊作系祖,同时注意选择和培育具有该系系祖特点的后代,作为系祖的后备羊。按表型特征组建成的品系,早期应对所有公羊进行后裔测验,发现和培育优秀系祖,系祖一经确定,就要扩大它的利用率。优秀系祖的选定和利用,往往是品系繁育能否成功的关键,但是品系也不是系祖的简单复制。

(2)及时淘汰不符合品系要求的个体,始终保持品系的同一性。

(3)封闭繁育到一定阶段,品系内必然出现近亲繁殖现象,特别是按血缘组建的品系,一开始实行的就是近交。因此,有计划地控制近交是十分必要的。开始阶段可采用"父×女,母×子"等嫡亲交配,逐代疏远,最后将近交系数控制在20%左右。

(4)如受条件所限,采用随机交配方法时,可通过控制公羊数量来掌握近交程度。用下面这个公式可估计每个世代近交系数(ϕ)的增量。

$$\Delta F=1/8N;\phi=X\Delta F$$

式中：ΔF 表示每个世代近交增量，N 表示随机交配群体中的公羊数，ϕ 表示每个世代羊群的近交系数，X 表示繁殖代数。

例如，一个封闭羊群中连续 3 代没有引进过别的公羊，始终只用 2 只公羊，假定该羊群中开始时的近交系数为 0，则现在该羊群的近交系数就是：

$$\phi=X\Delta F=3\times\Delta F=3\times(1/8N)=3\times[1/(8\times2)]=18.75\%$$

4. 品系间杂交

当各品系繁育到一定程度，所需的优良性状、遗传特性达到一定程度并稳定后，便可开展品系间杂交，品系间杂交是指将各具特点的不同品系进行杂交，以获得生产力高、生活力强、优点多的优秀种羊，并从中选出新的系祖，建立新的品系，然后在新品系间杂交，这样可得到更优秀的种羊，从而使整个品种不断地得到提高和发展。

(二)引进优良基因法

品系繁育是利用品种本身固有的遗传资源，提高品种质量的方法。但是，当品系繁育中出现不可克服的缺陷，例如近交造成的生活力下降，或经过长期的纯种繁育生产性能没有明显改进，或整体生产性能虽达到一定水平，但性状间的选择差变小，遗传资源已比较贫乏，或由于市场需求改变，现有品种的生产性能已无法适应时，均可考虑引进新的遗传基因资源以弥补其不足，从而提高品种质量。

从外部引进遗传资源或优良基因时，应首先对现有品种的特点进行细致分析，确定哪些是应当保留的性状，哪些是需要改进和提高的性状，然后引进具有所需优良特性的品种公羊与原品种母羊杂交。

三、羊的杂交改良与利用

(一)杂交改良方法

1. 导入杂交

当一个品种基本上符合经济发展需要而又存在个别缺点，用纯种繁育不易克服时，可选用与该品种生产方向一致，能克服该品种缺点的其他品种进行导入杂交。导入杂交一般以导入品种公羊与原品种母羊交配，所生杂交一代公、母羊再与原品种的母羊、公羊交配，所得第 2 代含有 1/4 导入品种血液，就进行自交固定。这种杂交方法，多用于原品种中表现某些个别缺点的母羊，而不是在整个品种中使用。

2. 级进杂交

当一个品种生产性能很低，又无特殊经济价值，需要从根本上改变时，可选择另一优良品种与其进行级进杂交。例如，将粗毛羊改变为肉用羊。级进杂交并非级进代数越多越好，一般通过 3～4 代的级进杂交，可以在群中选择符合生产方向的羊只进行横交固定。对不符合生产方向的羊只，可继续杂交 1 代或 2 代，然后进行横交固定。

3. 育成杂交

育成杂交指利用2个或2个以上各有特色的品种，进行品种间杂交，创造新品种的方法。用2个品种培育新品种称为简单育成杂交，用3个或3个以上品种杂交育成新品种称为复杂育成杂交。其目的就是将2个或2个以上品种的优良特性遗传并保留下来，克服它们的缺点，最终培育出一个新品种。

4. 经济杂交

经济杂交指利用2个或2个以上品种进行杂交，取得1代或2代杂种供经济之用，而不作为种用。

(二)杂交优势利用

1. 杂交亲本的选择

(1)父本品种的选择：应着重选择生长速度快、饲料利用率高和胴体品质好的肉羊品种或品系作父本。具有这些特性的一般为高度培育的品种或品系。再者，应根据类型来选择父本品种，用不同类型羊杂交比同类型羊杂交效果明显。因为不同经济类型的羊具有不同的遗传性，杂交一般能产生较好的效果。

(2)母本品种的选择：一般应选择数量多、分布广而适应性强的地方品种或品系作为母本，这样羊源易解决，所得杂种后代亦易推广，对羊的生产作用大。开展肉羊杂交时，母本应选择繁殖性能好、产羔多、母性强和泌乳力高的品种或品系作母本。这些性状对后代的影响较大，关系到杂种后代在胚胎期和哺育期的存活和发育，因而影响杂种优势的表现。在不影响杂种生长速度的前提下，母本的体型不一定要求太大，体型太大饲料消耗不经济。

2. 杂交优势利用的方法

目前，肉羊杂交生产已成为我国肉羊生产的主要形式。国内常用的肉羊杂交模式有二元杂交、三元杂交和多元杂交。采用不同肉羊品种或品系进行杂交，可生产出比原有品种、品系更能适应当地环境条件和高产的杂种羊，极大地提高肉羊产业的经济效益。

(1)简单杂交：简单杂交即二元杂交，是2个肉羊品种或品系间的杂交(图4-31)。一般选择肉种羊做父本，本地羊做母本，杂交一代无论是公是母，都不作为种用继续繁殖，而是全部用于商品生产。二元杂交是最简单的一种杂交方式。杂交后代可吸收父本个体大、生长发育快、肉质良好和母本适应性好等优点，方法简单易行，应用广泛，但母本的杂种优势却没有得到充分地发挥。

(2)三元杂交：三元杂交是先用2个品种或品系杂交，所生杂种母畜再与第3个品种或品系杂交，所生二代杂种作为商品代(图4-32)。一般以本地羊作为母本，选择肉用性能好的肉羊作为第一父本，进行第一步杂交，产生体格大、繁殖力强、泌乳性能好的杂交一代母羊，作为羔羊肉生产的母本，杂交一代公羊则直接育肥。再选择体格大、早期生长快、瘦肉率高的肉羊品种作为第二父本(终端父本)，与杂交一代母羊进行第二轮杂交，所产生杂交二代羔羊全部肉用育肥。

(3)四元杂交：又叫双杂交(图4-33)。选择4个各具特点的绵羊、山羊品种或品系，如A、B、C、D，先进行两两间杂交，即A×B和C×D，或A×C和B×D，产生的2组杂种后代为F_{AB}和F_{CD}，然后再用F_{AB}与F_{CD}进行杂交产生“双杂交”后代F_{ABCD}，全部作商品育肥。

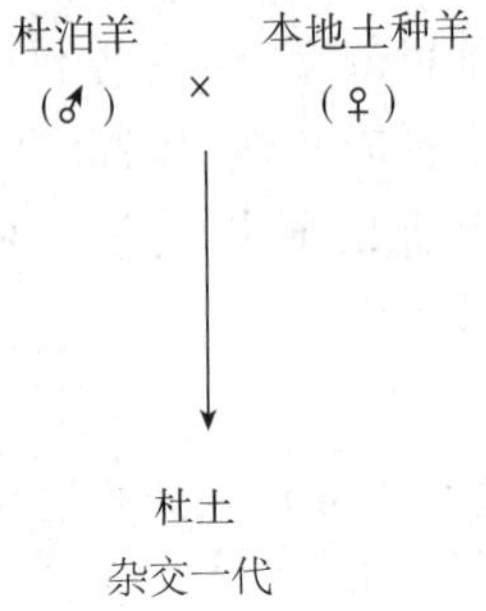

图 4-31 二元杂交示意图

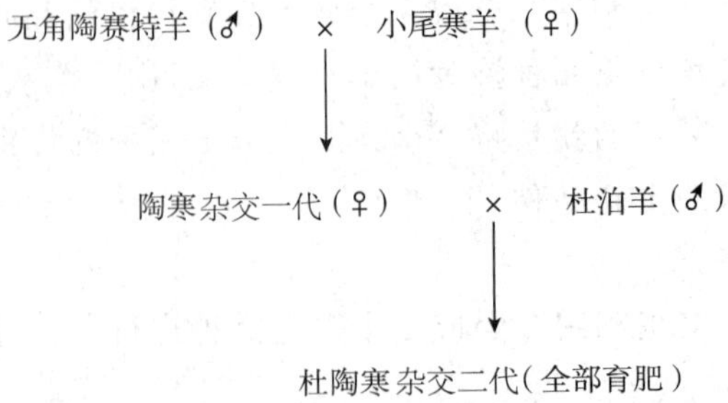

图 4-32 三元杂交示意图

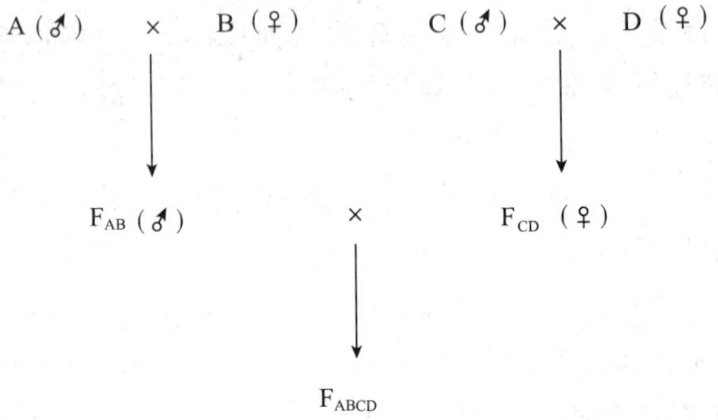

图 4-33 四元杂交示意图

任务 5 羊的繁殖规律与适时配种

一、羊的一般繁殖规律

(一)母羊的初情期与性成熟

当母羊生长、发育达到一定的年龄和体重时,发生第一次发情和排卵,即到了初情期。此时,母羊虽有发情表现,但不完全,发情周期也往往不正常,其生殖器官仍在继续生长发育中。绵羊的初情期一般为 4~8 月龄。我国某些早熟多胎品种如小尾寒羊、湖羊的初情期为 4~6 月龄。

母羊生殖器官已发育完全,具备了繁殖能力,称为性成熟期。性成熟后就能够配种、妊娠并繁殖后代,但此时身体的生长发育尚未成熟,故性成熟时并不意味着已达到最适配种年龄。因此,要适时配种,一般而言,其体重达到成年羊体重的 70%以上时即可配种。肉用母羊适宜配种年龄为10～12月龄，早熟品种、饲养管理条件好的母羊，配种年龄可略早。

(二)发情和发情周期

1. 发情

发情指母羊发育到一定阶段所表现的一种周期性的性活动现象。母羊发情包括3个方面的变化：一是母羊的精神状态，母羊发情时，常常表现兴奋不安，对外界刺激反应敏感，食欲减退，有交配欲。二是生殖道的变化，发情中期，在雌激素的作用下，生殖道发生了一系列有利于交配活动的生理变化，如发情母羊外阴松弛、充血、肿胀，阴蒂勃起，阴道充血、松弛并分泌有利于交配的黏液，子宫颈口松弛、肿胀并有黏液分泌。子宫体增长，基质增生、充血、肿胀，为受精卵发育做好准备。三是卵巢的变化，母羊在发情前2～3 d卵泡发育很快，卵泡内膜增厚，卵泡液增多，卵泡部分突出卵表面，卵子被颗粒层细胞包围。

2. 发情持续期

发情持续期指母羊每次发情后持续的时间称为发情持续期，绵羊发情持续期一般为24～36 h，平均为30 h，山羊一般为24～48 h，以40 h居多。

3. 发情周期

发情周期指母羊从上一次发情开始到下次发情间隔时间。在一个发情期内，未经配种或虽经配种未受孕的母羊，其生殖器官和机体发生一系列周期性变化，到一定时间会再次发情。绵羊发情周期平均为17 d(15～21 d)，山羊平均为21 d(18～24 d)。

4. 排卵

母羊排卵一般多在发情开始后12～36 h，排卵数一般为1～4个，卵子排出后保持受精能力的时间为15～24 h。公羊精子在母羊的生殖道内维持受精能力最旺盛的时间约为24 h，为了使精子和卵子得到充分的结合，最好在排卵前数小时配种。生产中，早晨试情后，挑出发情母羊立即配种，为保证受胎，傍晚应再配1次。

(三)发情鉴定方法

羊常用发情鉴定的方法有外部观察法、试情法和阴道检查法。

1. 外部观察法

观察母羊的外部行为特征和外部生殖器官的变化，是鉴定母羊是否发情最基本最常用的方法。发情母羊一般精神兴奋不安，不时高声哞叫，摇尾，遇见公羊时呆立安静，并接受公羊爬跨，同时食欲减退，放牧时有离群表现。发情母羊的外阴部及阴道充血、肿胀、松弛，并有黏液流出，发情前期，黏液清亮，发情晚期，黏液呈黏稠状。

2. 试情法

在配种期内，每日定时(一般是早、晚各一次)将试情公羊放入母羊群中，如果母羊主动接近试情公羊，并接受试情公羊的爬跨，认为该母羊为发情母羊(图4-34)。有时在试情公羊腹下佩戴一种专用的着色装置，当母羊接受爬跨时，母羊背上会留下着色标记，母羊背部有颜色的视为发情母羊，不耽误寻找其他母羊发情。试情公羊应挑选2～4岁体质健壮、性欲强的公羊，试情期间适当添加草料，保证精力充沛。

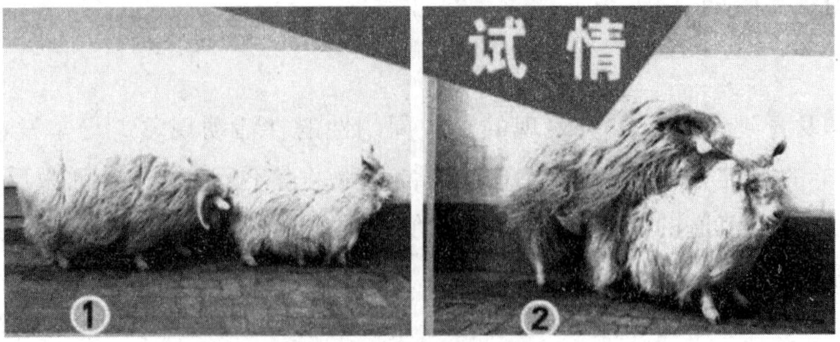

图 4-34　羊的试情法

(1)生产中,试情时间一般是在黎明前和傍晚放牧归来后各进行一次。每次不少于 1.0～1.5 h,如果天亮以后才开始试情,由于母羊急于出牧,性欲下降,故试情效果不好。

(2)试情圈的面积以每羊 1.2～1.5 m^2 为宜。试情地点应大小适中,地面平坦,便于观察,利于抓羊,试情公羊能与母羊普遍接近。

(3)试情公羊必须体格健壮,性欲旺盛,营养良好,活泼好动。试情期间要适当休息,并加强饲养管理。每隔 5～7 d 应让试情公羊排精一次;隔 1 周左右休息 1 d,或经 2～3 d 后更换试情公羊。

(4)试情公羊和母羊的比例以 1∶(45～50)为宜。试情时将母羊分成 100～150 只的小群,放在羊圈内,并赶入试情公羊。数量可根据公羊的年龄和性欲旺盛的程度来定,一般可放入 3～5 只试情公羊。

(5)用试情布将阴茎兜住不让试情公羊和母羊交配受胎。每天要及时更换和清洗试情布,以防布面变硬擦伤阴茎。

(6)试情时,如果发现试情公羊用鼻子去嗅母羊的阴户,或在追逐爬跨时发情母羊常把两腿分开,站立不动,摇尾示意,或者随公羊绕圈而行者即为发情母羊。用公羊试情就是利用这些特性作为判定发情的主要依据。

(7)在配种期内,每日定时将试情公羊放入母羊群中去发现发情母羊。

3. 阴道检查法

用开膣器或内窥镜插入母羊阴道检查生殖器官的变化,以判断母羊是否发情。

(1)母羊保定:将母羊保定在距离地面 50～70 cm 的保定输精架上。

(2)外阴部消毒:用 1%的来苏儿或 0.2%的新洁尔灭消毒母羊外阴。

(3)观察项目:①黏膜色泽。母羊发情时,由于生殖道充血肿胀,黏膜颜色较深呈潮红色,不发情时黏膜颜色为粉红色。②黏膜性状。母羊发情初期,黏液呈稀薄水样;发情中期,黏液浓稠呈无色透明状;发情后期,黏液较黏稠呈浑浊状态。③子宫颈口开张状况。不发情时子宫颈口闭锁,发情时子宫颈口微开,输精器械较易插入。

二、羊的配种方法

(一)自然交配

自然交配是让公羊和母羊自行直接交配的一种方式,包括自由交配和人工辅助交配 2 种。

1. 自由交配

常年或在配种季节将公、母羊混群放牧,任其自由交配,这是一种原始的配种方法。由于完全不加控制,因此存在不少缺点,主要是不能发挥优良种公羊的作用;消耗公羊体力,影响母羊抓膘,较难掌握产羔具体时间,羔羊系谱混乱,容易交叉感染疾病等,所以多不采用这种方法。

2. 人工辅助交配

将公、母羊分群放牧,在配种期用试情公羊挑选出发情的母羊,再与指定的公羊交配。其优点是能进行选配和控制产羔时间,克服了自由交配的一些缺点,但还不能完全利用种公羊的优势。比较适合于有一定数量的良种公羊而开展人工授精条件困难或不具备的地区,但安静发情或发情特征不明显的母羊易漏配。

(二)人工授精

羊人工授精是人为的利用器械采取公羊的精液,经过精液品质检查和一系列处理,再通过器械将精液输入发情母羊生殖道内,达到母羊受胎的配种方式。人工授精可以提高种公羊的利用率,既加速了羊群的改良进程,防止疾病的传播,又节约饲养大量种公羊的费用。

1. 器械的准备

凡人工授精使用的器械都要严格的消毒,并保持清洁、干燥。消毒前,应将器械洗净擦干,然后按照器械的性质、种类分别包装。消毒时,除不宜放入或不能放入高压消毒锅的金属器械、胶质内胎外,一般都采取蒸汽消毒,其他的则用酒精和火焰消毒。玻璃器械一般采用电热鼓风干燥箱进行高温干燥消毒,温度控制在 130～150℃,持续 20～30 min,待温度降至 60℃以下时方可开箱取出使用。橡胶制品一般采用 75%酒精棉球擦拭消毒,待酒精挥发后,用生理盐水冲洗干净后可使用。

2. 公羊的准备

用于人工授精的种公羊第一次采精时的年龄应在 1.5 岁左右。必须每年按要求进行个体等级鉴定,并从中选出主配优秀公羊。在配种前 1～1.5 个月必须加强饲养管理,并做好采精训练和精液品质检查工作。

(1)种公羊调教:初次参加配种的公羊,需在配种前 1 个月进行调教。调教时,选择发情盛期的母羊与其进行交配,反复几次,使公羊养成在固定地点交配射精的习惯,以后,则可利用不发情母羊或假台羊诱发公羊射精来完成采精。部分初次参加配种的公羊不愿意交配时,可采取以下方法进行调教:①将公羊和若干只健康母羊合群同圈,使其主动接近或爬跨母羊。每天用温水洗净阴囊,擦干,然后轻轻按摩公羊的睾丸,早晚各一次,每次 10～15 min,有助于提高其性欲。②注射丙酸睾丸素,隔日 1 次,每次 1～2 mL,可注射 3 次。③把发情母羊阴道分泌物或尿液涂在种公羊鼻尖上，诱发其性欲。

(2)采精频率：应根据配种季节、公羊生理状态等实际情况而定。在配种前的准备阶段，一般要陆续采精20次左右，以排出陈旧的精液，提高精液质量。在配种期间，成年种公羊每天可采精1～2次(间隔10～15 min)，采3～5 d，休息1 d。必要时每天采3～4次。

(3)采精方法：公羊通常用假阴道采精法。采精前用温水清洗种公羊阴茎的包皮，并擦干净。将台羊保定后，引公羊到台羊处，采精时采精员站在公羊的右侧，当公羊爬跨时，迅速上前，右手持假阴道靠在母羊臀部，其角度与母羊的阴道的位置相一致(与地面成35°～45°)，用左手轻托阴茎包皮，迅速将阴茎导入假阴道中。羊的射精速度很快，当发现公羊有向前冲的动作时即已射精，要迅速把装有集精瓶的一端向下倾斜，并竖起集精瓶，送精液到处理室，放气后取下集精瓶，盖好盖子，并记录公羊号，放于操作台上进行精液品质检查。

(4)采精注意事项：严格遵守消毒技术要求，所有采精物品未经消毒不得应用。采精训练是一项细致的工作，必须由采精熟练人员负责进行。所用采精器的环境条件必须严格把握，温度要控制在40～42℃。

3.精液的准备

种公羊一次射精量：绵羊平均为0.8～1.2 mL，山羊0.5～1.5 mL。生产中一般都采用新鲜精液输精，将采集的新鲜精液经过精液品质检查和精液稀释等操作，使各项指标均要达到良好，要求每毫升精液中精子密度应在20亿～25亿个，活力在0.7以上可进行输精。

4.输精

母羊输精最好选用横杠式输精架，将一根圆木或钢管利用支架担起，距离地面50 cm左右，输精母羊的后肋担在横杠上，前肢着地，后肢悬空，数只或十余只母羊同时担在横杠上，输精时比较方便。母羊最常用的输精方法是开膣器输精法。

(1)操作方法：将待配母羊固定在输精架上，母羊输精前，对外阴部进行清洗，以1/3 000新洁尔灭溶液或酒精棉球进行擦拭消毒，待干燥后再用生理盐水棉球擦拭。把已消毒的开膣器插入阴道并轻轻摇动找到母羊的子宫颈，然后将输精器通过开膣器插入子宫颈内0.5～1 cm，用拇指轻压输精器的管塞，将0.05～0.1 mL精液注入子宫颈内即可。

(2)输精次数：母羊一般输精2次，重复输精的间隔时间为8～10 h。

(3)输精时机：绵、山羊应该在发情中期(即发情12～16 h时)或中后期输精。由于母羊的发情周期短，当发现母羊发情时，母羊已经发情一段时间，因此，应及时输精，早晨发现的发情母羊，当日早晨输精1次，傍晚再输精1次。

(4)注意事项：输精人员要严格遵守操作规程，输精员输精时应切记做到深部、慢插、轻注、稍停。对个别阴道狭窄的青年母羊，开膣器无法充分打开，很难找到子宫颈口，可采用阴道内输精，但输精量需增加1倍。每输完一只羊要对输精器、开膣器及时清洗消毒后才能重复使用，有条件的建议用一次性器具。

5.记录

每次输精后应及时填写配种记录(表4-4)。内容包括：母羊号、发情日期、开始观察到发情的时间、产后第几次发情、第几次配种、发情症状、与配公羊、输精时间、输精量、精子活力、排卵时间、操作人员等。

表 4-4 种公羊精液品质检查及利用记录表

品种： 公羊号： 使用单位： 年：________

采精		采精量	原精液				稀释液	稀释精液		授精量	授精母	备注
时间	次数	/mL	密度	活力	色泽	气味	种类	倍数	活力	/mL	羊只数	

三、配种计划制订

(一)季节性产羔计划

羊的配种计划安排一般依据各地区、各羊场每年的产羔次数和时间来决定。一年一产的情况下，有冬季产羔和春季产羔 2 种。产冬羔时间在 1～2 月份，需要在 8～9 月份配种；产春羔时间在 4～5 月份，需要在 11～12 月份配种。

(二)密集产羔计划

随着工厂化高效养羊的发展，特别是肉羊及肥羔生产的迅速发展，高频繁殖生产体系的建立已广泛应用。这种生产体系采用繁殖生物工程技术，打破母羊季节性繁殖的限制，一年四季发情配种，全年均衡生产羔羊，充分利用饲草资源，使每只母羊每年所提高的胴体重量达到最高值。

1. 一年两产体系

一年两产体系可使母羊的年繁殖率提高 90%～100%，在不增加羊圈设施投资的前提下，母羊生产力提高 1 倍，生产效益提高 40%～50%。一年二产体系的核心技术是母羊发情调控、羔羊超早期断奶、早期妊娠检查。按照一年二产生产的要求，制订周密的生产计划，将饲养、兽医保健、管理等融为一体，最终达到预定生产目标。从已有的经验分析，该生产体系技术密集，难度大，只要按照标准程序执行，一年二产的目标可以达到。一年二产的第一产宜选在 12 月份，第二产首选在 7 月份。

2. 二年三产体系

二年三产体系是国外在 20 世纪 50 年代后期提出的一种生产体系，沿用至今。要达到二年三产，母羊必须 8 个月产羔一次。该生产体系一般有固定的配种和产羔计划：如 5 月份配种，10 月份产羔；1 月份配种，6 月份产羔；9 月份配种，2 月份产羔。羔羊一般是 2 月龄断奶，母羊断奶后 1 个月配种。为了达到全年的均衡产羔，在生产中，将羊群分成 8 个月产羔间隔相互错开的 4 个组，每 2 个月安排 1 次生产。这样每隔 2 个月就有一批羔羊屠宰上市。如果母羊在第 1 组内妊娠失效，2 个月后可参加下一个组配种。用该体系组织生产，生产效率比一年一产体系增加 40%。该体系的核心技术是母羊的多胎处理、发情调控和羔羊早期断奶，强化育肥。

3. 三年四产体系

三年四产体系是按产羔间隔 9 个月设计的，有美国 BELTSVILLE 试验站首先提出的，这种体系适宜于多胎品种的母羊，一般首次在母羊产后第 4 个月配种，以后几轮则是在第 3 个月配种，即 1 月份、4 月份、6 月份和 10 月份产羔，5 月份、8 月份、11 月份和翌年 2 月份配种。这样，全群母羊的产羔间隔为 6 个月、9 个月。

4. 三年五产体系

三年五产体系又称为星式产羔体系，是一种全年产羔的方案，由美国康乃尔(CORNELL)大学伯拉·玛吉(BRAINMGEE)设计提出的。羊群被分为 3 组，开始时，第 1 组母羊在第 1 期产羔，第 2 期配种，第 4 期产羔，第 5 期再配种；第 2 组母羊在第 2 期产羔，第 3 期配种，第 5 期产羔，第 1 期再次配种。如此周而复始，产羔间隔 7.2 个月。对于一胎一羔的母羊，一年可获 1.67 个羔羊，若一胎产双羔，一年可获 3.34 个羔羊。

任务 6　羊的妊娠诊断与接产

一、母羊的妊娠

(一)体况变化

1. 食欲

妊娠母羊新陈代谢旺盛，食欲明显增强，消化能力提高。

2. 体重

由于胎儿的快速发育，加上母羊妊娠期食欲的增强，怀孕母羊体重明显上升。

3. 体况

怀孕前期因代谢旺盛，妊娠母羊营养状况改善，表现毛色光润、膘肥体壮；怀孕后期则因胎儿急剧生长消耗母体营养，如饲养管理较差时，妊娠母羊则表现瘦弱。

(二)生殖器官变化

1. 卵巢

母羊怀孕后，妊娠黄体在卵巢中持续存在，从而使发情周期中断。

2. 子宫

妊娠母羊子宫增生，继而生长和扩展，以适应胎儿的生长发育。

3. 外生殖器

怀孕初期阴门紧闭，阴唇收缩，阴道黏膜的颜色苍白。随妊娠时间的进展，阴唇表现水肿，其水肿程度逐渐增加。

二、早期妊娠诊断

母羊配种后应尽早进行妊娠诊断，其优点是能及时发现空怀母羊，以便采取补配措施；对已受孕的母羊加强饲养管理，避免流产。

(一)母羊预产期的推算

母羊配种受胎后，即进入妊娠阶段，妊娠母羊预产期的推算，主要依据母羊的配种记录，可以按照配种日期以“月加5，日减3”的方法来推算预产期。例如2013年6月6日配种怀孕的母羊，其预产期应为2013年11月3日。

(二)母羊的早期妊娠诊断

配种后的母羊应尽早进行妊娠诊断，以及时发现空怀母羊和采取补配措施。羊的个体小，不便进行直肠检查，主要采用外部观察结合阴道检查、腹壁触诊及直肠探诊等方法进行妊娠诊断。

1. 外部观察法

母羊受孕后，在孕激素的制约下，发情周期停止，不再表现出发情征状，性情变得较为温顺。同时，孕羊的采食量增加，毛色变得光亮润泽。但这种方法不易早期确切诊断母羊是否怀孕，因此还应结合触诊法来确诊。

2. 直肠-腹壁触诊法

将待检查母羊用肥皂水灌洗直肠排出粪便后使其仰卧，然后用直径1.5 cm，长约50 cm，前端圆如弹头状的光滑木棒或塑料棒做触诊棒，涂抹润滑剂，经母羊肛门向直肠内插入30 cm左右(注意贴近脊椎)，一只手用触诊棒轻轻将直肠挑起以便托起胎胞，另一只手则在腹壁上触摸，如有胞块状物体即表明未妊娠。此法一般在配种后60 d进行，准确率可达95%，85 d后准确率达100%。但在使用此法时，动作要小心，以防损伤直肠触及胎儿，过重可引起流产。

3. 阴道检查法

妊娠母羊阴道黏膜的色泽、黏液性状及子宫颈口形状均有一些和妊娠相一致的规律变化。

(1)阴道黏膜：母羊怀孕后，阴道黏膜为苍白色，但用开膣器打开阴道后，很短时间内即由白色又变成粉红色；而空怀母羊黏膜始终为粉红色。

(2)阴道黏液：孕羊的阴道黏液呈透明状，量少、浓稠，能在手指间牵成线。如果黏液量多、稀薄、颜色灰白，则视为未孕。

(3)子宫颈：孕羊子宫颈紧闭，色泽苍白，并有糨糊状的粘块堵塞在子宫颈口，称之为“子宫栓”。

4. 超声波探测法

超声波探测仪是一种先进的诊断仪器，用它做早期妊娠诊断便捷可靠。其方法是：将待查母羊保定后，选择母羊乳房两侧及膝皱襞之间无毛区域涂上凡士林或石蜡油，将超声波探测仪的探头对着骨盆入口方向探查，左右两侧各做15°～45°摆动，然后贴随皮肤移动点再做摆动，同时密切注意屏幕上出现的图像进行识别。在母羊配种 40 d 以后用这种方法诊断，准确率较高。

三、母羊分娩与接产

做好母羊的分娩产羔工作，对于维护母羊健康，提高幼羔的成活率，促进羔羊的健康生长具有重要的作用。妊娠期满的母羊将子宫内的胎儿及其附属物排出体外的过程，称为产羔。一般根据母羊的配种记录，按妊娠期推测出母羊的预产期，对临产母羊加强饲养管理，并注意仔细观察，同时做好产羔前的准备。

（一）分娩预兆

母羊在分娩前，机体的某些器官在组织学上发生显著的变化，母羊的全身行为也与平时不同，这些变化是以适应胎儿产出和新生羔羊哺乳的需要而做的生理准备。对这些变化的全面观察，往往可以大致预测分娩时间，以便做好助产准备。

1. 乳房的变化

乳房在分娩前迅速发育，腺体充实，临近分娩时可以从乳头中挤出少量清亮胶状液体，或少量初乳，乳头增大变粗。

2. 外阴部的变化

临近分娩时，阴唇逐渐柔软，肿胀、增大，阴唇皮肤上的皱襞展开，皮肤稍变红。阴道黏膜潮红，黏液由浓厚黏稠变为稀薄滑润，排尿频繁。

3. 骨盆的变化

骨盆的耻骨联合，荐髂关节以及骨盆两侧的韧带活动性增强，在尾根及两侧松软，肷窝明显凹陷。用手握住尾根做上下活动，感到荐骨向上活动的幅度增大。

4. 行为变化

母羊精神不安，食欲减退，回顾腹部，时起时卧，不断努责和鸣叫，腹部明显下陷是临产的典型征兆，应立即送入产房。

（二）接产前的准备

1. 产前准备

临产前，应修整产房，做好产房的防寒保温工作。产房地面要打扫干净，垫草应干净、干燥，墙壁和地面要用 2% 的氢氧化钠溶液或 3% 的来苏儿彻底消毒；产羔前，把产羔所用的饲槽、水槽、草架、水桶、拌料用具，以及与接产有关的器械、药品、标记和记录本等用品准备齐全。

2. 细致观察

在临产期应加强看守和观察。母羊临产时，骨盆韧带松弛，腹部下垂，乳房胀大，乳头下垂，阴门红肿并有黏液流出，行动迟缓，食欲减退，频频排尿。如果母羊起卧不安，不时回顾腹部，或远离其他羊独卧，这时应把母羊赶到产房等待产羔。母羊卧地并伸直四肢努责，这是分娩的象征。

(三)接产

接产前先剪净临产母羊乳房周围和后肢内侧的羊毛,然后用温水洗净乳房;挤出几滴乳汁,再将母羊的尾根、外阴部、肛门洗净,用1%来苏儿消毒。

1.接羔

母羊分娩时,接产人员应随时监视母羊表现。一般情况下,经产比初产母羊产羔快,羊膜破裂数分钟至30 min左右,羔羊便能顺利产出。正常羔羊一般是两前肢先出,头部附于两前肢之上,随着母羊的努责,羔羊可自然产出。产双羔时,间隔10～20 min,个别间隔较长。当母羊产出第1只羔羊后,仍有努责、阵痛表现,是产双羔的征候,此时接产人员要仔细观察和认真检查。

2.擦干黏液

羔羊出生后,应立即用干净的毛巾将口鼻的黏液擦干净,以利于呼吸畅通,以免误吞羊水,引起窒息或异物性肺炎。羔羊身上黏液,在接产人员擦拭的同时,还要让母羊舔干,既可促进新生羔羊的血液循环,又有助于母羊认羔。

3.断脐

羔羊出生后,多数情况下都会自己扯断脐带,在人工助产下分娩的羔羊或没有能力自行断脐的,可进行人工断脐,把羔羊脐带内血液向羔羊腹部方向挤压,在距离羔羊脐带根部4～5 cm处,用手指掐断脐带,并用碘酊消毒。为防止出血,可用结扎线进行结扎。

4.假死羔羊的处理

羔羊产出后,如发现有假死现象时,应先提起后腿,用手轻轻拍打胸部或背部,促其将咽喉与鼻腔内的黏液排出,一般情况下都可复活;还可以进行人工呼吸,让羊仰卧在垫草上,反复屈伸其两前肢,即可复活。如因受冻而假死,要立即实行温水浴,水温由38℃开始,逐渐上升为45℃,水浴20～30 min,同时进行人工呼吸,即可复活。浴后要擦干全身,以防再次受冻。

5.助产和难产处理

羊膜破水30 min后,如母羊努责无力,羔羊仍未产出时,应立即助产。助产人员应将手指甲剪短,磨光,消毒手臂,涂上润滑油,根据难产情况采取相应的处理方法。如胎位不正,先将胎儿露出部分送回阴道,将母羊后躯抬高,手入产道校正胎位,然后才能随母羊有节奏的努责,将胎儿拉出;如胎儿过大,可将羔羊两前肢后复数次拉出和送入,然后一手拉前肢,一手扶头,随母羊努责缓慢向下方拉出。切忌用力过猛,或不根据努责节奏硬拉,以免拉伤阴道。若羔羊体重过大,母羊难以产出时,需进行剖腹产手术。

6.胎盘的排出

羊的胎盘通常在分娩后2～4 h内排出,胎盘排出一般需要0.5～8 h,但不能超过12 h,否则会引起子宫炎等一系列疾病。

四、产后母羊护理

产后母羊应注意保暖、防潮、避风、预防感冒,保持安静休息。母羊产后非常疲惫,口渴,应给母羊饮温开水，水温为 25～30℃，忌饮冷水，最好用食盐、红糖和麦麸或益母草等混合后的麸皮盐水汤。

母羊分娩后，羔羊吮乳前，应剪去母羊乳房周围的长毛，并用温水洗涤乳房，擦干后挤出一些乳汁，帮助羔羊吸乳。母羊分娩后一般 1 h 左右胎盘会自然排出，应及时取走胎盘，防止被母羊吞食养成恶习。若产后 2～3 h 母羊胎衣仍未排出，应及时采取措施。注意母羊恶露排出情况，一般产后 4～6 d 排净恶露，检查母羊乳房有无异常或硬块。

【案例分析】

辽宁省某肉羊场肥羔生产杂交模式的筛选

一、案例介绍

辽宁省某肉羊场长期以饲养小尾寒羊及其与本地母羊的杂交后代为主，优良种羊引进量少，杂交利用水平比较低，而近年随着国家对草食家畜养殖业的重视，以及养羊生产方向的转变，该场为提高肉羊生产水平，引入国外优良肉羊品种，进行经济杂交，开展肥羔生产。挑选体况良好，年龄、体尺、体重接近的杜泊公羊、无角陶赛特公羊、萨福克公羊分别与该场小尾寒羊母羊进行杂交，然后随机选择 30 日龄左右健康无病、体重比较接近、单双羔一致的杜寒杂交一代羔羊、陶寒杂交一代羔羊和萨寒杂交一代羔羊作为育肥性能测定的供试羔羊，按对等原则分为 3 个杂交组合(图 4-35)。

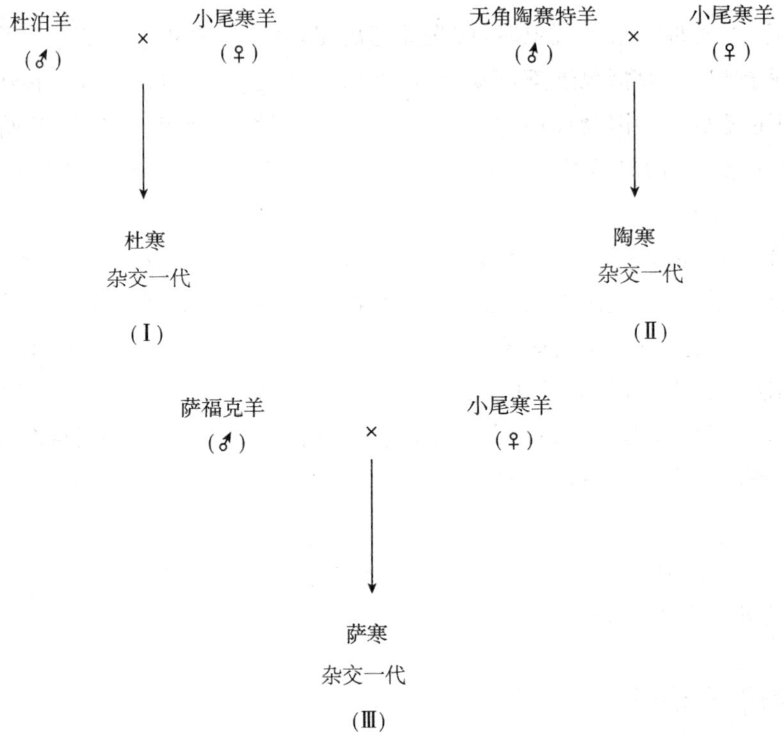

图 4-35　肉羊杂交模式设计

通过其杂交一代羔羊的育肥性能比较(表4-5),选出最适合本场的肉羊杂交模式。

表4-5　育肥阶段增重效果及饲料报酬

项目	杜寒杂交一代	陶寒杂交一代	萨寒杂交一代
始重/kg	21.88±3.62*	24.25±2.85	24.97±3.38
末重/kg	45.24±3.75	45.89±3.65	46.78±4.16
净增重/kg	23.26±0.73*	21.64±0.8	21.81±0.89
日增重/g	260±12.2	240±13.3	242±14.8
精料用量/kg	117	119	129
料肉比	5.06	5.42	5.94*
精料比/%	3.55	3.96	4.05*

注:同一行中数据肩标*表示差异显著($P<0.05$);没有标记为差异不显著($P>0.05$)。

由表4-5综合可得,杜寒杂交一代虽然初始体重在3个组合中偏低,但后续生长发育快,日增重大,耗料量少,饲料报酬较好,表现出杂种羊适应性广、耐粗饲的杂交优势。

二、案例分析

以杜泊公羊、无角陶赛特公羊、萨福克公羊为杂交父本,以小尾寒羊为母本,开展肉羊杂交生产,杂交后代的生长发育与增重效果较小尾寒羊明显,而且饲料报酬高,表现出较强的杂种优势,且通过试验数据表明杜寒杂交一代为最佳的杂交组合。

根据经济杂交模式设计与育肥性能试验比较,现阶段发展肉羊育肥,必须合理、科学的选择国外优良的肉用种羊,充分利用品种之间的杂交优势,才能使得后代将父本和母本的优良性状集于一身,特别是后代的增重和饲料转化率大大地提高,产生一定的经济效益。该肉羊场选择了3个国外优良品种与小尾寒羊进行杂交,其各个生产性能指标有一定的差异。

1.不同杂交组合杂种后代体重与育肥期日增重比较

在试验初期由于羔羊对试验环境的不适应,增重水平较低,随着月龄的增加,羔羊增重变化趋于稳定。杜寒杂交一代、陶寒杂交一代和萨寒杂交一代的育肥期(3～6月龄)日增重分别为260、240和242 g,3种杂交组合进行对比,杜寒杂交一代的平均日增重有大于陶寒杂交一代和萨寒杂交一代的趋势。

2.育肥期的增重及饲料报酬

杜寒杂交一代虽然初始体重在3个组合中偏低,但后续生长发育快,日增重大,耗料量少,饲料报酬较好,表现出杂种羊适应性广、耐粗饲的杂交优势。

不同品种由于其遗传力的不同,导致生长发育规律、饲料的利用率等存在一定的差异,进而影响羔羊的屠宰性能和胴体性能。试验通过对杜泊羊和特克塞尔羊与小尾寒羊杂交,杂交一代的各项性能指标明显高于本地羊,而且胴体的各项指标如胴体重、净肉率、肉骨比等具有很大的杂交优势。杜泊羊具有生长快、饲料报酬高、肉品质好等特点,表明通过引入国外优良的肉用品种来改良当地绵羊取得了较好的效果,是本地发展肉羊的有效杂交组合。

【阅读材料】

提高肉羊繁殖力的综合措施

一、选择和培育多胎品种

选择和培育多胎品种这是提高母羊繁殖力的重要途径之一,肉用羊不论是绵羊还是山羊,其繁殖性能受不同品种的影响较大。即使是同一品种,羊只个体之间、不同胎次之间也有差异。例如,小尾寒羊的繁殖率高达273%左右,而陶赛特羊的产羔率仅为140%~150%。陕西山羊产羔率高达259%,而中卫山羊仅为100%左右。同一品种不同胎次产羔率也相差很大。以小尾寒羊为例,1~2胎平均产羔率在200%左右,4~5胎可达300%,同一胎有的个体羊产得多,有的产得少,依据这一规律,饲养户可以多选留多产母羊,发现有多产母羊,要注意从其家族中选留公母羊,母羊产得多,其后代雌性羊一般也产得多。

二、合理调整繁殖母羊比例

合理的羊群结构是实现肉羊高效生产的必需条件,繁殖母羊在群体中所占比例大小,对羊群增殖和饲养效益影响很大,一般可繁殖母羊比例在羊群中应占60%~70%。生产中要推行当年羔羊当年育肥出栏,及时淘汰老、弱、病、残母羊,补充青壮母羊参与繁殖。

三、实行满膘配种

母羊配种前应加强饲养管理,注意催膘。膘情好,则怀孕母羊体壮,胚胎发育良好,产后奶汁充足,初生羔羊重大,成活率高。特别是加强配种前母羊的短期优饲,对母羊卵细胞的成熟和排卵有重大影响,同时也要加强怀孕期的补饲,这样有利于胎儿的正常发育和羔羊吃奶。

四、重视种公羊的选择和利用

种公羊的选择,要求体型外貌符合种用要求、体质强壮、睾丸发育良好、雄性特征明显。尤其要优先利用体尺高大、睾丸大的种公羊。对种公羊的精液品质必须经常检查,及时发现和剔除不符合要求的公羊,同时应注重从繁殖力高的母羊后代中选择培育公羊。为此,在选择过程中,必须在羔羊出生、断奶和周岁这3个阶段进行严格选择和淘汰。选择时不仅注重个体自身生长发育和有关性状,并根据其亲代生产性能和主要性状进行综合考虑。

种公羊的饲养要细致周到,使其既不过肥也不过瘦,常年保持在中上等膘情,健壮、活泼、精力充沛、性欲旺盛。种公羊的饲料要求营养价值高适口性好,又容易消化。种公羊的饲料应因地制宜,就地取材,避免长途运输,但其饲料种类一定要想办法满足。配种开始前1.0~1.5个月,对参加配种的公羊应指定有关技术人员对其精液品质进行检查,一是掌握公羊精液品质情况,如发现问题,可及早采取措施,以确保配种工作的顺利进行;二是排出公羊生殖器中长期积存下来的衰老、死亡和解体的精子,促进种公羊的性机能活动,产生新精子。对精液密度较低的公羊,可增加动物性蛋白质和胡萝卜的喂量;对精子活力较差的公羊,需要增加运动量。当放牧运动量不足时,每天早上可酌情定时、定距离和定速度增加运动量。但要注意运动和饮水前后半小时不要配种或采精,以免影响公羊健康。

五、激素处理法

(一)同期发情

同期发情就是用激素类药物注射母羊,将其发情周期调整到相同阶段。诱发母羊集中在

2～3 d 内发情，定时输精，这样就有利于组织成批生产及羊舍的周转，降低劳动强度，减少生产成本。用药物处理发情早的母羊，延长其发情周期，处理发情晚的母羊，缩短其发情周期，使两者协调并同时发情。具体方法有以下几种。

1. 海绵法

将激素按剂量制成悬浮液，用海绵取药液并塞入母羊子宫颈口处，埋植 10～14 d 后取出，当天注射孕马血清 400～750 IU，2～3 d 后被处理的母羊大多数发情，发情当天和次日各输精 1 次。激素种类和用量为：甲孕酮 40～60 mg，孕酮 150～300 mg，18-甲基炔诺酮 30～40 mg，氟孕酮 30～60 mg。

2. 前列腺法

在母羊发情结束数日后，将前列腺素或其他类似物向子宫内灌注或肌肉注射，在 2～3 d 内引起母羊发情。

3. 口服法

指每天将一定药物拌在饲料内，连续服用 12～14 d 后停药，诱导母羊同期发情。用药量为阴道海绵法的 1/10～1/5，最后一次口服的当天注射孕马血清 400～750 IU。给药时必须搅拌均匀，或单独喂药。

（二）双羔素

双羔素是一种激素类药物，它可促使卵细胞发育、成熟，以提高母羊的排卵数。在母羊配种前 7 周第 1 次免疫，间隔 3 周后第 2 次免疫，每只每次颈部皮下注射 2 mL 双羔素。中国农业科学院畜牧研究所研制的双羔素有水剂和油剂 2 种，水剂型母羊在配种前 5 周、2 周分别进行 2 次免疫，每次每只剂量为 1 mL。油剂型则在母羊配种前 2 周免疫注射 1 次，每只注射剂量为 2 mL。

六、重视对羊群的防疫和驱虫

肉羊规模达到一定数量后，由于饲养管理和防疫措施不得力，羊的死亡率达 10% 左右，造成了一定损失，并且这种势头有上升的趋势。因此，在生产中，除加强饲养管理外，对疫病的防治也应给予足够的重视。羊的疾病主要有传染性病、寄生虫病和普通病三大类。对于传染病，只要每年在春、秋两季定期注射梭菌类联苗和一些本地流行病相应的疫苗，如痘病、口蹄疫、呼吸道类等疾病，就可以基本上控制主要的致命传染病。寄生虫病存在比较广泛，对养羊影响极大。寄生虫分体内寄生虫和体外寄生虫两大类，对体内寄生虫主要利用伊维菌素、左旋咪唑、硫酸二氯酚等药物进行驱虫，口服或肌内注射效果都很好，春、秋两季各驱虫一次。在寄生虫严重的地方，每次驱虫后在 10～15 d 后再驱虫一次，以杀灭虫卵孵化出来的幼虫。对体外寄生虫，利用溴氰菊酯等药物进行药浴，效果很好。对于规模小或分散的羊群，用喷雾器在羊身上喷洒效果也可以。对于普通病，主要是在日常管理中加强对采食、饮水的管理，并有适当的运动量，尤其在季节交替过程中，注意消化道、呼吸道等疾病，出现之后作恰当的诊治，一般不会影响大群生产。

【考核评价】

甘肃省某肉用种羊场肉羊杂交模式设计

一、考核题目

甘肃省某肉用种羊场长期致力于肉羊产业的发展，不断从国外引进优良的肉羊品种，通过大量的试验研究和先进技术的应用，带动了当地和周边地区肉羊产业的发展、技术的推广培训，取得了可喜的成果。该场现饲养的肉羊品种有无角陶赛特羊、波德代羊、萨福克羊、特克赛尔羊和杜泊羊等，主要进行纯种繁育和杂交研究。

现以无角陶赛特羊、萨福克羊和杜泊羊等肉羊品种作父本，以小尾寒羊作母本进行杂交模式设计，其三元杂交模式设计见图 4-36，请结合项目四羊的选种选配与杂交利用试分析该杂交模式设计是否合理，另外有无其他杂交模式设计。

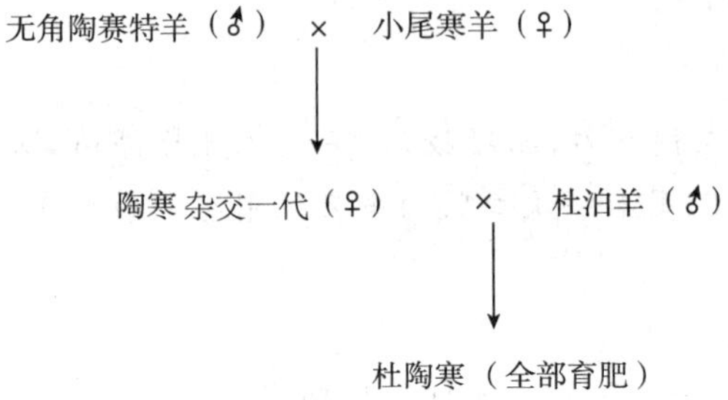

图 4-36　杜陶寒商品肉羊三元杂交模式

二、评价标准

三元杂交是以 3 个品种进行杂交，该设计模式符合题目要求，但依据相关知识，还有其他设计（见图 4-37、图 4-38），就其杂交效果，需结合生产中进行试验研究方可确定最佳的三元杂交模式。

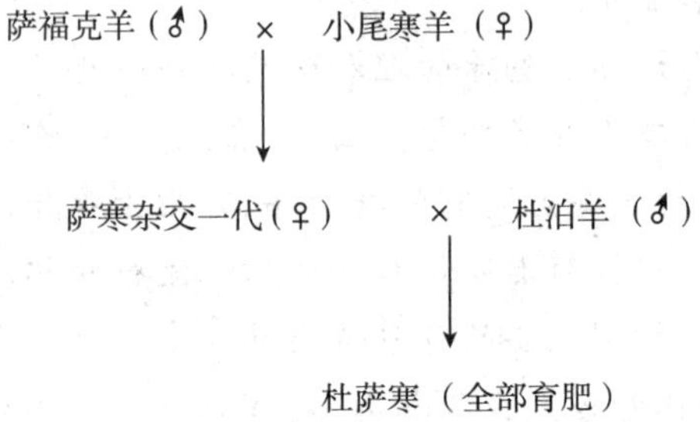

图 4-37　杜萨寒商品肉羊三元杂交模式

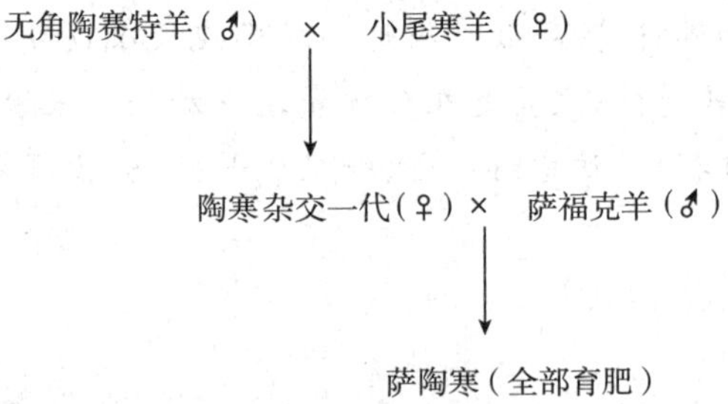

图 4-38　萨陶寒商品肉羊三元杂交模式

【信息链接】

1. DB65/T 2016—2003《绵羊人工授精操作规程》。

2. NY/T 826—2004《绵羊胚胎移植技术规程》。

3. DB63T 4536—2004《青海省肉羊杂交试验技术规程》。

项目五 羊的饲养管理和兽医保健

【学习目标】

掌握羊场消毒方式和免疫程序制订方法;掌握各类羊的饲养管理技术;掌握羊的四季放牧技术;学会羊产品的品质评定方法;学会肉羊育肥生产技术;掌握山羊的饲养管理技术。

【学习任务】

任务1 羊场兽医卫生保健

科学养羊应贯彻“预防为主,防重于治”的方针,要求在加强饲养管理、搞好环境卫生的基础上,通过消毒卫生、防疫驱虫、药物预防、检疫等措施,降低和减少病原微生物的侵入,增强羊只的抵抗力,保证羊群生长发育的健康和高的生产性能。

一、消毒卫生

羊场的消毒应根据本地实际情况制订切实可行的消毒制度,定期对羊舍、用具、地面、粪便、污水和皮毛进行消毒。通常根据消毒的目的和对象、消毒剂的作用机制与适用范围,选择最适宜的消毒剂(表5-1)。

表5-1 不同消毒对象的消毒剂选择

(薛慧文.羊防疫员培训教材,2012.)

消毒对象	消毒剂名称
皮肤	苯扎溴铵、氯己定、乙醇、碘酊
黏膜	过氧化氢溶液、硼酸、高锰酸钾
羊舍、兽医室、接种室的空气	甲醛+高锰酸钾、过氧乙酸

续表 3-1

消毒对象	消毒剂名称
圈舍地面	石灰乳或生石灰、漂白粉、草木灰、氢氧化钠
运动场地	漂白粉、石灰乳
带羊环境	苯扎溴铵、过氧乙酸、漂白粉
消毒池	氢氧化钠、甲酚皂溶液
兽医器械	苯扎溴铵、甲酚皂溶液、氯己定
饲养设备和用具	漂白粉、过氧乙酸、氢氧化钠
动物及其产品运载工具	氢氧化钠、漂白粉、甲醛
皮张、毛	盐酸、氢氧化钠、过氧乙酸
粪便	漂白粉、生石灰、草木灰

(一)进场人员和车辆的消毒

羊场生产区入口处设置更衣室与消毒室,更衣室内安装消毒设备,消毒室内设置消毒池、消毒雾化器和紫外线消毒灯。出入生产区的工作人员必须进行洗澡、消毒、更衣。此外,每栋羊舍门口应设消毒池,并安装消毒桶,工作人员进入或离开每一栋羊舍都要清洗双手、踩踏消毒池消毒鞋靴。人员行走的通道上设置消毒槽,槽内铺设消毒垫,消毒垫以 2%～4%氢氧化钠溶液或 3%～5%甲酚皂溶液浸泡。当进入隔离舍和检疫室时,还需换上另外一套工作服和胶靴。

羊场大门入口处供车辆通行的道路上应设置消毒池,其宽度与大门相同,长度为车辆车轮周长的 1.5～2.5 倍,深 10～15 cm 以上。消毒池内放置浸有 4%氢氧化钠溶液的消毒垫或铺设一层厚度为 1 cm 左右的生石灰,对过往车辆进行消毒,每周更换药液或生石灰 1 次。

(二)场区及羊舍卫生消毒

(1)场区保持整齐、干净卫生,每半个月消毒一次。

(2)羊舍每天进行清扫,保持整齐、卫生。做到无污水、无污物、少臭气。每周消毒 1～2 次。羊舍每年要求有 2～3 次空舍消毒。其消毒程序为:彻底清扫→冲洗→3%氢氧化钠溶液喷洒→次日冲洗→甲醛熏蒸消毒(福尔马林 30 mL/m^3、高锰酸钾 15 g/m^3 混合)。并空舍 5～7 d。

(3)每栋羊舍内的工具、用具不能交叉使用,并保持卫生干净。饮水槽和食槽要每 2 周用 0.1%的高锰酸钾溶液清洗消毒。

(4)羊场使用的医疗器械、哺喂器械、采精器械、输精器械等,必须在每次使用之前进行消毒,用后立即清洗,并用 1%～2%漂白粉溶液或 0.1%高锰酸钾溶液浸泡、刷洗和消毒。对于接触过病羊排泄物、血液、尸体、脏器等的器械,应进行彻底清洗和消毒处理。

(5)每栋羊舍的饲养人员应相对固定,饲养员之间不得相互串舍。

二、免疫接种

羊场应按照年免疫接种方案进行预防。羊群每年应免疫接种两次,分别在春季(3 月份)和秋季(9 月份)进行,具体免疫接种程序见表 5-2。并根据周边实际情况需要,加强对羊群口蹄疫、炭疽、大肠杆菌病、布鲁氏菌病、羊痘等传染性疾病的预防,羊常见传染病预防疫见表 5-3。接种疫苗前,应对接种的羊群进行健康状况、年龄、妊娠、泌乳以及饲养管理等进行全面的检查和掌握，羔羊和成年母羊的免疫接种程序分别见表5-4和表5-5。公羊可参照母羊免疫接种时间进行免疫。每次接种疫苗后应进行详细的记录，有条件的羊场还可进行定期抗体监测。

表5-2　羊群春、秋两季的免疫程序

季节	免疫时间	免疫羊群	疫苗名称	预防疾病
春季	妊娠母羊产前1个月	妊娠羊	破伤风类毒素	破伤风
	2月下旬～3月上旬	成年羊	羊梭菌病三联苗或五联苗	羊快疫、羊肠毒血症、羊猝狙、羔羊痢疾(五联苗还可预防羊黑疫)
	羊妊娠前或妊娠后1个月	母羊	羊衣原体病灭活疫苗	羊衣原体病
	2～4月份	全部羊	山羊痘活疫苗	羊痘
	3月份	全部羊	羊口疮弱毒疫苗	羊口疮
	3～4月份	全部羊	羊链球菌病灭活疫苗	羊链球菌病
	3月上旬	全部羊(母羊产后1个月)	牛口蹄疫灭活疫苗	口蹄疫
秋季	羊妊娠前或妊娠后1个月	母羊	羊衣原体病灭活疫苗	羊衣原体病
	9月份	全部羊(母羊配种前)	牛口蹄疫灭活疫苗	口蹄疫
	9月下旬	全部羊	羊梭菌病三联苗或五联苗	羊快疫、羊肠毒血症、羊猝狙、羔羊痢疾(五联苗还可预防羊黑疫)
	9月份	全部羊	羊口疮弱毒疫苗	羊口疮
	9月份	全部羊	羊链球菌病灭活疫苗	羊链球菌病

表5-3　羊主要传染病常用疫苗

病名	疫苗名称	用途	用法与用量(每只)	免疫期
口蹄疫	牛口蹄疫O型灭活苗	预防羊O型口蹄疫	肌肉注射：1岁以上羊1 mL，1岁以内羊0.5 mL	6个月
	口蹄疫O型鼠化弱毒活苗	预防4月龄以上羊O型口蹄疫	皮下注射1 mL	6～8个月
	口蹄疫O型、亚洲Ⅰ型二价灭活疫苗	预防羊O型和亚洲Ⅰ型口蹄疫	后肢肌肉注射：成年羊1 mL，羔羊0.5 mL	6个月
	牛口蹄疫O型、A型二价灭活苗	预防羊O型、A型口蹄疫	肌肉注射：1岁以上羊1 mL，1岁以内羊0.5 mL	6个月
羊梭菌病	羊梭菌病多联灭活苗	预防羊快疫、羔羊痢疾、羊猝狙、羊肠毒血症和羊黑疫	皮下或肌肉注射5 mL	6～12个月
	羊梭菌病多联干粉灭活疫苗	预防羊快疫、羔羊痢疾、羊猝狙、羊肠毒血症、羊黑疫、肉毒中毒症和破伤风	皮下或肌肉注射1 mL	12个月

续表 5-3

病名	疫苗名称	用途	用法与用量(每只)	免疫期
肉毒梭菌中毒症	肉毒梭菌中毒症C型灭活疫苗	预防绵羊的C型肉毒梭菌中毒	皮下注射：常规苗绵羊 4 mL，透析苗绵羊 1 mL	绵羊 12 个月
羊大肠杆菌病	羊大肠埃希氏菌病灭活疫苗	预防绵羊、山羊大肠杆菌病	皮下注射：3 月龄以上羊 2 mL，3 月龄以下羊 0.5～1 mL	5 个月
	绵羊大肠埃希氏菌病活疫苗	预防绵羊大肠杆菌病	皮下注射 1 头份	6 个月
羊痘	山羊痘活疫苗	预防山羊痘和绵羊痘	尾根内侧或股内侧皮内注射 0.5 mL	12 个月
	绵羊痘活疫苗	预防绵羊痘	用法和用量同山羊痘活疫苗	12 个月
羊支原体肺炎性肺炎	羊支原体肺炎灭活疫苗	预防羊支原体性肺炎	颈部皮下注射：成年羊 5 mL，6 月龄以下羔羊 3 mL	18 个月
炭疽	Ⅱ号炭疽芽孢苗	预防羊炭疽	皮下注射 1 mL 或皮内注射 0.2 mL	山羊 6 个月 绵羊 12 个月
	山羊炭疽疫苗	预防山羊炭疽	颈部皮下注射，6 月龄以上山羊 2 mL	6 个月
羊链球菌病	羊链球菌病灭活疫苗	预防羊链球菌病	皮下注射 5 mL	6 个月
	羊链球菌病活疫苗		尾根皮下注射，6 月龄以上羊 1 mL	12 个月
布鲁氏菌病	布鲁氏菌病活疫苗(M5)	预防绵羊、山羊布鲁氏菌病	皮下注射 10 亿个活菌，滴鼻 10 亿个活菌，室内气雾 10 亿个活菌，室外气雾 50 亿个活菌，口服 250 亿个活菌	24 个月
	布鲁氏菌病活疫苗(M2)		口服 100 亿个活菌，间隔 1 个月，再服用一次；皮下或肌肉注射，山羊 25 亿个活菌，绵羊 50 亿个活菌	36 个月
羊口疮	羊口疮弱毒疫苗	预防羊口疮	口腔黏膜内注射 0.2 mL	6 个月
破伤风	破伤风类毒素	预防羊破伤风	皮下注射 0.5 mL	12 个月
	破伤风抗毒素	预防和治疗羊破伤风	皮下、肌肉或静脉注射，预防 1 200 ～ 3 000 IU，治疗 5 000～20 000 IU	2～3 周
狂犬病	狂犬病灭活疫苗	预防羊狂犬病	皮下或肌肉注射 10～25 mL	6 个月
伪狂犬病	伪狂犬病活疫苗	预防绵羊伪狂犬病	肌肉注射，4 月龄以上绵羊 1 mL	12 个月
	伪狂犬病灭活疫苗	预防山羊伪狂犬病	颈部皮下注射，山羊 5 mL	6 个月
羊气冲疽	气冲疽灭活疫苗	预防羊气冲疽	皮下注射 1 mL	6 个月
羊衣原体病	羊衣原体病灭活疫苗	预防羊衣原体病	皮下注射 3 mL	6 个月

表 5-4　羔羊的免疫接种程序

接种时间	疫苗	接种方式	免疫期
7 日龄	羊传染性脓疱皮炎灭活苗	口唇黏膜注射	1 年
15 日龄	山羊传染性胸膜肺炎灭活苗	皮下注射	1 年
2 月龄	山羊痘灭活苗	尾根皮内注射	1 年
2.5 月龄	O 型口蹄疫灭活苗	肌肉注射	6 个月
3 月龄	羊梭菌病三联四防灭活苗	皮下或肌肉注射(第 1 次)	6 个月
	气肿疽灭活苗	皮下注射(第 1 次)	7 个月
3.5 月龄	羊梭菌病三联四防灭活苗Ⅱ号炭疽芽孢菌	皮下或肌肉注射(第 2 次)皮下注射	6 个月山羊，6 个月绵羊 12 个月
	气肿疽灭活苗	皮下注射(第 2 次)	7 个月
产羊前 6～8 周(母羊、未免疫)	羊梭菌病三联四防灭活苗破伤风类毒素	皮下注射(第 1 次)肌肉或皮下注射(第 1 次)	6 个月 12 个月
产羔前 2～4 周(母羊)	羊梭菌病三联四防灭活苗破伤风类毒素	皮下注射(第 2 次)皮下注射(第 2 次)	6 个月 12 个月
4 月龄	羊链球菌灭活苗	皮下注射	6 个月
5 月龄	布鲁氏菌病活苗(羊 2 号)	肌肉注射或口服	3 年
7 月龄	O 型口蹄疫灭活苗	肌肉注射	6 个月

表 5-5　成年母羊的免疫接种程序

接种时间	疫苗	接种方法	免疫期
配种前 2 周	O 型口蹄疫灭活苗	肌肉注射	6 个月
	羊梭菌病三联四防灭活苗	皮下或肌肉注射	6 个月
配种前 1 周	羊链球菌灭活苗	皮下注射	6 个月
	Ⅱ号炭疽芽孢苗	皮下注射	山羊 6 个月，绵羊 12 个月
产后 1 个月	O 型口蹄疫灭活苗	肌肉注射	6 个月
	羊梭菌病三联四防灭活苗	皮下或肌肉注射	6 个月
	Ⅱ号炭疽芽孢菌	皮下注射	山羊 6 个月，绵羊 12 个月
产后 1.5 个月	羊链球菌灭活苗	皮下注射	6 个月
	山羊传染性脑膜肺炎灭活苗	皮下注射	1 年
	布鲁氏菌病灭活苗	肌肉注射或口服	3 年
	山羊痘灭活苗	尾根皮内注射	1 年

三、定期驱虫

为了预防和控制寄生虫病，每年要进行 2～3 次定期驱虫，一般在每年的 3～4 月份和 9～

10月份各驱虫一次，依据具体情况，在6～7月份可增加一次驱虫。常用的驱虫药物很多，如左旋咪唑、敌百虫、吡喹酮、阿苯达唑、伊维菌素、阿维菌素等。驱虫时要根据具体情况选择药物，一般多在清晨空腹投药。大群羊只的体外寄生虫还可以通过药浴的方法驱除，常用药物有二嗪农（螨净）、双甲脒、溴氰菊酯、巴胺磷等。不同阶段羊只的驱虫程序按以下方法操作。

1. 羔羊的驱虫

一般在50日龄第1次驱虫，90日龄第2次驱虫，以后每间隔3个月驱虫1次。

2. 育成羊的驱虫

一般每年驱虫2次（春、秋两季），每次驱虫后10 d补驱1次。

3. 种公羊的驱虫

一般每年驱虫2次（春、秋两季），每次驱虫后10 d补驱1次。

4. 基础母羊的驱虫

在配种前25 d驱虫1次，间隔7 d再驱虫1次。已妊娠母羊暂不驱虫，待分娩后进行。

四、药物预防

药物预防是指把安全高效的药物通过饲料或饮水进行群体投药，一般选用磺胺类和抗生素类药物，连用5～7 d。有时为了预防应激反应，可在饲料和饮水中加入维生素C和电解多维等。有条件的羊场，还可以经常进行药敏试验检测，选择高度敏感的药物使用。

五、加强检疫

检疫是切断疫病传播的重要环节，通过相应的实验室检验和临床检查，检出潜在的传染病和寄生虫病，从而控制疫病的流行。检疫主要包括定期对羊及其产品进行特定疫病检查和对引入羊进行隔离检查等。为了做好检疫工作，必须有一定的检疫手续，做好层层检疫，环环相扣，相互制约，杜绝疾病的传入和发生。引种时应从非疫区引进，检疫并隔离1个月以上，确认为健康者，经驱虫、消毒后方可与原有的羊混群饲养。

六、日常监管

（1）饲养人员每天上班和下班应认真观察羊只的精神状态、采食和饮水等，发现异常要及时报告，兽医人员应跟班观察，每晚9～10点应对羊群进行一次检查。密切观察羊只粪便情况，发现粪便异常时，应及时分析和采取相应的措施，若由于饲料原因造成的，应及时调整饲料配方。

（2）发现病羊应及时隔离，并做好详细记录。对隔离的羊只，立即诊断治疗，并在兽医人员的监护下进行饲养、治疗，治疗痊愈后由兽医人员同意后方可重新混群。对羊的一般性疾病要及时治疗，确保羊只的健康，发病的羊只应查清病因，采取预防措施，减少和防止此类疾病的再次发生。

（3）病死羊只必须进行剖检、查明死亡原因后进行无害化的处理，并对尸体处理区进行严格的消毒，不得随意丢弃，更不能让任何人随意带走、分食。

（4）病例的记载与归档。按照羊的品种、类型和耳标号建立病历卡。兽医人员应认真、详细填写病历卡,主要包括发病日期、主要症状、初步诊断、用药治疗、转归等内容。淘汰、病死羊只应写明淘汰和死亡原因、病情、治疗情况、尸体解剖报告、鉴定意见报告和责任人。病历卡、尸体解剖报告由兽医技术人员统一保管。

任务2 羔羊、育成羊的饲养管理

一、羔羊的培育技术

(一)生长发育特点

1.生长发育快

羔羊从出生至4月龄断奶的哺乳期内,生长发育迅速,所需要的营养物质多,特别是对蛋白质的要求更高。羔羊生后1个月内生长速度较快,肉用品种羔羊的平均日增重在300 g以上。

2.适应能力差

哺乳期的羔羊由胎生到独立生活的过渡阶段,从母体环境转到自然环境中生活,其生存环境发生了根本性的改变。此阶段羔羊的各个组织器官功能尚未健全,如生后1～2周内羔羊调节体温的机能发育不完善,皮肤保护机能差,神经反射迟钝,特别是消化道的黏膜容易受细菌的侵袭而引起消化道疾病。

3.可塑性强

羔羊在哺乳阶段可塑性强。当外部环境发生变化时可引起羔羊机体相应的变化,容易受外界条件的影响而发生变异,这对羔羊的定向培育具有重要意义。

(二)饲养

1.早吃初乳,吃好常乳

羔羊产后应尽早吃到初乳,初乳是母羊分娩后3～5 d内分泌的乳汁,颜色微黄,比较浓稠,营养十分丰富,含有丰富的蛋白质(17%～23%)、脂肪(9%～16%)、矿物质等营养物质和抗体,尽早吃到初乳能增强体质,提高抗病能力,并有利于胎粪的排出。

羔羊出生后10 min左右就可自行站立,寻找母羊乳头,自行吮乳。5 d后进入常乳阶段,常乳是羔羊哺乳期营养物质的主要来源,尤其在生后第1个月,营养全靠母乳供应,羔羊哺乳的次数因日龄不同而有所区别,1～7日龄每天自由哺乳,7～15日龄每天饲喂6～7次,15～30日龄4～5次,30～60日龄3次,60日龄至断乳1～2次。每次哺乳应保证羔羊吃足吃饱,吃饱奶的羔羊表现为精神状态良好、背腰直、毛色光亮、生长快,缺乳的羔羊则表现为被毛蓬松、腹部扁、精神状态差、拱腰、时时鸣叫等。

2.做好孤羔和缺乳羔羊的寄养或人工哺乳

若母羊产后死亡或泌乳量过低,则应进行寄养或人工哺乳。寄养选择保姆羊时,应选择营养状况良好、健康、泌乳性能好、产单羔的母羊。由于母羊嗅觉灵敏,拒绝性强,所以应采取相应的措施保证寄养顺利完成，一般将保姆羊的乳汁涂在羔羊身上，使母羊难以识别。寄养最好安排在夜间进行。

若羊场找不到合适的保姆羊，需进行人工哺乳。人工哺乳的关键是代乳品、新鲜牛奶等的选择和饲喂。

(1)代乳品：选择代乳品时应具有以下特点：①营养价值接近羊奶，消化紊乱少；②消化利用率高；③配制混合容易；④添加成分悬浮良好。对于条件好的羊场或养殖户，可自行配制人工合成奶类，其主要成分为脱脂奶粉60%，还含有脂肪干酪素、乳糖、面粉、玉米淀粉、食盐、磷酸钙和硫酸镁。

(2)新鲜牛奶：选用新鲜牛奶，要求定时、定温、定质，奶温35～39℃，初生羔羊每天哺乳4～5次，每次喂100～150 mL，以后酌情决定哺乳量，逐渐减少哺乳次数。哺乳初期采用有乳嘴的奶瓶进行哺乳，防止乳汁进入瘤胃异常发酵而引起疾病，同时，严格控制哺乳卫生条件。

3. 尽早训练，抓好补饲

羔羊生后10～40 d，应给羔羊补喂优质的饲草和饲料，一方面使羔羊获得更加完全的营养物质；另一方面通过训练采食，可以促进羔羊瘤胃消化机能的完善，提高采食消化能力。羔羊生后10～15 d，即可训练采食干草，其方法是将干草悬吊，投以香料（将豆饼炒熟）诱食。20日龄左右可训练采食混合精料。为防止浪费，应注意喂量，少给勤添，羔羊补饲精料最好在补饲栏中进行，羔羊一般每天每只喂给精料量为：15～30日龄50～75 g，1～2月龄100～150 g，2～3月龄200～250 g，3～4月龄250～300 g。混合精料以黑豆、黄豆、豆饼、玉米等最好，干草以苜蓿干草、青野干草等为宜。另外，在精料中拌一定量食盐（1～2 g/d）为佳。从30日龄起，可用切碎的胡萝卜混合饲喂。羔羊早期补饲日粮可参考NRC推荐的羔羊早期补饲日粮配方（表5-6）。

表5-6 NRC推荐的羔羊补饲日粮配方

（张居农，剡根强. 高效养羊综合配套新技术，2001.）

日粮组成	配方A	配方B	配方C
玉米/%	40.0	60.0	88.5
大麦/%	38.5	—	—
燕麦/%	—	28.5	—
麦麸/%	10.0	—	—
豆饼、葵花籽饼/%	10.0	10.0	10.0
石灰石粉/%	1.0	1.0	1.0
加硒微量元素盐/%	0.5	0.5	0.5
金霉素或土霉素/(mg/kg)	15.0～25.0	15.0～25.0	15.0～25.0
维生素A/(IU/kg)	500	500	500
维生素D/(IU/kg)	50	50	50
维生素E/(IU/kg)	20	20	20

注：①6周龄以内要碾碎喂，6周龄以后整喂；②苜蓿干草单独饲喂，自由采食；③石灰石粉与整粒谷物混拌不到一起，取豆饼等蛋白质饲料与10%石灰石粉混拌加在整粒谷物的上面喂；④大麦、燕麦可以用玉米替代；⑤为预防尿结石病，可以另加0.25%～0.50%氯化铵。

(三)早期断奶技术

1.时间的选择

羔羊早期断奶缩短了母羊的繁殖周期,打破了传统的季节产羔,推进了密集产羔体系的发展。羔羊早期断奶的时间一般在40～60日龄进行断奶。

2.操作技术

(1)饲料的选择:不论是开食料,还是早期的补饲饲料,必须根据哺乳羔羊消化生理特点和对营养物质的需求,选择好的饲料,其选择标准:一是饲料的适口性要好,容易消化吸收;二是营养价值高,保证羔羊生长发育的需要,特别是能量和蛋白质;三是补饲饲料成本低,饲料形状最好以颗粒饲料为主。饲料配合时应注意蛋白质水平不低于15%,饲喂颗粒饲料可加大采食量,提高日增重,颗粒直径为0.4～0.6 cm,日粮中应添加维生素,每100 kg日粮按4 g计量。

(2)补饲方法:在母羊圈舍内放置一个羔羊补饲栏,栏板间距以进出一只羔羊为标准,补饲栏内设料槽和水槽,每天将羔羊补饲饲料放置其中,羔羊可自由出入,自由采食。这样,既保证羔羊在补饲栏内可采食到补饲饲料,又可在栏外吃到母乳,满足羔羊生长发育所需营养,加快羔羊的生长速度。早期隔栏补饲一般在羔羊出生后7～10日龄开始进行诱食,待羔羊能够习惯采食补饲饲料后,补饲饲料量可由最初的每只每天50 g左右逐渐增加至2月龄的350～400 g。

(3)羔羊早期断奶方案设计:现将西北农业大学畜牧试验站所用的羔羊哺乳期培育方案介绍下如(表5-7),供参考。

表5-7 羔羊哺育期培育方案

日龄	日增重/g	期末体重/kg	哺乳次数	哺给全乳量			嫩干草		混合精料		青草或块茎类	
				一次/g	昼夜/g	全期/kg	昼夜/g	全期/kg	昼夜/g	全期/kg	昼夜/g	全期/kg
1～7		4.5	自由	哺乳								
8～10	150	5.0	4	220	880	2.64						
11～20	150	6.5	4	300	1 200	12.0						
21～30	150	8.0	4	350	1 400	14.0	60	0.6				
31～40	150	9.5	4	400	1 600	16.0	80	0.8	50	0.5	80	0.8
41～50	150	11.0	4	350	1 400	14.0	100	1.0	80	0.8	100	1.0
51～60	150	12.5	4	350	1 400	14.0	120	1.2	120	1.2	120	1.2
61～70	150	14.0	3	300	900	9.0	140	1.4	150	1.5	140	1.4
71～80	150	15.5	3	300	900	9.0	160	1.6	180	1.8	160	1.6
81～90	150	17.0	3	300	900	9.0	180	1.8	210	2.1	180	1.8
91～100	150	18.5	2	300	600	6.0	200	2.0	240	2.4	200	2.0
101～110	150	20.0	2	200	400	4.0	220	2.2	270	2.7	220	2.2
111～120	150	21.5	1	200	400	2.0	240	2.4	300	3.0	240	2.4
合计		21.5				111.64		15.0		16.0		14.4

方案执行中应执行下列几项原则：①一昼夜的最高哺乳量，母羔不应超过体重的20%，公羔不应超过体重的25%。②在体重达到8 kg以前，哺乳量随着体重的增加渐增。体重在8～13 kg之间，哺乳量不变。在此期应尽量使羔羊采食草料。体重达13 kg以后，哺乳量渐减，草料渐增。体重达18～24 kg时，可以断奶。整个哺乳期平均日增重母羔不应低于150 g，公羔不应低于200 g。若平均日增重达到250 g以上时，会对奶羊的体质造成一定的伤害，导致母羊营养严重缺乏，对以后产奶不利。③哺乳期间，若有优质的豆科牧草和精料，只要能按期完成增重指标，也可以酌情减少哺乳量，缩短哺乳期。

(四)管理

羔羊的管理一般分为2种：一是母子分群，定时哺乳，羊舍内培育，即白天母子分群，羔羊留在舍内饲养，每天定时哺乳，羔羊在舍内养到1月龄左右时单独放出运动；二是母子不分群，在一起饲养。羔羊20日龄以后，母子可合群放出运动。圈舍要保持干燥、卫生、保暖，勤换垫草，舍内温度保持在5℃以上，防止肺炎、下痢等疾病的发生，并注意观察羔羊的哺乳、精神状态及粪便，发现患病应及时隔离治疗。

二、肥羔生产

(一)生产特点

肥羔生产是指羔羊30～60日龄断乳，转入育肥，4～6月龄体重达30～35 kg屠宰所得的羔羊肉。肥羔肉鲜嫩、多汁、易消化、膻味轻。研究表明，羔羊肉肌纤维细嫩，肉中筋腱少，脂肪含量低，蛋白质含量高，容易消化吸收。羔羊早期育肥，具有投资少、产出高、方式灵活、能充分利用早龄羔羊饲料转化率高的有利条件等显著特点。

(二)羔羊选择

选择良种化程度高的肉用品种或杂交品种，同时从2月龄断奶羔群中选择体格大、早熟性好的公羔作为育肥羔。育肥羔羊要求健康无病，四肢健壮，骨架大，腰身长，蹄质坚实。

(三)育肥方法

1. 舍饲育肥

舍饲育肥不但可以提高育肥速度和出栏率，而且可保证市场羊肉的均衡供应。配方：①玉米粉、草粉、豆饼各21.5%，玉米17%，葵子饼10.3%，麦麸6.9%，食盐0.7%，尿素0.3%，添加剂0.3%。前20 d每只羊日喂精料350 g，中期20 d每只400 g，后期20 d每只450 g，粗料不限量，适量青料。②玉米66%，豆饼22%，麦麸8%，骨粉1%，细贝壳粉0.5%，食盐1.5%，食盐1.5%，尿素1%，添加含硒微量元素和AD_3粉。混合精料与草料配合饲喂，其比例为60∶40。一般羊4～5月龄时每天喂精料0.8～0.9 kg，5～6月龄时喂1.2～1.4 kg，6～7月龄时喂1.6 kg。③统糠50%，玉米粗粉24%，菜籽饼8%，糖饼10%，棉籽饼6%，贝壳粉1.5%，食盐0.5%。每天饲喂3次，夜间加喂1次。夏秋供井水，冬春饮温水。饲喂顺序是：先草后料，先料后水。早饱，晚适中，饲草搭配多样化，禁喂发霉变质饲料，干草要切短。羊减食每只喂干酵母 4～6 片。

2. 放牧加补饲育肥

草场质量较好地区，采取放牧为主，补饲为辅，降低饲养成本，充分利用草场。配方：①玉米粉 26%，麦麸 7%，棉籽饼 7%，酒糟 48%，草粉 10%，食盐 1%，尿素 0.6%，添加剂 0.4%。混合均匀后，羊每天傍晚补饲 300 g 左右。②玉米 70%，豆饼 28%，食盐 2%。饲喂时加草粉 15%，混匀拌湿饲喂。

(四)育肥方案设计

为了加快生长速度和增重效果，肥羔生产应采取舍饲，饲养时间为 50～60 d。现列举一具体方案供参考。

1. 第一阶段适应过渡期(第 1～15 天)

1～3 d 仅喂青干草，每天喂 2 kg/只，自由饮水，让羔羊适应新环境；第 3～7 天，从第 3 天开始由青干草逐步向精料过渡。日粮配方：玉米 25%，干草 65%，糖蜜 5%，豆饼 5%，食盐 1%，抗生素 50 mg，精粗料比 36∶64；第 7～15 天，日粮配方参考：玉米 30%，豆饼 5%，干草 62%，食盐 1%，羊用添加剂 1%，骨粉 1%。

2. 第二阶段强化育肥期(第 15～50 天)

增加蛋白质饲料的比例，注重饲料的营养平衡与质量。首先经过 2～5 d 的日粮过渡期，日粮配方：玉米 65%，麸皮 13%，豆饼(粕)10%，优质花生苗 10%，食盐 1%，羊用添加剂 1%。混合精料每天喂量为 0.2 kg/只，每天饲喂 2 次。混合粗料每天喂量 1.5 kg/只，每天饲喂 2 次，自由饮水。

3. 第三阶段育肥后期(第 50～60 天)

加大饲料喂量的同时增加饲料的能量，适当减少蛋白质的比例，以增加羊肉的肥度，提高羊肉品质。日粮配方参考：玉米 91%，麸皮 5%，骨粉 2%，食盐 1%，羊用添加剂 1%。混合精料日喂量 0.25 kg/只，每天 2 次。混合粗料日喂量 1.5 kg/只，每天 2 次，自由饮水。

育肥过程中，要求羊舍地势干燥，向阳避风，建成塑料大棚暖圈，高度 1.5 m 左右，每只羊占地面积 0.8～1.2 m^2。保持圈舍冬暖夏凉，通风流畅。勤扫羊舍。育肥前要对圈舍、墙壁、地面及舍外环境等严格消毒。羊舍在进羊前用 10% 的漂白粉溶液消毒一次，稀释液按照 1 000 mL/m^2 冲洗羊舍。大小羊要分圈饲养，易于管理。定期给羊注射炭疽、羊快疫、羊痘、羊肠毒血症四联疫苗免疫。经常刷拭羊体，保持皮肤洁净。随时观察羊体健康状况，发现异常及时隔离诊断治疗。

三、断奶羔羊育肥

羔羊 3～4 月龄断奶后，除部分羔羊选留到后备羊群外，其余羔羊均采取育肥处理，通过短期强度育肥，达到出栏上市体重。

(一)准备工作

1. 育肥羔羊的准备

如果是购买羊只，年龄选择断奶后 4～5 月龄前的优良肉用羊和本地羊杂交改良的羔羊，膘情中等，体格稍大，体重一般在 15～16 kg，健康无病，被毛光顺，上下颌吻合好。健康羊只的标志为活动自由，有警觉感，趋槽摇尾，眼角干燥。

如果是自繁自养的羔羊，应做好羔羊哺乳期的饲养管理。从 1 月龄羔羊开始利用精料、青干草、豆科牧草、优质青贮料、胡萝卜及矿物质等，补饲量应逐步加大，投放饲料量以一次饲料羔羊能在 20～30 min 内吃完为宜。培育出生长发育正常、体格健壮的羔羊。

2. 羊舍的准备

进羊前首先对羊舍进行彻底清扫，再用消毒液消毒。常用的消毒药有 10%～20%石灰乳、10%漂白粉溶液、2%～4%氢氧化钠溶液、5%来苏儿或 4%的福儿马林等。用量为每平方米羊舍 1 L 药液。消毒方法采用喷雾消毒，顺序依次为地面、墙壁、天花板。消毒后应开启门窗通风，用清水刷洗饲槽、用具。

3. 草料的准备

按羔羊育肥生产方案，储备充足的草料，满足育肥需求；避免由于草料准备不足，常更换育肥草料，引起消化代谢障碍，从而影响育肥效果。羔羊(14～50 kg 体重)育肥期间每日每只需要饲料量可参考如下：干草 0.5～1.0 kg，玉米青贮饲料 1.8～2.7 kg，精料补充料 0.45～1.4 kg。

(二)育肥技术

1. 预饲期

羔羊进入育肥舍后，不论采用强度育肥，还是一般育肥，都要经过预饲期。预饲期一般为 15 d，可分为 2 个阶段：第 1 阶段为育肥开始的 1～3 d，只喂干草和保证充足饮水；第 2 阶段(3～15 d)逐渐增加精料量，第 15 天进入正式育肥期。

(1)新购羊只处理：购来的羔羊到达当天，不宜喂饲精料，只饮水和给以少量干草，在遮阴处休息，避免惊扰。干草以青干草为宜，不用铡短；3～15 d 逐步添加精料补充料，干草逐渐变换成育肥期粗饲料，饲喂方法：每日按日粮精粗用量搅拌混合成全混合日粮，日喂 2 次，自由饮水。精料补充料可用育肥前期料。

(2)合理分群：安静休息 8～12 h 后，逐只称重记录。按羊只体格、体重和瘦弱等相近原则进行分群和分组，每组 15～20 只。要勤检查，勤观察，一天巡视 2～3 次，挑出伤、病羊，检查有无肺炎和消化道疾病，改进环境卫生。

(3)接种疫苗和驱虫：羔羊预饲期内要进行驱虫和接种疫苗，防止寄生虫病和传染病的发生。驱虫药可选择使用一种，抗蠕敏(丙硫咪唑)，每千克体重 15～20 mg，灌服；虫克星(阿维菌素)，每千克体重 0.2～0.3 mg(有效含量)，皮下注射或口服。依据疫苗接种程序，进行皮下或肌肉注射。

(4)保持圈舍卫生：羊舍每天要打扫，地面要干燥，通风良好。

(5)保证饲料品质：不喂湿、霉、变质饲料，给饲后应注意肉羊采食情况，投给量不宜有较多剩余，以吃完不剩为最理想，说明日粮中营养物质和饲料干物质计算量与实际进食量相符。必要时，可以重新计算日粮配制用量，核查有无计算错误或日粮投给量不足。

(6)注意饮水卫生：夏防晒，冬防冻，羊粪尿污染的饮水，常是体内寄生虫扩散的途径。羔羊育肥圈内必须保证有足够的清洁饮水，多饮水，有助于减少消化道疾病、肠毒血症和尿结石的出现率，同时也有较高的增重速度。据估计，气温在 15℃时，育肥羊饮水量在 1 kg 左右，

15～20℃时，饮水量 1.2 kg，20℃以上时，饮水量接近 1.5 kg。冬季不宜饮用雪水或冰水。

(7)饲料变化要逐渐过渡：育肥期间应避免过快地变换饲料种类和日粮类型，绝不可在 1～2 d 内改喂新换饲料。精饲料的变换应以新旧搭配，逐渐加大新饲料比例，3～5 d 内全部换完。粗饲料换精饲料，换替的速度还要慢一些，14 d 换完。

(8)羊的剪毛：如果天气条件允许时，可以在育肥开始前剪毛，剪毛对育肥增重有利，同时也可以减少蚊蝇骚扰和羊群在天热时扎堆造成中暑。

2. 正式育肥期

羔羊育肥期一般为 60 d 左右，正式育肥期分育肥前期和育肥后期，根据育肥计划和当地条件选择日粮类型，并在管理上区别对待。无论是哪个阶段，都应注意观察羊群的健康状态和增重效果，随时调整育肥方案和技术措施。

(1)日粮配制技术：任何一种谷物类饲料都可用来育肥羔羊，但效果最好的是玉米等高能量饲料。实践证明，颗粒料比破碎谷物饲料育肥效果好，配合饲料比单独饲喂某一种谷物饲料育肥效果好，主要表现在饲料转化率高和肠胃病少。

(2)育肥期精料配方：①首先要考虑羔羊营养需要。②根据羊的消化生理特点，选择适宜的饲料，饲料原料应以当地资源为主，充分利用工农业副产品，以降低饲料成本。③正确确定精粗比例和饲料用量范围。整个育肥期精料用量可以占到日粮的 45%～65%，具体要根据育肥计划而定。育肥前期精料少些，精补料中增加蛋白质饲料的比例，注重饲料中营养的平衡和质量。育肥后期，在加大补饲量的同时，增加饲料中的能量，适当减少蛋白质的比例，以增加羊肉的肥度，提高羊肉的品质。在肉羊日粮中除满足能量和蛋白质需要外，还应保证供给 15%～20%的粗纤维，这对肉羊的健康是必要的。④饲料种类保持相对稳定。如果日粮突然发生变化，瘤胃微生物不适应，会影响消化功能，严重者会导致消化道疾病。如需改变饲料种类，应逐渐改变，使瘤胃微生物有一个适应过程，过渡期一般为 7～10 d。其典型的日粮配方为如下。

优质干草型：育肥前期，玉米 60%、麸皮 12%、饼粕类饲料 24%(豆粕 4%、棉粕 10%、菜粕 5%、花生粕 5%)、磷酸氢钙 0.5%、石粉 1%、食盐 1%、小苏打 0.5%、添加剂预混料 1%；育肥后期，玉米 69%、麸皮 6.5%、饼粕类饲料 20%(豆粕 3%、棉粕 8%、菜粕 5%、花生粕 4%)、磷酸氢钙 0.5%、石粉 1%、食盐 1%、小苏打 1%、添加剂预混料 1%。

玉米青贮型：育肥前期，玉米 60%、麸皮 10.5%、饼粕类饲料 25%(豆粕 5%、棉粕 10%、菜粕 5%、花生粕 5%)、磷酸氢钙 0.5%、石粉 1%、食盐 1%、小苏打 1%、添加剂预混料 1%；育肥后期，玉米 69.5%、麸皮 3%、饼粕类饲料 23%(豆粕 2%、棉粕 10%、菜粕 6%、花生粕 5%)、磷酸氢钙 0.5%、石粉 1%、食盐 1%、小苏打 1%、添加剂预混料 1%。

干玉米秸秆型：育肥前期，玉米 60%、麸皮 9%、饼粕类饲料 27%(豆粕 6%、棉粕 10%、菜粕 5%、花生粕 6%)、磷酸氢钙 0.5%、石粉 1%、食盐 1%、小苏打 0.5%、添加剂预混料 1%；育肥后期，玉米 69%、麸皮 2.5%、饼粕类饲料 24%(豆粕 3%、棉粕 10%、菜粕 6%、花生粕 5%)、磷酸氢钙 0.5%、石粉 1%、食盐 1%、小苏打 1%、添加剂预混料 1%。

四、日常管理

(一)羊的编号

羊的个体编号是开展羊育种工作不可缺少的技术项目，编号要求简明，易于识别，字迹清晰，不易脱落，有一定的科学性、系统性，便于资料的保存，统计和管理。现阶段羊场主要采用耳标法。用金属耳标或塑料耳标，在羊耳的适当位置（耳上缘血管较少处）打孔、安装。耳标可在使用前按规定统一编号后佩戴，耳标上应标明品种标记、年号、个体号。

羊只经过鉴定，在耳朵上将鉴定的等级进行标记，等级号在鉴定后，根据鉴定结果，用剪耳缺的方法注明该羊的等级。纯种羊打在右耳上，杂种羊打在左耳上。具体规定如下：

特级羊：在耳尖剪 1 个缺口。

一级羊：在耳下缘剪 1 个缺口。

二级羊：在耳下缘剪 2 个缺口。

三级羊：在耳上缘剪 1 个缺口。

四级羊：在耳上、下缘各剪 1 个缺口。

（二）羊的断尾

绵羊的断尾主要应用于细毛羊、半细毛羊及高代杂种羊，断尾应在羔羊出生 7～10 d 进行，断尾最好选择在风和日暖的上午进行，以便全天观察和护理。若遇羔羊体弱或天气寒冷时可以适当推迟，断尾方法有结扎法与热断法 2 种。

1. 结扎法

用橡皮圈在第 3 和第 4 尾椎之间紧紧扎住，阻止血液流通，经过 10～15 d，尾的下部萎缩并自行脱落。此法简便易行，便于推广，但所需时间较长，要求技术人员应定期检查，防止橡皮圈断裂或由于不能扎紧，而导致断尾失败。

2. 热断法

设计专用铲头，长 10 cm、宽 7 cm、厚 0.5 cm，上有长柄并装有木把的断尾铲及 2 块长 30 cm、宽 20 cm、厚 4～5 cm 的木板，两面包上铁皮，其中一块的一端挖一个半径 2～3 cm 的半圆形缺口。操作时，需 2 个人配合。首先将不带缺口的木板水平放置，一个人保定好羔羊，并将羔羊尾巴放在木板上；另一个人用带缺口的木板固定羔羊尾巴，且使木板直立，用烧至暗红色的铁铲紧贴直立的木板压向尾巴，将其断下。若流血可用热铲止血，并用碘酊消毒。

断尾时应将尾部皮肤尽量持向尾根，以防止断尾后尾骨外露。热断法断尾后，要多观察，如断尾处出血则应及时采取止血措施。

3. 羔羊去势

凡不宜作种用的公羔要进行去势，去势时间一般在 1～2 周龄，多在春、秋两季气候凉爽、天气晴朗的时候进行。去势的方法有阉割法和结扎法。

（1）阉割法：将羊保定后，用碘酒和酒精对术部消毒，术者左手紧握阴囊的上端，将睾丸压迫到阴囊的底部，右手用刀在阴囊的下端与阴囊中隔平行的位置切开，切口大小以能挤出睾丸为度。睾丸挤出后，将阴囊皮肤向上推，暴露精索，采用剪断或拧断的方法均可。在精索断端涂以碘酒消毒，在阴囊皮肤切口处撒上少量消炎粉即可。

（2）结扎法：术者左手握紧阴囊基部，右手撑开橡皮筋将阴囊套入，反复扎紧以阻断下部的血液流道。经 15～20 d，阴囊连同睾丸自然脱落。此法较适合 1 月龄左右的羔羊。在结扎后，要注意检查，防止结扎效果不好或结扎部位发炎、感染。

（3）去势钳法：用专用的去势钳在公羔的阴囊上部将精索夹断，睾丸便逐渐萎缩。该方法快速有效，但操作者要有一定的经验。

(4)10%碘酊药物去势法：操作人员一只手将公羔的睾丸挤到阴囊底部，并对其阴囊顶部与睾丸对应处消毒，另一只手拿吸有消睾注射液的注射器，从睾丸进行顶部顺睾丸长径方向平行进针，扎入睾丸实质，针尖抵达睾丸下 1/3 处时慢慢注射。边注射边退针，使药液停留于睾丸中 1/3 处。依同法做另一侧睾丸注射。公羔注射后的睾丸呈膨胀状态，所以切勿挤压，以防药物外溢。药物的注射量为 1.5～2 mL/只，注射时最好用 9 号针头。

(三)饲养管理技术规程

1. 工作目标

(1)哺乳期羔羊的成活率在 95%以上。

(2)羔羊断奶平均体重在 15 kg 以上。

2. 工作日程(表 5-8)

表 5-8 羔羊的饲养管理工作日程

羔羊类型	饲养方式	时间	饲养管理工作日程安排
冬春羔	舍饲	时间安排与母羊相同	每天上、下午各安排母、仔合群一次，保证羔羊吃乳 2 次，其余时间母仔分开
	半舍饲半放牧	6:30～7:30	检查羊群
		7:30～9:30	第 1 次饲喂、饮水，先粗后精、自由饮水
		9:00～9:30	羔羊与母羊合群吃乳
		9:30～17:30	运动、反刍、卧息，清扫羊舍和饲槽，检查羊群
		17:30～18:30	运动、吃乳、反刍、卧息，清扫羊舍、饲槽，检查羊群
		18:30～21:30	添草、饮水，检查羊群
		21:30～6:30	卧息、反刍
秋羔	舍饲	时间安排与母羊相同	每天上、下午各安排母、仔合群一次，保证羔羊吃乳 2 次，其余时间母仔分开
	半舍饲半放牧	5:30～6:30	检查羊群
		6:30～9:30	第 1 次放牧，清扫羊舍和饲槽，归牧
		9:90～9:30	羔羊归母羊群吃乳
		9:30～11:30	第 1 次饲喂、饮水，先粗后精，自由饮水
		11:30～15:30	卧息、反刍、运动，羔羊归母羊群吃乳
		15:30～18:30	第 2 次放牧，归牧
		18:30～21:30	第 2 次饲喂精料、添草，自由饮水
		21:30～5:30	卧息、反刍

3. 技术规范

(1)羔羊出生后人工帮助使其在站立后摄食初乳，对缺乳或多胎羔羊应采用保姆羊或人工哺乳，20 日龄内羔羊每天哺乳 4～5 次。

(2)羔羊舍应温暖、明亮、无贼风,勤铺换垫料,保持圈舍和运动场清洁、干燥卫生,羔羊出生时舍内温度应保持在8℃以上。

(3)羔羊2周龄内应以母乳为主食,对乳量不足或多胎羔羊应进行人工哺乳,人工哺乳时应定时定量,并注意代乳品和哺乳器具的卫生。

(4)羔羊1周龄后,应进行诱食、采食训练,逐渐过渡为脱离母乳、独立采食。温暖无风的天气,可放至舍外运动场自由活动。不留种的公羔应及时去势,瘦弱的羔羊适当延迟。

(5)羔羊20日龄后在晴天时可跟随母羊就近放牧,并增加草料的补饲量,每日哺乳2～3次。

(6)毛用羔羊一般3～4月龄断奶,肉用羔羊可在2月龄左右断奶。断奶后转入育肥期。在整个育肥期均应保证羊的放牧时间或充足运动(舍饲)。育肥前期(30 d左右)应以饲喂优质青、干草为主,适量补饲;育肥中期(60 d左右)应逐渐加大钙、磷和蛋白质类饲料的补饲量;育肥后期(15 d左右)应加大能量饲料的补饲量,进行强度育肥。

(7)饲料或饮水中适当添加一些抗应激药物,如维力康、电解多维,矿物质添加剂等,并适当添加一些抗生素药物,如支原净、强力霉素、土霉素等。

(8)喂料时观察食欲情况,清粪时观察排粪情况,休息时检查呼吸情况。发现病羊,对症治疗,严重者隔离饲养,统一用药。

(9)根据季节变化,做好防寒保温、防暑降温及通风换气工作。舍内适宜有害气体浓度适宜,并尽量降低。

(10)每周消毒2次,每周消毒药更换1次。

五、国外肥羔生产技术

(一)开展经济杂交

各国均选择适合本国条件的优秀品种,研究出最佳杂交组合方案,实行3～4个品种的杂交,把高繁殖性能、高泌乳性能和高产肉性能有机地结合起来,保持高度的杂种优势,组织商品肉羊生产。在英国,根据不同地区的海拔、气候和农业生产的特点,对肉羊生产进行了合理的分工。高山地区,由于冬季寒冷,气候恶劣,主要以饲养粗毛型的绵羊为主;丘陵地区,以饲养长毛型和杂交型绵羊及其杂交后代为主;在低地及农区,以饲养肉用绵羊品种及商品肥羔为主,使全国的养羊业形成了一条既紧密联系又相互补充的产业链,极大地提高了生产效益。

(二)密集繁殖、早期断奶

1. 实现母羊全年均衡产羔

充分利用多胎绵羊品种,或采用现代繁殖技术调节母羊的繁殖周期,缩短产羔间隔,增加产羔数,实现母羊全年均衡产羔。在不同的地区,根据不同的气候条件、品种及市场需求,实行母羊一年两产、两年三产或三年五产的繁殖配种制度或对母羊实行分组配种繁殖,2个月左右一批,全年每个季节都有羔羊生产。

2. 早期断奶

第一,生后1周断奶,用代乳品进行人工育羔;第二,生后7周左右断奶,断奶后就可以全部饲喂植物性饲料或放牧。在美国、俄罗斯等国家采取羔羊超早期(1～3 日龄)或早期(30～45 日龄)断奶。澳大利亚大多数地区推行 6～10 周龄断奶,在干旱时期牧草枯萎时,羔羊在 4 周龄时就断奶。早期断奶还要考虑到羔羊的活重。法国认为羔羊活重比初生重大 2 倍时断奶为宜,羔羊的断奶时间通常为 28 日龄,既可以降低羔羊人工哺育的成本,又有利于羔羊的生长发育,具有较高的实用价值。英国认为只要羔羊活重达到 11～12 kg 就可以断奶。而超早期断奶羔羊必须用人工乳(脱脂乳、脂肪、磷脂、微量元素、矿物质、维生素、氨基酸、抗生素配制而成)或代乳粉(按羊奶成分配制而成)进行哺育。

(三)同期发情、早期配种、诱发分娩

这些技术是现代羔羊生产中重要的繁殖技术,对于肥羔专业化、工厂化整批生产更是不可缺少的一环。利用激素使母羊发情同期化,可使配种时间集中,有利于羊群抓膘,节约劳动力。最重要的是利于发挥人工授精的优点,扩大优秀种公羊的利用,使羔羊年龄整齐,便于管理。

近年来,许多国家开始采用母羊在发育良好的条件下,6～8 月龄早期配种。这样使母羊初配年龄提前数月或 1 年,从而延长了母羊使用年限,缩短了世代间隔,提高了终生繁殖力。

在母羊妊娠末期,一般到 140 日龄后,用激素诱发提前分娩,使产羔时间集中,有利于大规模批量生产与周转,方便管理。诱发分娩的方法有:傍晚注射糖皮质激素或类固醇激素,12 h 后即有 70%母羊分娩;或预产前用雌二醇苯甲酸盐、前列腺素等,90%母羊在用药后 48 h 内产羔。

(四)人工控制环境条件

采用最佳环境参数按市场需要组织生产。一些国家采用现代化羊舍,对温度、湿度和光照等采用自动控制技术,使羊的生产、繁殖基本不受自然气候环境变化的影响。饲养管理的机械化、自动化程度高,尽量减少人、羊直接接触。同时,肉羊日粮的配制严格按照生产要求和不同类型羊的营养需要和饲养标准组织生产。在许多国家,优质人工草场的建设,围栏分区放牧是肉羊生产管理的重要内容,大部分人工草地实现了饲喂和饮水的自动化,劳动生产率显著提高。

(五)工厂化生产体系

工厂化生产系指在人工控制的环境下,不受自然条件和季节的限制,一年四季可以按人们的要求与市场需要进行规模大、高度集中、流程紧密连接、生产周期短及操作高度机械化、自动化的养羊生产。试验证明,3 月龄肉用羔羊体重可达 1 周岁羊的 50%,6 月龄可达 75%。从生长所需要的营养物质来看,饲料报酬随月龄增长而降低。例如,1 月龄、2 月龄、3 月龄羔羊,每增加 1 kg 体重,所需要的饲料分别为 1.8、4 及 5 kg;可消化蛋白质分别为 225、450 及 600 g。养羊业发达的国家,都在繁育早熟肉用羊的基础上建立专业化肥羔企业,进行肥羔生产,而且具有明显的区域性专业化分工。

(六)专业化生产

专业化的肥羔企业规模很大,每批可育肥上万只,甚至数万只的羔羊。有的本身就是一个大型的高度机械化的工厂,内设若干育肥羊舍,还有颗粒饲料与混合饲料加工车间、剪毛间、兽

医室等。用于生产肥羔的羊，多是一些早熟的肉用品种及其杂种羔羊。在羊的选育中都特别注意提高早熟性和产羔率。

六、育成羊的饲养管理

育成羊是指断奶至第1次配种前的青年公、母羊(4～18月龄)。一般将育成羊分为育成前期(4～8月龄)和育成后期(8～18月龄)2个阶段进行饲养。育成羊生长发育快，对各种营养物质的需求量多，增重强度大，这一阶段如满足其对营养物质的需要，能促进羊只的生长发育，提高生产性能；如不能满足其对营养物质的需要，则会导致生长发育受阻，易出现胸浅体窄、腿高骨细、体质弱、体重小、抗病力差等不良的个体，从而直接影响种用价值。育成期饲养应结合放牧，更注重补饲，使其在配种时达到体重要求。对育成羊应按照性别单独组群，安排在较好的草场，保证充足的饲草。精料的喂量应根据品种和各地具体条件而定，一般每天喂量0.2～0.3 kg，注意钙、磷的补充。在配种前对体质较差的个体应进行短期优饲，适当提高精料喂量。

(一)生长发育特点

1.生长发育速度快

育成羊全身各系统均处于旺盛生长发育阶段，与骨骼生长发育关系密切的部位仍然继续增长，如体高、体长、胸宽、胸深增长迅速，头、腿、骨骼、肌肉发育也很快，体型发生明显的变化。

2.瘤胃的发育更为迅速

6月龄的育成羊，瘤胃容积增大，占胃总容积的75%以上，接近成年羊的容积比。

3.生殖器官的变化

一般育成母羊6月龄以后即可表现正常的发情，卵巢上出现成熟卵泡，达到性成熟。育成羊8月龄左右接近体成熟，可以配种。育成羊开始配种的体重应达到成年羊体重的65%～70%。

(二)饲养

1.合理分群

断奶后，羔羊按性别、大小、强弱分群，加强补饲，按饲养标准采取不同的饲养方案，按月抽测体重，根据增重情况调整饲养方案。羔羊在断奶组群放牧后，仍需继续补喂精料，补饲量要根据牧草情况决定。

2.适当的精料水平

育成羊阶段仍需注意精料量，有优良豆科干草时，日粮中精料的粗蛋白质含量提高到15%～16%，混合精料中的能量水平占总日粮能量的70%左右。混合精料日喂量以0.4 kg为好，同时还要注意矿物质、钙、磷和食盐的补给。育成公羊生长发育比育成母羊快，所以精料需要量多于育成母羊。

3.合理饲喂

饲料类型对育成羊的体型和生长发育影响很大，优良的干草、充足的运动是培育育成羊的关键。给育成羊饲喂大量优质干草，不仅有利于消化器官的充分发育，而且可使育成羊体格高大，乳房发育明显，产奶多。

4. 适时配种

一般育成母羊在满 8～10 月龄，体重达 40 kg 或达到成年体重的 65%以上时配种。育成母羊的发情不如成年母羊明显和规律，因此要加强发情鉴定，以免漏配。育成公羊需在 12 月龄以后体重达到 60 kg 以上时再参加配种。

5. 舍饲育成羊精料配方

(1)育成前期(4～8 月龄)：精料①配方为玉米 68%，麦麸 10%，豆饼 7%，花生饼 12%，磷酸氢钙 1%，添加剂 1%，食盐 1%。日粮组成为精料 0.4 kg，苜蓿 0.6 kg，玉米秸秆 0.2 kg。精料②配方为：玉米 50%，麦麸 12%，花生饼 20%，豆饼 15%，石粉 1%，添加剂 1%，食盐 1%。日粮组成：精料 0.4 kg，青贮饲料 1.5 kg，干草 0.2 kg。

(2)育成后期(8～18 月龄)：精料①配方为玉米 45%，麦麸 15%，花生饼 25%，葵花饼 13%，磷酸氢钙 1%，添加剂 1%，食盐 1%。日粮组成为精料 0.5 kg，青贮饲料 3 kg，干草 0.6 kg。精料②配方为玉米 80%，麦麸 10%，花生饼 8%，添加剂 1%，食盐 1%。日粮组成为精料 0.4 kg，苜蓿 0.5 kg，玉米秸秆 1 kg。

(三)管理

育成期羊的管理直接影响到羊的提早繁殖，必须予以重视。在放牧时，要注意训练头羊，控制好羊群，放牧行走距离不能过远，舍饲要加强运动，有利于羊的生长发育和防止形成草腹。育成母羊体重达 35.0 kg、育成公羊在 1.5 岁以后体重达到 40.0 kg 以上可参与配种，配种前还应保持良好的体况，适时进行配种和采精调教，实现当年母羔 80%参加当年配种繁殖。同时，搞好圈舍卫生，做好羊的防疫、驱虫等日常管理工作。

(四)饲养管理技术规程

1. 工作目标

(1)育成期羊只的成活率在 95%以上。

(2)6 月龄体重在 35 kg 以上。

2. 工作日程(表 5-9)

工作时间随季节变化，其工作日程应作相应的前移或后移。

表 5-9　育成羊饲养管理工作日程

时间	饲养管理工作日程安排
6:30～7:30	观察羊群、饲喂、治疗
8:00～8:30	发情检查、配种
9:00～11:30	运动场驱赶运动，清理卫生和其他工作
11:30～14:00	休息
14:00～17:00	运动场驱赶运动
17:00～17:30	发情检查、配种
17:30～18:30	饲喂、其他工作

3. 技术规范

(1)转入断奶羔羊前，空舍应维修，彻底清扫、冲洗和消毒，空舍时间一般为 3～7 d。

(2)公母分群饲养，并保持合理的饲养密度，转入后 1～7 d 注意饲料的逐渐过渡，饲料中适当添加一些抗应激药物，并控制饲料的喂量，少喂勤添，每日 3～4 次，以后自由采食。

(3)饮水设备应放置在显眼的位置，保证羊只饮用清洁卫生的饮水。保持圈舍和运动场的卫生，形成良好的小气候环境条件。根据季节变化，做好防寒保温、防暑降温及通风换气工作，控制舍内有害气体浓度，并尽量降低。

(4)做好羊只的免疫、驱虫和健胃等工作。后备羊配种前体内外驱虫 1 次，病羊应及时隔离饲养和治疗。

(5)做好发情鉴定工作，母羊发情记录从 5～6 月龄时开始。仔细观察初次发情期，以便在第 2～3 次发情时及时配种，并做好记录。

(6)喂料时仔细观察羊只的食欲情况；清粪时观察粪便的颜色；休息时检查呼吸情况。发现病羊，对症治疗，严重者隔离饲养，统一用药。

(7)育成羊 7～8 月龄转入配种空怀舍，应加强饲养管理，及时查情，母羊 8～10 月龄或体重达到 40 kg 左右时进行配种。

(8)每周消毒 2 次，每周消毒药更换 1 次。

任务 3 种公羊和母羊的饲养管理

一、种公羊的饲养管理

种公羊饲养管理是否合理科学，对羊群的繁殖、生产水平的提高有直接的影响，生产中必须加强种公羊的饲养管理，保证羊只均衡的营养状况力求常年健壮，提高种公羊的利用率价值，使生产正常进行。

(一)营养特点

种公羊的营养应维持在较高的水平，以使其常年精力充沛，保持中等以上膘情；配种季节前后，应加强种公羊的营养，保持中上等体况，使其性欲旺盛，配种能力强，精液品质好，充分发挥作用。种公羊精液中含高质量的蛋白质，绝大部分直接来自于饲料，因此种公羊日粮中应有足量的蛋白质。另外，还要注意脂肪，维生素 A、维生素 E 及钙、磷等矿物质的补充。秋冬季节种公羊性欲比较旺盛，精液品质好；春夏季节种公羊性欲减弱，食欲逐渐增强，这个阶段应有意识地加强种公羊的饲养，使其体况恢复，精力充沛。配种期种公羊性欲强烈，食欲下降，很难补充身体消耗，只有尽早加强饲养，才能保证配种季节种公羊性欲旺盛，精液品质好，圆满完成配种任务。

(二)饲养

1.非配种期

种公羊非配种期的饲养以恢复和保持其良好的种用体况为目的。配种结束后,种公羊的体况都有不同程度的下降。为使种公羊体况尽快恢复,在配种刚结束的1～2个月内,种公羊的日粮应与配种期基本一致,但对日粮的组成可作适当调整,加大优质青干草或青绿多汁饲料的比例,并根据体况的恢复情况,逐渐转为饲喂非配种期的日粮。

绵羊、山羊品种的繁殖季节大多集中在9～11月份,非配种期较长。在冬季,种公羊的饲养保持较高的营养水平,既有利于其体况恢复,又能保证其安全越冬度春。要做到精粗饲料合理搭配,补喂适量青绿多汁饲料(或青贮料)。在精料中应补充一定的矿物质微量元素,每天混合精料的用量不低于0.5 kg,优质干草2～3 kg,多汁饲料1.0～1.5 kg,胡萝卜0.5 kg。常年补饲骨粉和食盐,食盐5～10 g,骨粉5 g。夜间适当添加青干草1.0～1.5 kg,坚持放牧和运动。夏季以放牧为主,适当补饲精料。采用高频繁殖生产体系时,公羊的利用率更高。因此,种公羊全年均衡的营养供给和科学的饲养十分重要,配种前的公羊体重比进入配种期时要高10%～15%。

种公羊非配种期精料配方:玉米54.7%,麸皮12%,豆粕13.2%,生物饲料12%,磷酸氢钙1%,骨粉2.5%,石粉1.2%,食盐1.3%,碳酸氢钠1%,电解多维0.1%,预混料1%。

2.配种期

(1)配种预备期:指配种前40～45 d。这一时期日粮营养水平应逐步提高,到配种开始达到标准。日粮体积不能过大,以免形成草腹,影响配种或采精。在放牧的同时,应给公羊补饲富含蛋白质、矿物质、维生素等营养丰富的日粮。日粮应由公羊喜食的、品质好的多种饲料组成,其补饲量应根据种公羊的体重、膘情与采食次数决定,一般每日补饲混合精料0.4～0.6 kg、苜蓿干草或青干草3 kg、胡萝卜0.5 kg、食盐5～10 g、骨粉5～10 g的标准饲喂,胡萝卜须切碎之后再喂,精料每天分2～3次饲喂,饮水每天3～4次。有条件者还可根据种公羊的利用情况喂给牛奶或鸡蛋等。可每天让种公羊饮食新鲜牛奶0.5～1.0 kg或灌服(或拌料)鸡蛋2～3枚。

(2)正式配种期:种公羊在配种期内要消耗大量的养分和体力,日粮要求营养丰富全面,体积小,适口性好,易消化。因配种任务或采精次数不同,不同种公羊个体对营养的需要量相差很大。因此,要依据公羊的体况和精液品质及时调整日粮。一般对于体重80～90 kg的种公羊,每天饲料定额为混合精料1.2～1.4 kg,苜蓿干草或野干草2 kg,胡萝卜0.5～1.5 kg,食盐15～20 g,骨粉5～10 g,鱼粉或血粉5 g。对于配种任务繁重的优秀种公羊,每天应补饲1.5～2.0 kg的混合精料,并在日粮中增加部分动物性蛋白质饲料(如蚕蛹粉、鱼粉、肉骨粉等),以保持其良好的精液品质。

种公羊配种期精料配方:玉米50%,麸皮9%,豆粕20%,生物饲料6%,磷酸氢钙1%,骨粉5%,石粉0.3%,食盐1.6%,碳酸氢钠1%,电解多维0.1%,预混料1%。

在配种期,配好的精料要均匀地撒在食槽内,经常观察种公羊食欲的好坏,以便及时调整饲料,判别种公羊的健康状况。种公羊要远离母羊,否则,母羊的鸣叫及发出的气味易被公羊嗅到或听到,影响种公羊的正常生活。

(三)管理

管理上必须选派责任心强,有放牧经验的牧工担任。种公羊要与母羊分群饲养,以避免发生偷配,造成系谱不清、乱交滥配、近亲繁殖等现象的发生。种公羊必须给予多样化的饲草饲料,配种期的日粮应按种公羊日粮标准供应,使种公羊保持良好的体质、旺盛的性欲以及正常的采精配种能力。种公羊圈舍要求宽敞、清洁、干燥,并有充足的光线,必要时应添设灯光照射。放牧阶段,每天要保证充足的运动量,每天安排 4～6 h 的放牧运动。常年放牧条件下,应选择优良的天然牧场或人工草场放牧种公羊;舍饲羊场,在提供优质全价日粮的基础上,种公羊配种采精要适度,配种比例为 1∶(30～50)。

(四)饲养管理技术规程

1.准备阶段饲养管理工作日程(表 5-10)

表 5-10　种公羊准备阶段饲养管理工作日程

时间	饲养管理工作日程安排
8:00～10:00	运动、放牧、饮水、早饲
10:00～12:00	采精
12:00～15:00	休息、饮水
15:00～20:00	运动、放牧、饮水
20:00～21:00	晚饲、休息

2.配种阶段饲养管理工作日程(表 5-11)

表 5-11　种公羊配种阶段饲养管理工作日程

时间	饲养管理工作日程安排
7:00～9:00	运动、放牧、饮水、喂料(喂给日粮 1/2)
9:00～11:00	采精
11:00～12:00	饲喂、休息、运动
14:00～17:00	补饲、休息、采精
17:00～20:00	放牧、饮水
20:00～21:00	喂料(喂给日粮 1/2)、休息

3.饲养管理技术规范

(1)种公羊舍应坚固、宽敞、通风良好,保持舍内环境卫生良好。

(2)管理种公羊应固定专人,不可随意更换。应注意防止公羊互相角斗,定期对公羊进行健康检查。

(3)种公羊在非配种期以放牧为主,适量补饲;冬春舍饲应供给多样化的饲草料与多汁饲料。

(4)在配种开始前 1 个月应做好采精公羊的排精、精液品质检查和对初次参加配种公羊的调教工作。

(5)配种开始前45 d起,逐渐增加日粮中蛋白质、维生素、矿物质和能量饲料的含量。

(6)配种期要保证种公羊每天能采食到足量的新鲜牧草,并按配种期的营养标准补给营养丰富的精料和多汁饲料。

(7)配种期种公羊除放牧外,每天早晚应缓慢驱赶运动各1次,在放牧与运动时应远离母羊群。

(8)定期检查种公羊,保证公羊精神状态良好、性欲强,要做好驱虫、防疫和健胃工作,发现病羊应及时治疗。

二、母羊的饲养管理

对繁殖母羊,要求保持较高的营养水平,以达实现多胎、多产、多壮的目的。母羊饲养分空怀期、妊娠期和哺乳期3个阶段。

(一)空怀期

空怀期的饲养任务是恢复母羊体况,增加体重,补偿哺乳期消耗。由于各地产羔季节不同,母羊空怀季节也有差异。我国北方地区产冬羔的母羊一般5～7月份为空怀期;产春羔的母羊一般8～10月份为空怀期。此阶段饲养以粗饲料为主,延长饲喂时间,每天饲喂3次,并适当补饲精料。空怀母羊这个时期已停止泌乳,但为了维持正常的生理需要,必须从饲料中吸收满足最低营养需要量的营养物质。空怀母羊需要的风干饲料为体重的2.4%～2.6%。管理上重点应注意观察母羊的发情状况,做好发情鉴定,及时配种,以免影响母羊的繁殖。

在空怀前期,有条件的地区放牧即可,无条件放牧的区域采取放牧加补饲。其日粮的标准为:混合精料0.2～0.3 kg,干草0.3～0.5 kg,秸秆0.5～0.7 kg。配种前1～1.5个月进行短期优饲,增加优质干草、混合精料,提高母羊配种时的体况,以达到发情整体、受胎率高、产羔整齐、产羔数多。为保证种母羊在配种季节发情整齐、缩短配种期、增加排卵数和提高受胎率,在配种前2～3周,除保证青饲草的供应、适当喂盐、满足饮水外,还要对繁殖母羊进行短期补饲,每只每天喂混合精料0.2～0.4 kg,这样做有明显的催情效果。空怀期母羊的饲养管理工作日程见表5-12。

表5-12　空怀期母羊的饲养管理工作日程

时间	饲养管理工作日程安排
6:30～7:30	观察羊群、饲喂、治疗
8:00～8:30	发情检查、配种
9:00～11:30	运动场驱赶运动,清理卫生和其他工作
11:30～14:00	休息
14:00～17:00	放牧或运动场运动,其他工作
17:00～17:30	发情检查、配种
17:30～18:30	饲喂,其他工作

(二)妊娠期

母羊在配种后17～20 d内不发情,表明其已受胎妊娠。妊娠期分为妊娠前期和妊娠后期,此阶段的饲养管理对胎儿的生长及羔羊的初生重、健康状况和羔羊成活率都相当重要。

1.饲养

(1)妊娠前期:妊娠前期是指母羊妊娠的前3个月。此时多为秋、冬季节,胎儿生长发育较慢,重量仅占羔羊初生重的10%。尤其母羊怀孕第1个月,受精卵在未形成胎盘之前,很容易受外界饲喂条件的影响,例如,喂给母羊变质、发霉或有毒的饲料,容易引起胚胎早期死亡,母羊的日粮营养不全面,缺乏蛋白质、维生素和矿物质等,也可能引起受精卵中途停止发育,所以母羊怀孕第1个月左右的饲养管理是保证胎儿正常生长发育的关键时期。此时胎儿尚小,母羊所需的营养物质虽要求不高,但必须营养全面。妊娠前期母羊对粗饲料的消化能力较强,只要搞好放牧,维持母羊处于配种时的体况即可满足其营养需要。进入枯草季节后,为满足胎儿生长发育和组织器官分化对营养物质的需要,应适当补饲一定量的优质青干草、青贮饲料等。日粮可由50%的优质青干草,35%的玉米秸秆或青贮饲料,15%混合精料组成。维生素、微量元素适量,自由舔食盐砖。

(2)妊娠后期:妊娠后期是指母羊妊娠的后2个月。这时胎儿生长发育快,约为初生重的90%。妊娠第4个月,胎儿平均日增重40～50 g;妊娠第5个月日增重高达120～150 g,且骨骼已有大量的钙、磷沉积。母羊妊娠的最后1/3时期,对营养物质的需要增加40%～60%,钙、磷的需要增加1～2倍。此外,母羊自身也需贮备营养,为产后泌乳做准备。如果营养不足,不但羔羊初生重小,抵抗力弱,成活率低,而且母羊体质差,泌乳量低。因此,母羊在妊娠前期的基础上,能量和可消化粗蛋白质可分别提高20%～30%和40%～60%,日粮的精料比例提高到20%～30%。在产前1周,要适当减少精料的喂量,以免胎儿体重过大,造成难产。如果该时期正值枯草季节,除放牧以外,每只羊每日补饲青干草1.5～2.0 kg,青贮饲料1.0～1.5 kg,混合精料0.4～0.6 kg,产双羔或三羔的母羊再增加0.2～0.3 kg精饲料,胡萝卜0.5 kg,食盐10.0 g,骨粉10 g。产前10 d左右多喂一些多汁饲料,以促进乳汁分泌。

2.管理

(1)做好防流保胎工作:饲草、饲料一定要优良,严禁饲喂冰冻、发霉、变质和霉变的饲草饲料。每天要密切注意羊只状态,强调"稳、慢",羊只出去圈舍要平稳、严防拥挤,不驱赶、不惊吓,提防角斗,不跨沟坎,不让羊走冰滑地,抓羊、堵羊和其他操作时要轻。羊圈面积要适宜,每只羊在2～2.5 m^2为宜,防止过于拥挤或由于争斗而产生顶伤、挤伤等机械伤害,造成流产。

母羊妊娠后期仍可以放牧,但要选择平坦开阔的牧场,保持一定的运动,有利于胎儿的生长,产羔时不易发生难产,出牧、归牧不能紧迫急赶。对于可能产双羔的母羊及初次参加配种的小母羊要格外加强管理。母羊临产前1周左右,放牧时不得走远,应在羊舍附近做适量的运动,以保证分娩时能及时回到羊舍。

(2)保证清洁的饮水:不饮冰冻水、变质水和污染水,最好饮井水,可在水槽中撒些玉米面、豆面,以增加羊只饮水欲。

(3)做好防寒工作:秋、冬季节逐渐下降,一定要封好羊舍的门窗和排风洞,防止贼风,以降低能量消耗。

母羊产前2周左右,应适当控制粗料的饲喂量,尽可能喂些质地柔软的饲料,如氨化、微贮或盐化秸秆以及青绿多汁饲料，精料中要增加麸皮喂量，以利于通肠利便。母羊分娩前 7 d 左右，应根据母羊的消化、食欲状况，减少饲料的喂量。

产前 2～3 d，若母羊体质好，乳房膨胀并伴有腹下水肿，应从原日粮中减少 1/3～1/2 的饲料喂量，产羔当天不给母羊喂精料，喂易消化的青草或干草，饮温热的麸皮水，加放一些食盐和红糖，以防母羊分娩初期乳量过多或乳汁过浓而引起母羊乳腺炎、回乳和羔羊消化不良而下痢；对于比较瘦弱的母羊，如若产前 1 周乳房干瘪，除减少粗料喂量外，还应适当增加豆饼、豆浆或豆渣等富含蛋白质的催乳饲料，以及青绿多汁的饲料，以防母羊产后缺奶。母羊产后逐渐增加精料喂量，10～14 d 增到最大喂量。妊娠期母羊的饲养管理工作日程见表 5-13。

表 5-13　妊娠期母羊的饲养管理工作日程

时间	饲养管理工作日程安排
5:30～6:00	观察羊只，清洗料槽和水槽
6:00～7:00	饲料的准备与拌料
7:00～9:00	饲喂、休息、运动
9:00～10:30	清扫羊舍、换水
10:30～14:00	羊只运动、休息、反刍，运动场补饲
14:00～15:30	观察羊只、清洗料槽，准备饲料、拌料
15:30～17:30	喂料、运动、休息
17:30～18:30	清理羊舍
18:30～5:30	羊只休息

(三)哺乳期

1. 饲养

母羊产羔后进入哺乳期，哺乳期为 3～4 个月。生产中，将哺乳期划分为哺乳前期和哺乳后期。哺乳前期是羔羊生后前 2 个月，此时，母乳是羔羊的主要营养物质，尤其是出生后 15～20 d 内，几乎是唯一的营养物质，测定表明，羔羊每增重 1 kg 需哺乳 5～6 kg，因此，这一阶段的主要任务是保证母羊有充足的乳汁。为保证母羊的母乳力，除放牧外，必须补饲青干草、多汁饲料和精饲料。产单羔的母羊每天补饲混合精料 0.3～0.5 kg，产双羔的母羊和高产母羊每天补给混合精料 0.5～0.7 kg，产单、双羔母羊均补饲优质干草 3～3.5 kg，胡萝卜 1.5 kg。冬季尤其要补饲多汁饲料。

哺乳期母羊精料配方：玉米 53.2%，麸皮 8%，豆粕 6%，棉籽粕 12%，生物饲料 14%，磷酸氢钙 1%，石粉 1.2%，食盐 2%，碳酸氢钠 1.2%，电解多维 0.1%，预混料 1%。

哺乳后期母羊的泌乳能力逐渐下降，即使加强补饲，也很难达到哺乳前期的泌乳水平，而且羔羊的瘤胃功能已趋于完善，能采食一定的青草和粉碎的饲料，对母乳的依赖程度减小，饲养上应注意恢复母羊体况和为下一次配种做准备。因此，对母羊可逐渐降低补饲标准，一般混合精料可降至 0.3～0.4 kg，青干草 1.0～2.0 kg，胡萝卜 1.0 kg。羔羊断奶前几天，要减少多汁饲料和混合精料的喂量，以免发生乳腺炎。

2.管理

对产后母羊的护理应注意保暖、防潮、避免伤风感冒，要保持圈舍卫生干燥、清洁和安静。产羔后 1 h 左右，应给母羊饮 1.0～1.5 L 温水或豆浆水，切忌饮冷水。同时要喂给优质干草，前 3 d 尽量不喂精饲料，以免引发乳腺炎。饲喂精饲料时，要由少到多逐渐增多。随着母羊初乳阶段的结束，精料量和青饲料可逐渐增至预定量。经过助产的母羊，要向子宫注入适量的抗菌素，对难产的母羊要精心的治疗。

早春时节天气仍然寒冷，对产羔舍要采取保温措施，不能有贼风侵入，舍内地上要垫上清洁柔软的垫料。产羔舍在母羊未进入前要彻底消毒，以后每隔 5 d 用消毒剂喷洒 1 次。临产的母羊要提前 1～2 周进入产房。产前 20 d 必须喂低钙日粮，日粮中的钙含量以 0.2%为宜，产后立即增到 0.8%，可防止母羊产后瘫痪。产前 5～6 d 给母羊注射维生素 D 也能有效预防产后瘫痪。产后立即注射催产素 5～10 IU、产后康 2 支，预防产褥热、乳腺炎、子宫炎的发生，促进母羊子宫早日复原，尽早发情配种。也可灌服益母草汤。

产后 30 d 进行有关疫苗的预防注射。配种前驱虫，有利于母羊怀孕，防止由寄生虫引起流产。畜卫佳粉剂驱除母羊体内线虫和体表寄生虫效果好，丙硫苯咪唑能驱除绦虫、吸虫、线虫等，两者合用具有很好的互补作用。一般在母羊产后 40～60 d 配种，不能自然发情的要进行人工催情。母羊配种前体重每增加 1 kg，产羔率可提高 2.1%。在配种前 20 d 增加精饲料的喂量，特别是能量饲料，能明显提高母羊的受胎率。哺乳期母羊的饲养管理工作日程见表 5-14。

表 5-14　哺乳期母羊的饲养管理工作日程

时间	饲养管理工作日程安排
5:30～6:00	观察羊只，清洗料槽和水槽
6:00～7:00	饲料的准备与拌料
7:00～9:00	羔羊吃乳、饲喂、休息、运动
9:00～10:30	清扫羊舍、换水
10:30～12:00	羔羊吃乳、喂料
12:00～14:00	羊只运动、休息、反刍，运动场补饲
14:00～15:30	观察羊只、清洗料槽，准备饲料、拌料
15:30～17:30	羔羊吃乳、喂料、运动、休息
17:30～18:30	清理羊舍、观察羊群、羔羊吃乳、
18:30～5:30	羊只休息

(四)母羊饲养管理技术规范

(1)母羊应安排到牧草丰茂的草场放牧，以使其迅速增膘，保证配种时达到良好的体况。若草场条件差，配种前应适当补饲一定量的精料，补饲量一般为 0.2～0.3 kg。

(2)配种前应做好免疫、健胃等工作，应调整好母羊群，及时淘汰老弱病残的个体，补充优秀的后备母羊。

(3)已配与未配母羊应分群饲养,加强未配母羊的放牧和试情,防止遗漏发情母羊而错失配种时机。

(4)妊娠母羊在妊娠前期(前13周)以放牧为主,妊娠后期(后8周)应采取放牧加补饲或全舍饲饲养。

(5)母羊妊娠期应做好保胎工作,妊娠母羊圈门要宽大,防拥挤、防急行、防滑跌、防跳沟、防惊群,禁止饮冰渣水,禁喂发霉变质的饲草料。

(6)母羊产羔前应修剪后腿内侧及乳房周围的羊毛,对难产母羊、体弱母羊应做好人工助产,产后要经常检查乳房和外阴户,及时治疗病变。

(7)哺乳母羊一般采取舍饲或就近放牧,除供给足量的精料外,应尽可能补饲多汁饲料或青贮饲料,保证充足的饮水,以增加泌乳量。

(8)母羊舍应保持干燥、卫生,定期或不定期消毒。

(9)要经常仔细、认真观察羊只的精神状态、采食饮水、粪便颜色等,发现病变应及时治疗。

三、成年羊育肥技术

成年羊育肥时应按照品种、活重和预期增重等主要指标确定育肥方案和日粮标准。育肥方式可根据羊的来源和牧草生长季节来选择。

(一)选羊与分群

要选择膘情中等、身体健康、牙齿好的羊只育肥,淘汰膘情很好和极差的羊。挑选出来的羊应按体重大小和体质状况分群,一般把相近情况的羊放在同一群育肥,避免因强弱争食造成较大的个体差异。

(二)准备工作

育肥前,应对羊只进行全面健康检查,凡病羊均应治愈后育肥。过老、采食困难的羊只不宜育肥,淘汰公羊应在育肥前10 d左右去势。育肥羊在进入育肥前应注射肠毒血症三联苗,并进行驱虫,同时在圈内设置足够的水槽和料槽,并进行环境(羊舍及运动场)清洁与消毒。

(三)育肥技术

1. 育肥时间

成年羊的整个育肥期可分为预饲期(15 d)、正式育肥期(30～50 d)和出栏期3个阶段:①预饲期。主要任务是让羊只适应新的环境和适应饲料、饲养方式的转变,并完成健康检查、注射疫苗、驱虫、分群、灭癣等生产操作,预饲期以粗饲料为主,适当搭配精饲料,并逐渐将精饲料的比例提高到40%～50%。②正式育肥期。精料的比例可提高到60%。其中玉米、大麦等籽实类能量饲料可占80%左右。③出栏期。当育肥羊的育肥期达到50 d时必须出栏,此时成年羊的生长发育已经基本停止,羊的生长发育速度和饲料利用率较低,若延长育肥时间则经济效益较低。

2. 育肥方式

(1)放牧——补饲型:夏季,成年羊的育肥以放牧为主,其日采食青绿饲料可达5～6 kg,

精料 0.4～0.5 kg，育肥平均日增重为 140 g 左右。秋季，主要选择老龄羊或淘汰羊进行育肥，育肥期一般为 80～100 d，首先利用农田茬地或秋季牧场放牧，待膘情好转后，直接转入育肥舍进行短期强度育肥。此种育肥典型的日粮组成如下。

配方一：禾本科干草 0.5 kg，青贮玉米 4.0 kg，碎谷粒 0.5 kg。此配方日粮中的干物质含量为 40.60%，代谢能 17.974 MJ，粗蛋白质 4.12%，钙 0.24%，磷 0.11%。

配方二：禾本科干草 0.5 kg，青贮玉米 3.0 kg，碎谷粒 0.4 kg，多汁饲料 0.8 kg。此配方日粮中的干物质含量为 40.64%，代谢能 15.884 4 MJ，粗蛋白质 3.83%，钙 0.22%，磷 0.10%。

（2）颗粒饲料型：此法适用于有饲料加工条件的地区和饲养的羊为肉用成年羊或羯羊。典型的日粮组成如下。

配方一：禾本科草粉 30.0%，秸秆 44.5%，精料 25.0%，磷酸氢钙 0.5%。此配方每千克饲料中干物质含量为 86%，代谢能 7.106 MJ，粗蛋白质 7.4%，钙 0.49%，磷 0.25%。

配方二：秸秆 44.5%，草粉 35.0%，精料 20.0%，磷酸氢钙 0.5%。此配方每千克饲料中干物质含量为 86%，代谢能 6.897 MJ，粗蛋白质 7.2%，钙 0.48%，磷 0.24%。

（四）饲养管理要点

1. 选择理想的日粮配方

选好日粮配方后，应严格按比例称量配制日粮。为提高育肥效益，应充分利用天然牧草、秸秆、树叶、农副产品等，应多喂青贮饲料和各种藤蔓等，同时适当加喂大麦、米糠、菜籽饼等精饲料。

2. 合理安排饲喂制度

成年羊的日喂量依配方不同有一定的差异，一般要求每天饲喂 2 次，日喂量以饲槽内基本无剩余饲料为标准。

3. 合理使用添加剂

肉羊育肥中，饲喂一定量的饲料添加剂可以改善羊的代谢机能，提高羊的采食能力、饲料利用率和生产效益。

（1）瘤胃素：又称莫能菌素、莫能菌素钠。瘤胃素作为一种离子载体，主要作用是控制和提高瘤胃发酵效率，提高饲料的利用效率，既能减少瘤胃蛋白质的降解，使过瘤胃蛋白质的数量得到增加，又可提高到达胃的氨基酸数量，减少细菌进入胃内，同时还可影响碳水化合物的代谢，抑制瘤胃内乙酸的产量，提高丙酸的比例，保证给羊提供更多的有效能。试验表明，舍饲条件下绵羊饲喂瘤胃素，饲料利用率可提高 27%。

（2）非蛋白氮添加剂：最常用的是尿素，使用时，其添加量为日粮干物质的 1%或混合料的 2%。饲喂时，要让羊只有一个适应的过程，一般 10 d 左右达到规定的剂量，必须与其他饲料充分混合均匀，切忌一次性投喂，以免尿素水解速度过快而导致中毒。

任务 4　羊的放牧饲养技术

羊的生活习性与消化特点决定了羊适宜放牧饲养。放牧饲养的优势是能充分利用天然的植物资源、降低养羊生产成本及增加运动量而有利于羊体健康等。因此，在我国广大地区，尤其是牧区和农牧交错地区应广泛采用放牧饲养方式来发展养羊业。

一、放牧羊群的组织

我国放牧羊群的规模受放牧场地的影响而差别较大。繁殖母羊牧区以 250～500 只、半农半牧区以 100～150 只，山区以 50～100 只，农区以 30～50 只为宜；育成公羊和母羊可适当增加，核心群母羊可适当减少；成年种公羊以 20～30 只，后备种公羊以 40～60 只为宜。

二、放牧方式

放牧方式是指对牧场的利用方式。目前，我国的放牧方式可分为固定放牧、围栏放牧、季节轮牧和小区轮牧 4 种。

(一)固定放牧

固定放牧是指羊群一年四季在一个特定区域内自由放牧采食。这是一种原始的放牧方式，不利于草场的合理利用与保护，载畜量低，单位草场面积提供的畜产品数量少，每个劳动力所创造的价值不高，羊的数量与草地生产力之间自求平衡，当草场不能满足羊的营养需要量时，羊只就会出现死亡现象，严重影响养羊生产发展。

(二)围栏放牧

围栏放牧是指根据地形把放牧场围起来，在一个围栏内，根据牧草所提供的营养物质数量，结合羊的营养需要量，安排一定数量的羊只放牧。此方式能合理利用和保护草场，对固定草场使用权也起着重要的作用。

(三)季节轮牧

季节轮牧是指根据四季牧场的划分，按季节轮流放牧。这是我国牧区目前普遍采用的放牧方式，能较合理利用草场，提高放牧效果。为了防止草场退化，可定期安排休闲牧地，以利于牧草恢复生机。

(四)小区轮牧

小区轮牧又称分区轮牧，是指在划定季节牧场的基础上，根据牧草的生长、草地生产力、羊群的营养需要和寄生虫侵袭动态等，将牧地划分为若干个小区，羊群按一定的顺序在小区内进行轮回放牧。

不管采用哪种方式放牧，都要按时给羊饮水，定期喂盐，经常数羊。饮水要清洁，不饮池塘死水，以免感染寄生虫病。饮水次数随季节、气候、牧草含水量的多少而有差异。四季都必须喂盐，若羊流动放牧，可间隔 5～10 d 喂盐 1 次。

三、放牧羊群的队形与控制

为了控制羊群游走、休息和采食时间，使其多采食、少走路而有利于抓膘，在放牧实践中，应通过一定的队形来控制羊群。羊群的放牧队形名称甚多，但基本队形主要有"一条鞭"和"满天星"2 种。放牧队形应根据地形、草场品质、季节和天气灵活应用。

(一)"一条鞭"放牧

"一条鞭"放牧是指羊群放牧时排列成"一"字形的横队(图 5-1)。横队一般有 1～3 层。放牧员在羊群前面控制羊群前进的速度，使羊群缓缓前进，并随时命令离队的羊只归队，如有助手可在羊群后面防止少数羊只掉队。出牧初期是羊采食高峰期，应控制住领头羊，放慢前进速度；当放牧一段时间，羊快吃饱时，前进的速度可适当快一点；待到大部分羊只吃饱后，羊群出现站立不采食或躺卧休息时，放牧员在羊群左右走动，不让羊群前进；羊群休息反刍结束，再继续前进放牧。此种放牧队形，适用于牧地比较平坦、植被比较均匀的中等牧场。春季采用这种队形，可防止羊群"跑青"。

图 5-1 "一条鞭"放牧

图 5-2 "满天星"放牧

(二)"满天星"放牧

"满天星"放牧是指放牧员将羊群控制在牧地的一定范围内让羊只自由散开采食(图 5-2)，当羊群采食一定时间后，再移动更换牧地。散开面积的大小主要决定于牧草的密度。牧草密度大、产量高的牧地，羊群散开面积小，反之则大。此种队形，适用于任何地形和草原类型的放牧地。对牧草优良、产草量高的优良牧场或牧草稀疏、覆盖不均匀的牧场均可采用。

总之，不管采用何种放牧队形，放牧员都应做到"三勤"(腿勤、眼勤、嘴勤)、"四稳"(出入圈稳、放牧稳、走路稳、饮水稳)、"四看"(看地形、看草场、看水源、看天气)，宁为羊群多磨嘴，不让羊群多跑腿，保证羊一日三饱。否则，羊走路多，采食少，不利于抓膘。

四、四季放牧技术

(一)四季牧场的选择

不同季节、不同地形牧草生长情况不同。因此，必须按照季节、牧草、地形特点选择牧场，以利于放牧管理。春季牧场应选择在气候较温暖，雪融较早，牧草最先萌发，离冬季牧场较近的平川、盆地或浅丘草场；夏季牧场应选择气候凉爽，蚊蝇少，牧草丰茂，有利于增加羊只采食量的高山地区；秋季牧场的选择和利用，可先由山顶到山腰，再到山底，最后放牧到平滩地，利于抓好秋膘，此外，秋季还可利用割草后的再生草地和农作物收割后的茬子地放牧抓膘，冬季牧场应选择在背风向阳、地势较低的暖和低地和丘陵的阳坡。一般平原、丘陵地区按照“春洼、夏岗、秋平、冬暖”选择牧地；山区按照“东放阳坡、春放背、夏放岭头、秋放地”选择牧地。

(二)四季放牧技术规程

1.放牧的基本要求

(1)合理选择放牧地。放牧草场应根据保护生态、保护环境、不危及人畜健康、水源充足的原则来选择与确定。组群大小依据草场类型、草地面积来确定。

(2)放牧要做到“出入圈稳、放牧稳、行路稳、饮水稳”，达到羊只走慢、吃跑、低消耗、快增膘，并掌握好放牧方法，按季节采取“冬春一条鞭、夏秋满天星”。

(3)放牧要坚持跟群放牧，做到人不离群，以防意外事故的发生，并随时掌握天气的变化，边赶边牧，不可行程过远，行走过快。

(4)应根据不同的草场类型补饲适量的食盐与矿物质，最好在草场或羊舍内放置含多种微量元素和矿物质的舔食砖，任羊自由舔食。

(5)定期修蹄，对个别羊蹄甲过长的要在春季出牧前和入冬前进行修蹄，以防止蹄甲过长影响放牧和转场。

2.春季放牧技术规程

(1)春季放牧场应选在距离羊舍较近、气候温暖的阳坡地带。

(2)转入春季草场前应给羊只修剪眼部、后腿内侧及尾根下的长毛。

(3)羊只经过漫长的冬季，膘情差，体质弱，易出现“春乏”现象。此时牧草刚萌发，因此，放牧时要求控制羊群，挡住强羊，看好弱羊，防止“跑青”。

(4)开始放青时放牧手法宜紧，采取前挡后让、“一条鞭”形式，放牧草坡应先放阴(干草坡)后放阳(青草坡)，逐步增加青草的采食量，以促进羊群复壮。

(5)坚持早出晚归，延长放牧时间，注意牧地的轮换利用。

3.夏季放牧技术规程

(1)羊群经过春季放牧后，其体力逐渐得到恢复。此时牧草丰茂，正值开花期，营养价值较高，是抓膘的好时期。采取早出晚归，中午最热时应安排在阴凉处放牧或休息。

(2)采用“满天星”放牧队形和“背阳放牧、顺光吃草”的放牧方法。做好划区轮牧，严禁过牧。同时，应注意补充食盐和其他矿物质。避免气候炎热、潮湿、蚊蝇骚扰对羊群抓膘的影响。

(3)做好雨天或雨后的管理。大雨、阵雨应停牧，雨后应晾好羊群，防止卧地时间过长受潮患病。夜间休息应选择地势较高且干燥的地方或归牧入圈。

4.秋季放牧技术规程

(1)秋季牧草结籽，营养丰富，秋高气爽，气候适宜，是羊群抓油膘的黄金季节。初秋季节应早出晚归，先远后近；晚秋如有霜冻，则宜晚出晚归，抓好秋膘。

(2)放牧方法采用压茬放牧，先熟坡后生坡，多放牧阳坡少放牧阴坡，做到“熟坡一条鞭，生坡满天星”，禁止在针茅草、苍耳等影响羊毛质量的牧场放牧。

(3)配种季节配种母羊应安排在水草丰茂、距离配种站较近的草地放牧。

(4)在农牧交错区，秋收后应安排羊群抢茬放牧，充分利用茬地作物秸秆和农副产品。

5.冬季放牧技术规程

(1)冬季放牧应注意保膘、保胎，促使羊只安全越冬。

(2)冬季牧场应选择牧草丰盛、背风向阳的山前谷地。采用先阴坡后阳坡、先高地后低地，先远后近的放牧原则，充分利用冬季草场。对瘦弱病残羊应安排在较近的阳坡地放牧。

(3)傍晚归牧后应适当补饲草料，注意圈舍保温防寒，每天饮水1～2次，防止羊只卧冰饮雪。

(4)放牧羊群的前进速度宜慢，不跳沟、不惊吓，出入圈舍不拥挤，以利于羊群保胎。

(5)在羊舍附近划出草场，以备大风雪天或产羔期利用。

(三)放牧羊的补饲

我国广大牧区，寒冷季节长达6～8个月之久，气候严寒，牧草枯黄，品质下降，特别是粗蛋白质含量严重不足。牧草生长期粗蛋白质含量为13.6%～15.57%，而枯草期则下降至2.26%～3.28%。另外，冬、春季节是全年气温最低，能量消耗最大，母羊妊娠、哺乳、营养需要增多的时期。此时单纯依靠放牧不能满足羊的营养需要，特别是生产性能较高的羊，更有必要进行补饲以弥补营养的不足。

1.补饲时间

补饲开始的早晚，应根据羊群具体情况与草料储备情况来定，原则上是从体重开始出现下降时补起，最迟也不能晚于12月份。补饲过早，不利于降低饲养成本；补饲过晚，羊只已掉膘乏瘦，体力和膘情难以恢复，达不到补饲目的。“早喂在腿上，晚喂在嘴上”，就深刻说明了这个道理。而一旦开始补饲，就应连续进行，直至能接上吃青。

2.补饲方法

补饲既可在出牧前进行，也可以安排在归牧后。如果仅补草，最好安排在归牧后；若草、料都补，则可以在出牧前补料，归牧后补草。在草、料利用上，应先喂质量较次的草，后喂较好的草。在草、料分配上，应保证优羊优饲，对于种公羊和核心群母羊的补饲应多些。其他羊则可按先弱后强、先幼后壮的原则来进行补饲。补草时最好用草架，既可以避免饲草的浪费，又可以减少草渣、草屑混入被毛，影响羊毛质量。饲喂青贮时，特别注意妊娠母羊，妊娠后母羊若采食过多，会因酸度过高而引起流产。补饲量一般可按每只羊每日补干草0.5～1.0 kg和混合精料0.1～0.3 kg。

(四)不同季节工作具体安排

不同季节工作具体安排见表5-15。

表 5-15 不同季节工作具体安排

（苗志国，常新耀.羊安全高效生产技术，2013.）

季节	任务	时间	不同季节工作具体安排
春季（3～5月份）	保膘保羔，全产全活，适时配种，挡羊放牧，适时种草，选种建档，剪毛药浴，防疫驱虫，推广种羊	3月1日至4月20日	接产育羔，全产全活；母羊保膘，挡羊放牧
		3月1日至5月15日	适配保胎，这是实现两年三产的保证，防疫驱虫，为健康度春和抓好夏膘奠定基础
		3月20日至4月20日	对基础母羊、断奶羔羊和种羊进行鉴定，建立基本档案，选优汰劣，示范点羊群编号、建档等
		4月10日至5月1日	适时种草，推广种羊，剪毛药浴，制定秋季配种计划和种公羊调换计划
		5月1日至至月31日	做好羊只吃到青饲草的过渡，逐渐减少干饲料和精料，增加青饲料；加强羔羊培育，有计划地推广种羊
夏季（6～7月份）	抓膘育羔，避热防暑，准备秋配，贮备干草	6月1日至7月31日	始终抓好全舍饲或半放牧羊的膘情，夏膘达到中上水平；做好防暑工作，不必洗羊；按夏季管理日程饲喂，同时抓好断奶后青年羊的培育
		6月20日至7月31日	调换好的种羊，抓好种公羊秋配前的抓膘、精液品质检查等准备工作
		7月10日至10月31日	抓住晴天，将多余牧草制成干草，备冬春使用
秋季（8～10月份）	抓膘配种，接产育羔，贮备料草，适时配种，防疫驱虫，剪毛药浴，选种建档，推广种羊	8月1日至7月31日	抓好秋膘，达到满膘配种，使多数母羊在2个情期内配种受胎，公羊始终保持中上等膘情；部分春季受胎母羊产春羔，要做好接产育羔工作
		8月1日至9月20日	抓紧时机种草，为来年青草期提供优质高产饲草；对所有种公羊、种母羊和断奶春羔进行鉴定，选优去劣
		9月1日至9月20日	做好秋季防疫驱虫工作，进行秋季剪毛、药浴
		9月21日至10月15日	抓好青贮、微贮、氨化和收购青干草工作，保证羊只越冬度春；做好羊只由青草期转入枯草期的准备工作
		10月1日至10月31日	准备好羊只越冬的精饲料；下半月做好由青草期向枯草期的过渡，做好防风保暖，消毒灭病工作；同时做好种羊的选留和推广工作
冬季（11月份至翌年2月份）	防寒保暖，保膘保胎，精心饲管，接产育羔，全活全壮，肉羊出栏	11月1日至翌年2月28日	做好防寒保暖工作，精心安排日粮，搞好饲养管理，达到保膘保胎、全产全活、全活全壮的目的，做好必要的检查、交流活动
		11月1日至12月31日	抓好育肥羊的后期催肥，适时出栏。此期羊只不掉膘是来年春季保膘的基础，必须给予足够重视
		12月1日至12月31日	做好年终总结，肯定成绩，总结经验教训，为来年的发展奠定基础，同时做好下一年度生产计划

五、绵羊的剪毛技术

(一)剪毛的次数和时间

细毛羊、半细毛羊及其生产同质毛的杂种羊,一年内一般只在春季进行一次性剪毛。粗毛羊和生产异质毛的杂种羊,可在春、秋季节各剪毛一次。剪毛的具体时间,依据当地的气候变化而定。粗毛羊除春季剪一次外,秋季 9～10 月份再剪一次。

(二)剪毛前的准备工作

1. 羊只的准备

(1)按照剪毛计划及时调整羊群,以保证剪毛工作的顺利进行。剪毛应从低价值羊开始,同一品种,应按羯羊、试情公羊、幼龄羊、母羊和种公羊的顺序进行。不同品种,应按粗毛羊、杂种羊、细毛羊或半细毛羊的顺序进行。这样剪毛人员用价值较低的羊熟练剪毛技术,以保证能剪好高价值羊的毛。

(2)剪毛前 12 h,停止放牧、饮水和喂料,保证剪毛时空腹。以免剪毛时粪便污染羊毛和发生伤亡事故。患皮肤病和外寄生虫病的羊最后剪毛,剪完后将房舍、用具等严格消毒。

(3)羊只剪毛前 2～3 h 先赶入较集中的羊圈,靠相互的体温使羊毛脂软化,便于剪毛。

2. 设备及配件准备

(1)磨刀机配置。磨刀机分为油磨(润滑油和磨刀砂)和干磨(砂纸分为 40＃～80＃)。每 10 台电剪宜配备 1 台磨刀机。定动刀片配置比例为 1 个定刀片配 2 个动刀片。

(2)其他配件配置。剪毛现场宜有 1 套以上的备用剪毛设备,易损零部件及其维修工具。备有适量的润滑油和消毒液,足够的定动刀片、砂纸。

3. 工作人员要求

剪毛人员必须接受过培训及安全知识教育,并考核合格后方可参加剪毛工作。剪毛应配置兽医人员、羊只运送、粪便碎散毛清洁人员、送毛人员及分级打包人员。

(三)剪毛场地条件要求

(1)场地开阔平整干燥,且采光、通风良好。剪毛车间应有 2 m 以上高度,便于剪毛设备的安装。场地应相对隔离,防止非工作人员进入。2 个剪毛手之间至少应保留 1.5 m 以上的距离。

(2)剪毛台高于地面 15～25 cm,其材质可以为木板、水泥、水磨石等,或用帆布、塑料布与地面分隔。但禁止使用聚丙烯、油漆等易引起异性纤维污染的材料。

(3)剪毛场地在使用之前应清扫干净并消毒,剪毛过程中,应保持剪毛场地干净,杜绝异性纤维的污染。每剪完一只羊,及时清除场地上的杂物和碎散毛。

(4)每天剪毛结束后及时打扫卫生并消毒地面、墙壁、栏杆等。消毒后封闭,避免人员或羊只等其他动物进入造成污染。

(5)剪毛场所应提供安全稳定的 220 V 交流电。在没有电源的条件下,应有足够的摆放汽油、柴油发电机等。备有额定电压 220 V、额定电流 16 A 及以上的绝缘性能良好的连接电剪的电缆。

(6)剪毛场地备有灭火器等消防设施设备,另设有临时人医、兽医工作点,并备有相关紧急医疗措施所需药械药品。有较好的交通条件及交通工具,以防意外情况的发生。

(四)剪毛方法

剪毛方法有手工剪毛和机械剪毛 2 种。手工剪毛劳动强度大,每人每天可剪 20～30 只。机械剪毛速度快,质量好,效率比手工剪毛提高 3～4 倍。

不论是采用手工剪毛或机械剪毛,剪毛人员必须具备熟练的剪毛技术。剪子要紧贴皮肤,毛茬短,整齐均匀,不漏剪。切记不要剪伤母羊乳头和公羊睾丸。

剪毛时,先让羊左侧卧在剪毛台上,羊背靠剪毛员,腹部向外。从右后肋部开始由后向前剪掉腹部、胸部和右侧前后肢的羊毛。再翻转羊使其右侧卧下,腹部朝向剪毛员。剪毛员用手提直绵羊左后腿,从左后腿内侧剪到外侧,再从左后腿外侧至左侧臀部、背部、肩部直至颈部,纵向长距离剪去羊体左侧羊毛。然后使羊坐起,靠在剪毛员两腿间,从头顶向下,横向剪去右侧颈部及右肩部羊毛,同时剪去右侧被毛,最后检查全身,剪去遗留下的羊毛。

(五)操作注意事项

(1)剪毛时留毛茬高度在 0.5 cm 以内,严禁剪二刀毛。

(2)剪毛时一定按剪毛顺序进行,争取剪出套毛,保证套毛的完整。

(3)剪毛时应手轻心细,端平电剪,遇到皮肤皱褶处,应轻轻将皮肤展开再剪,防止剪伤皮肤。剪毛时不慎损伤皮肤时,应立即涂以碘酒消毒治疗。

(4)剪毛期间应尽可能防止羊只活动,搬动羊只及剪毛时动作必须轻柔,防止肠扭转。

(5)剪毛后不宜在茂盛的草地放牧,应控制羊的采食,以防引起消化不良。

(6)剪毛后 1 周内尽可能在离羊舍较近的草场放牧,以免突遇降温天气而造成损失。

(7)剪毛场地严禁人员随意走动,禁止吸烟、酗酒、大声喧哗和打闹。

六、绵羊的药浴

为预防和驱除羊体外寄生虫,避免疥癣发生,每年应在剪毛后 10 d 左右进行药浴。

(一)常用的药液及剂量(表 5-16)

表 5-16 羊药浴常用的药液及剂量

(程凌.养羊与羊病防治,2006.)

药液名称	使用剂量	药液名称	使用剂量
精制敌百虫	0.5%～1%	蝇毒灵	0.05%
辛硫磷	0.05%	氰戊菊酯	0.1%
消虫净	0.2%	速灭菊酯	80～200 mg/kg
蜱螨灵	0.04%	溴氰菊酯溶液	50～80 mg/kg

(二)药浴方法

常用的药浴方法有池浴、淋浴和盆浴 3 种。池浴和淋浴适用于大型羊场,农区饲养羊只数量较少的农户一般采用盆浴。

(三)药浴注意事项

(1)药浴前 8 h 停止喂料,药浴前 2～3 h 需供给羊充足的饮水,以免羊口渴而吞饮药浴液。

(2)先药浴健康的羊只,后药浴疥癣病的羊,保证羊只全身进行药浴。

(3)凡妊娠 2 个月以上的母羊,禁止药浴,以免流产。

(4)药浴应选择天气好时进行,有牧羊犬时,也应与羊群同时药浴。

(5)工作人员要戴好橡皮手套和口罩,以防中毒。

七、羊的修蹄

修蹄是羊场重要的保健工作,羊蹄过长或变形,会影响羊的行走,甚至发生蹄病,造成羊只残废,一般每半年修蹄一次。修蹄可选在雨后进行,此时蹄壳较软,容易操作。修蹄的工具主要有蹄刀、蹄剪。修蹄时,羊呈坐姿保定,背靠操作者,一般先从左前肢开始,术者用左腿夹住羊的左肩,使羊的左前膝靠在人的膝盖上,左手握蹄,右手持刀、剪,先除去蹄下的污泥,再将蹄底削平,剪去过长的蹄壳,将羊蹄修成椭圆形。

修蹄时要细心操作,动作要准确、有力,要一层一层地往下削,不可一次切削过深,一般削至可见到淡红色的微血管为止,不可伤及蹄肉;修完前蹄后,再修后蹄。修蹄时若不慎伤及蹄肉,造成出血时,可视出血多少采用压迫法止血或烧烙法止血,烧烙时应尽量减少对其他组织的损伤。

任务 5　羊产品分类与评定

一、羊毛的基本知识

(一)羊毛的形态学结构及附属组织

1. 羊毛的形态学结构

根据羊毛形态学,羊毛可分成毛干、毛根和毛球 3 部分。

(1)毛干:指羊毛露出皮肤表面的部分,一般称为羊毛纤维。

(2)毛根:羊毛在皮肤内的部分叫毛根。其一端与毛干相连,另一端与毛球相连。

(3)毛球:位于毛根的下部,为羊毛最下端部分,其包围着毛乳头,并与之紧密相连,外形膨大成球状,故称为毛球。

2. 附属组织

附属组织是由毛乳头、毛鞘、毛囊、脂腺、汗腺、竖毛肌组成。

(1)毛乳头:供给羊毛营养的器官,位于毛球的中央,由结缔组织组成。其中有密集的血管和神经末梢,由血液运送营养物质到毛球,保证毛球中细胞的营养及其不断的分裂、增殖,使羊毛生长。

(2)毛鞘:由数层表皮细胞形成的管状物,包在毛根外面,可分为内毛鞘和外毛鞘 2 层。

(3)毛囊:毛鞘周围的结缔组织层,形成毛鞘的外膜。

(4)脂腺:位于皮肤中毛鞘的两侧,分泌管开口于毛鞘中,分泌油脂,具有滋润皮肤、保护毛纤维的作用。油脂在皮肤表面与汗液相混合,称为油汗。

(5)汗腺:位于皮肤的深层,分泌管直接在皮肤表面开口,有时靠近毛孔开口。有调节体温、排出代谢产物的作用。

(6)竖毛肌:位于皮肤内层一种很小的肌纤维束。一端附着在脂腺下部毛鞘上,另一端和表皮相连接。由于竖毛肌的收缩和松弛,可以调节脂腺和汗腺的分泌,调节血液和淋巴液循环。

(二)羊毛的组织学结构

羊毛纤维的组织学结构用显微镜观察,粗毛纤维由鳞片层、皮质层和髓质层 3 层组成。细毛纤维只有鳞片层和皮质层,没有髓质层。

1. 鳞片层

鳞片层位于毛纤维的表层,是由扁平、无核、形状不规则的角质化细胞组成,如鱼鳞一样覆盖在羊毛表面,并以游离一端指向羊毛的尖端,对毛纤维有保护作用。

(1)鳞片的结构:鳞片的形状和排列分环形鳞片和非环形鳞片(图 5-3)。①环形鳞片。无髓毛多具有环形鳞片,即包围在毛纤维周围的是一整张鳞片,形成环形。每一张鳞片覆盖前一张,形如屋瓦,构成毛纤维的边缘呈锯齿状,且向外突出,使毛纤维表面凹凸不平,因此对光线的反射能力较弱,光泽柔和。毛纤维向外游离部分,相互嵌合作用很强,对毛纺工业的擀毡和缩绒极为重要。②非环形鳞片。由 2～3 个鳞片或更多鳞片连成一环,包在毛干周围,形如松树皮。由于鳞片相互覆盖面小,所以鳞片的倾斜面也不大,边缘的锯齿也没有无髓毛那样明显。使羊毛表面比较平滑,对光线的反射能力较无髓毛强,所以毛纤维光泽好,毡合性较差。有髓毛多具此类鳞片。

(2)鳞片层的作用:①保护羊毛纤维免遭物理、化学、机械等的破坏,否则羊毛的坚实性降低。②判断光泽的能力。细毛光泽比较柔和,因其对光的反射能力较弱,而粗毛对光的反射能力较强,故光泽发亮。③纺纱性和毡合性。羊毛经化学处理,鳞片相互嵌合,紧密缠结,故纺纱性和毡合性强。

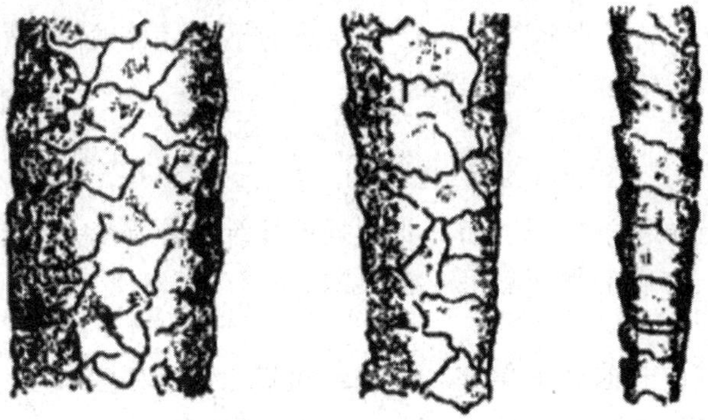

1　　2　　3

图 5-3　鳞片形状

1. 和 2. 非环形鳞片　3. 环形鳞片

2. 皮质层

皮质层位于鳞片层之下由扁平细长的纺锤形（梭状）细胞组成，是毛纤维的主体部分，决定着毛纤维的主要品质。皮质层在毛纤维总体中所占比例因羊毛的细度及类型不同而不同。一般情况下，羊毛愈细皮质层所占比例愈大。无髓毛具有发达的皮质层，有髓毛有不发达的皮质层，而死毛的皮质层则极不发达。皮质层具有以下 2 个作用。

(1)决定着毛纤维的主要品质：如羊毛的强度、弹性、伸度等。

(2)决定着羊毛的天然颜色：羊毛染色时，染色剂被皮质层细胞所吸收。

3. 髓质层

细毛羊和粗毛羊的绒毛没有髓质层，粗毛及两型毛的纤维中心部分有髓质层。髓质层是由比较大的菱形或立方形的疏松网状细胞构成，中间充满空气，在毛纤维内呈连续或断续的点状，死毛的髓质层几乎充满了整个毛纤维(图 5-4)。髓质层不能染色。髓质层愈发达，皮质层所占比例就愈少。因此，有髓毛纤维的强度、伸度、弹性都差，纺织价值低。

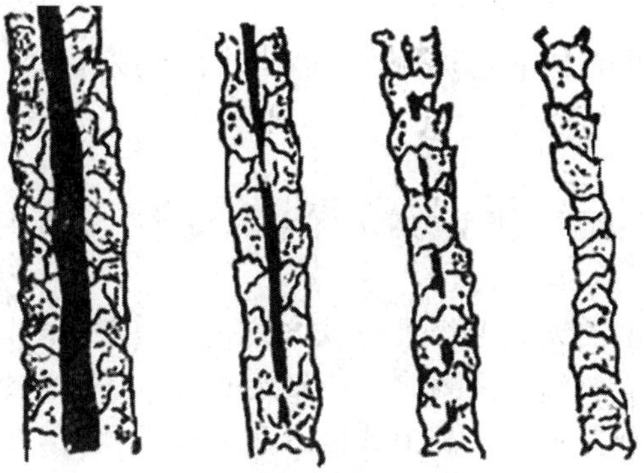

1　　2　　3　　4

图 5-4　不同类型毛纤维组织学构造图

1. 死毛　2. 粗毛　3. 两型毛　4. 无髓毛

髓质层能降低毛纤维的导热性，故冬季可减少热量散发，夏季可防止受热。因髓质层细胞内充满了大量的空气（有疏松网状结构），空气是热的不良导体（与外界相隔），故可降低毛纤维的导热性。粗毛纤维是有髓毛，保暖性强。

（三）羊毛纤维类型

羊毛纤维类型是就单根羊毛纤维而言。依据毛纤维的外部形态、组织学结构等，可将羊毛纤维分为刺毛、无髓毛、有髓毛和两型毛 4 个类型。

1. 刺毛

刺毛分布在羊的颜面和四肢下端等。毛纤维粗短，光泽较亮，多呈直的，在皮肤上倾斜生长，一根覆盖一根，故又称覆盖毛。

2. 无髓毛

无髓毛又称细毛或绒毛。无髓毛只有鳞片层和皮质层。直径不超过 40 μm，长度 5～15 cm，大多有弯曲。细毛羊的细毛直径不超过 25 μm，长度 6～9 cm，弯曲明显。

3. 有髓毛

有髓毛亦称粗毛或发毛，可分为正常有髓毛、干毛和死毛 3 种。

（1）正常有髓毛：粗毛羊及粗毛羊与细毛羊的低代杂交羊的毛被中有这种毛，毛较粗长且弯曲少，是毛被的外层毛，由鳞片层、皮质层和髓质层组成，其鳞片层为非环形。横断面呈椭圆或不规则形状，细度 40～120 μm。

（2）干毛：干毛组织学结构与正常有髓毛相同，外形特点是纤维上端粗硬转脆，缺乏光泽，毛纤维干枯。

（3）死毛：髓质层特别发达，皮质层很少，毛色灰白，无光泽，粗硬易断，完全失去强度、伸度、弹性、光泽和染色能力。

4. 两型毛

两型毛亦称中间型毛，其细度、长度及工艺价值介于无骨髓毛和有髓毛之间，一般直径 30～50 μm，毛较长。

（四）羊毛分类

羊毛分类是针对羊毛集合体的毛被或套毛而言. 羊毛按其所含纤维类型的不同分为同质毛和异质毛两大类。

1. 同质毛

同质毛又称同型毛，是由同一类型的毛纤维组成，其特点是毛纤维的细度、长度、弯曲及其他特征基本相同。

（1）细毛：指由同一类型的无髓毛纤维组成，羊毛较短，弯曲多，整齐而明显，细度在 25 μm 以下，品质支数不低于 60 支。细毛主要来源于细毛羊、细毛羊与粗毛羊的高代杂种羊。

（2）半细毛：指由同一种较粗的无髓毛或同一种两型毛组成，一般比细毛长，弯曲较浅，整齐而明显，品质支数为 32～58 支，毛纤维平均直径在 25.1～67.0 μm 之间。半细毛主要来源于半细毛羊及达到半细毛羊标准的杂种羊。

2. 异质毛

异质毛又称混型毛，由无髓毛、有髓毛、两型毛，甚至干毛、死毛构成。异质毛的粗细、长短和弯曲等特征有较大的差别，多呈毛辫结构。主要来源于粗毛羊及低代杂种羊。

(五)羊毛的品质评定

1.原毛和净毛率

(1)原毛:从羊体上剪下未经任何处理的毛称为原毛或污毛。原毛中含有粪渣、草屑、皮屑、汗液、油脂、沙土和植物质等杂质。

(2)净毛率:指纯净的羊毛纤维在规定回潮率条件下的重量占原毛样重的百分率。净毛率可分为普通净毛率和标准净毛率。①普通净毛率,指经过洗涤后的净毛重量占该毛样原毛重量的百分数。净毛重包括水分(所含水分应与原毛含水量用相同方法计算)、油脂(不超过净毛的1.5%)、植物质(不超过净毛的2%)。②标准净毛率,是国际羊毛贸易中采用的净毛率计算方法。其组成为绝干净毛占86%,水分占12%,油脂占1.5%,灰分占0.5%,植物质为0。

2.羊毛的细度

羊毛的细度指羊毛纤维的粗细程度,用羊毛纤维横切面积直径的大小表示,以微米(μm)为单位。也可用“品质支数”来表示细度,即1 kg净梳羊毛能纺成1 000 m长的毛纱的根数。羊毛细度和品质支数的关系见表5-17。

表5-17 羊毛品质支数与羊毛纤维直径对照表

(丁洪涛.畜禽生产,2001.)

品质支数/支	平均直径/μm	品质支数/支	平均直径/μm
80	14.5~18.0	50	29.1~31.0
70	18.1~20.0	48	31.1~34.0
66	20.1~21.5	46	34.1~37.0
64	21.6~23.0	44	37.1~40.0
60	23.1~25.0	40	40.1~43.0
58	25.1~27.0	36	43.1~55.0
56	27.1~29.0	32	55.1~67.0

3.羊毛长度

羊毛长度分自然长度和伸直长度2种,以厘米(cm)为单位。自然长度是毛丛在自然状态下两端间的直线距离。伸直长度是指单根羊毛纤维拉直至弯曲消失而未延伸时两端的直线距离。

4.羊毛的弯曲

羊毛的弯曲指羊毛纤维在自然状态下有规则的波浪形弯曲。一般羊毛愈细,弯曲愈小,弯曲数愈多。

5.羊毛的油汗

羊皮肤中脂腺分泌的油脂和汗腺分泌的汗液的混合物称为油汗。油汗具有保护羊毛、滋润皮肤的作用。

6.羊毛的强度和伸度

羊毛强度指拉断羊毛所需要的力,即羊毛纤维的抗断能力。羊毛的伸度是指拉直的羊毛继续拉到断裂时所增加的长度占毛纤维伸直长度的百分比。

7.羊毛的弹性与回弹力

羊毛的弹性是指给羊毛施加外力使其变形,当除去外力后羊毛恢复原来形状的特性。回弹力是指羊毛恢复原来形状和大小的速度。

8. 羊毛的毡合性

羊毛的毡合性指羊毛在水湿、温热和外力作用下，可以相互缠结毡合在一起的特性，称为毡合性。

9. 羊毛的吸湿性和回潮率

羊毛的吸湿性是指羊毛在自然状态下吸收和保持水分的能力。回潮率是指羊毛中所含水分占原毛样绝干重的百分比。

$$回潮率=\frac{原毛重(g)-绝对干燥羊毛重(g)}{绝对干燥羊毛重(g)}\times100\%$$

(六)羊毛的分等

根据羊毛标准按套毛品质划分等级。我国的羊毛是根据羊毛标准中的规定分等。细羊毛的分等规定见表5-18，半细羊毛的分等规定见表5-19，改良羊毛的分等规定见表5-20。

表 5-18 细羊毛的分等规定

等级	细度/μm	毛丛自然长度/cm	油汗占毛丛长度/%	品质特征
特等	18.1～20.0(70支)	≥7.5	≥50	全部为自然白色的同质细毛；毛丛的细度、长度均匀，弯曲正常，手感柔软，有弹性；平顶，允许部分毛丛有小毛嘴；无干、死毛
	20.1～21.5(66支)	≥7.5	≥50	
	21.6～23.0(64支)	≥8.0	≥50	全部为自然白色的同质细毛；毛丛的细度、长度均匀，弯曲正常，手感柔软，有弹性；平顶，允许部分毛丛顶部发干或有小毛嘴；无干、死毛
	23.1～25.0(60支)	≥8.0	≥50	
一等	18.1～21.5(66～70支)	≥6.0	≥50	
	21.6～25.0(60～64支)	≥6.0	≥50	
二等	≤25.0(60支及以上)	≥4.0		全部为自然白色的同质细毛；毛丛细度均匀性较差，结构松散，弹性差。无干、死毛

表 5-19 半细羊毛的分等规定

等级	细度/μm	毛丛自然长度/cm	油汗	品质特征
特等	25.1～29.0(56～58支)	≥9.0	有油汗	全部为自然白色的同质半细羊毛；细度、长度均匀，有浅而大的弯曲，弹性良好，有光泽；毛丛顶部为平嘴、小毛嘴或带有小毛辫，呈毛股状；细度较粗的半细毛，外观呈较粗的毛辫；无干、死毛
	29.1～37.0(46～50支)	≥10.0		
	37.1～55.0(36～44支)	≥12.0		
一等	25.1～29.0(56～58支)	≥8.0	有油汗	
	29.1～37.0(46～50支)	≥9.0		
	37.1～55.0(36～44支)	≥10.0		
二等	≤55.0(36支及以上)	≥6.0	有油汗	全部为自然白色的半细羊毛，无干、死毛

表 5-20　改良羊毛分等规定

等级	毛丛自然长度/cm	粗腔毛、干死毛含量(占根数)/%	毛辫结构	品质特征
一等	≥60	≤1.5	有小毛嘴或中辫	全部为白色、改良形态明显的基本同质毛；毛丛由绒毛和两型毛组成；羊毛细度、长度及弯曲、油汗、外观形态细羊毛或半细羊毛差；有微量干、死毛
二等	≥40	≤5.0	有中辫或粗毛	全部为白色、改良形态的异质毛；毛丛由 2 种以上纤维类型组成；弯曲大或不明显；有油汗；有少量干、死毛

二、羔皮和裘皮

(一)羔皮和裘皮基本概念

1. 羔皮

羔皮指流产胎儿或出生后 1～3 d 的羔羊宰剥的毛皮。羔皮具有重量轻、毛短而稀、花案美观、皮板薄等特点。

2. 裘皮

裘皮指出生后 1 月龄以上的羊屠宰剥取的毛皮，裘皮在我国分二毛皮、大羊皮和老羊皮。出生后 30 d 左右羔羊宰剥的皮是二毛皮；6 月龄以上未剪过毛的羊皮是大羊皮；1 岁以上剪过毛的羊皮为老羊皮。裘皮具有毛股较长，底绒多，皮板厚实，花穗美观，保暖性好等特点。

(二)羔(裘)皮产品

1. 卡拉库尔羔皮

卡拉库尔羔皮又名波斯羔皮(图 5-5)，我国俗称三北羔皮，是世界上最珍贵的羔皮。其特点：具有自然、美丽的毛卷，丝样光泽，皮板轻薄，色彩艳丽。毛色有黑色、灰色、彩色(苏尔色)、白色、棕色和粉红色等，以灰色最珍贵。卡拉库尔羔皮的毛卷坚实、独特，花案美观，密度适中。

2. 湖羊羔皮

湖羊羔皮又称小湖羊羔皮(图 5-6)。其特点：被毛短，毛纤维卷曲、平铺，形成波浪形花案，扑而不散，皮板轻薄、色泽洁白如丝，炫耀夺目。板质薄而柔软，毛细短无绒，毛根硬，富有弹力。花纹类型主要有波浪形和片花形 2 种。破浪形花纹是由一排排的破浪状花纹组成，毛卷明显紧贴皮板。片花形的花纹不规则，花纹没有一定的方向，是次优等花案。

3. 滩羊二毛裘皮

毛色纯白且富有光泽，花穗美观不毡结，皮板厚度适中，保暖性好。滩羊二毛皮(图 5-7)最理想的花穗串字花的毛股粗细为 0.4～0.6 cm，紧密而不散开，毛股上有弧度均匀的破浪状弯曲 5～7 个。其次是软大花，毛股粗细为 0.6 cm 以上，绒毛较多，一般有 5 个左右的弯曲。

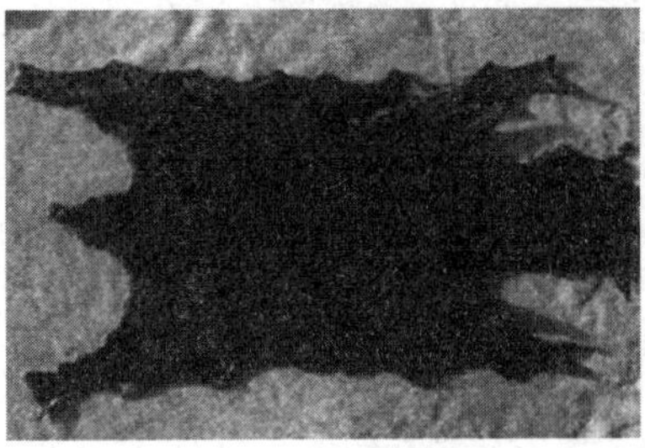

图 5-5　卡拉库尔羔皮

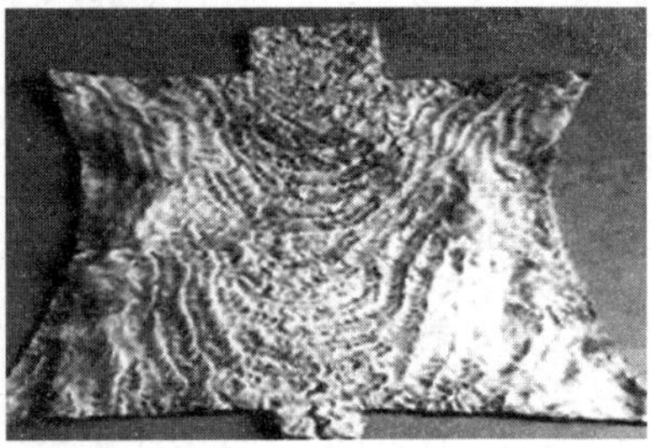

图 5-6　湖羊羔皮

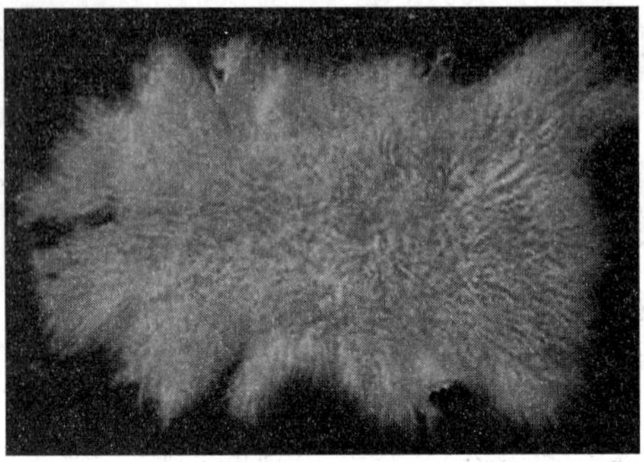

图 5-7　滩羊二毛皮

(三)羔(裘)皮品质鉴定

1. 羔皮的品质鉴定

羔皮的鉴定主要依据是花案弯曲的状态、毛绒紧密的程度、颜色及其均匀性、光泽度、张幅大小、皮板厚薄以及是否完整无缺等。

(1)花案弯曲:鉴定标准因品种而异。主要看各种花案是否符合该品种特征。一般要求美丽、全面和对称。花案面积大,利用率高。

(2)毛绒空足:毛空是指毛绒较稀疏,毛足是指毛绒较紧密。一般来讲,毛足比毛空好,但要求适中为理想。毛绒过足就显得笨重、厚实有余,灵活不足,不能算上等品质。鉴定时,用手把皮毛先抖几下,使羔皮的毛绒松散开来,然后用手戗着毛去摸,毛足的有挡手之感,或者立即恢复原状,毛空的会感到稀薄或散乱不顺。

(3)颜色和光泽:毛被的颜色以纯黑、纯白及色彩均匀一致的亮丽颜色最受欢迎。光泽要求明亮,暗淡无光的价值较低。

(4)张幅大小:在品质相同条件下,皮张面积越大,可制成品越多,价值越高。

(5)皮板质地:一般可分为 3 种情况,一是皮板良好,厚薄适中,经得起鞣制的处理;二是带有轻微伤残,鞣制以后,虽有痕迹,但损失不大;三是有严重伤残,如霉烂、焦板、大面积虫蛀、鼠咬等,经过鞣制,皮板部分,甚至整张皮板完全被破坏。在鉴定皮板质量时,应抓住季节特点,一般秋冬季节产大批板较足状,春夏季产的较薄弱。

(6)完整无缺:羔皮要保持完整性。羔皮的各部分如头、尾、四肢等都有其利用价值。皮板如描刀、空洞、伤残等都会影响其利用价值和结实性。

2.裘皮的品质鉴定

裘皮的品质主要根据结实、保暖、轻便、不毡结、美观、皮张面积和伤残等情况进行鉴定。

(1)结实:皮板致密肥厚、柔韧有弹性的,则裘皮结实耐穿,导热性差,保暖力强。

(2)保暖:裘皮毛被密而长,绒毛含量多,则保暖性好;皮板致密而厚实,可防止热气散发、冷气袭人,因而保暖性也增强。

(3)轻便:即穿着轻便柔和的特性。因此,对皮板过厚、毛股过长,毛纤维过密的裘皮应在加工时适当处理,使之达到轻裘的要求。

(4)不毡结:裘皮擀毡会失去保暖力和美观性,穿着也不舒适。凡裘皮的绒毛密而长,则毡性强;发毛密而长,则毡结性小,甚至不毡结。

(5)美观:裘皮的美观性主要与毛股的弯曲形状、大小、多少和色泽有关。我国以颜色全黑或纯白,毛股弯曲而整齐为上品。

(6)面积和伤残:在品质相同时,裘皮的张幅越大,伤残越小,利用价值越高。

3.记录鉴定结果(表 5-21)。

表 5-21　各种毛皮品质鉴定结果表

项目	湖羊羔皮	黑紫羔皮	滩羊二毛皮	老羊皮	猾子皮	沙毛皮
花卷类型						
皮板厚薄						
皮板柔软性						
颜色						
毛的色泽						
毛束的长度						
毛束底绒的多少						
皮板面积大小						

三、羊的屠宰与分级

(一)屠宰

羊在屠宰前应停止喂食。一般停食 16～24 h,断食期间要给以充足的清洁水,宰前 2～4 h停止,其屠宰加工工艺流程如图 5-8 所示。屠宰前要进行严格的兽医卫生检验,其内容包括观察口、鼻、眼有无过多分泌物,观看可视黏膜、精神状态、被毛、呼吸及走步姿态;听羊的叫声;触摸羊体各部位,判断体温高低,摸体表淋巴结大小。同群羊应隔离观察 3 d后,确认无病者方可屠宰。病羊大多食欲减退或废绝,粪便干燥或稀薄,被毛蓬乱,呼吸困难,鼻孔分泌物过多,体温升高、运动迟缓,四肢无力。对注射炭疽疫苗 14 d 以内的羊不得屠宰。

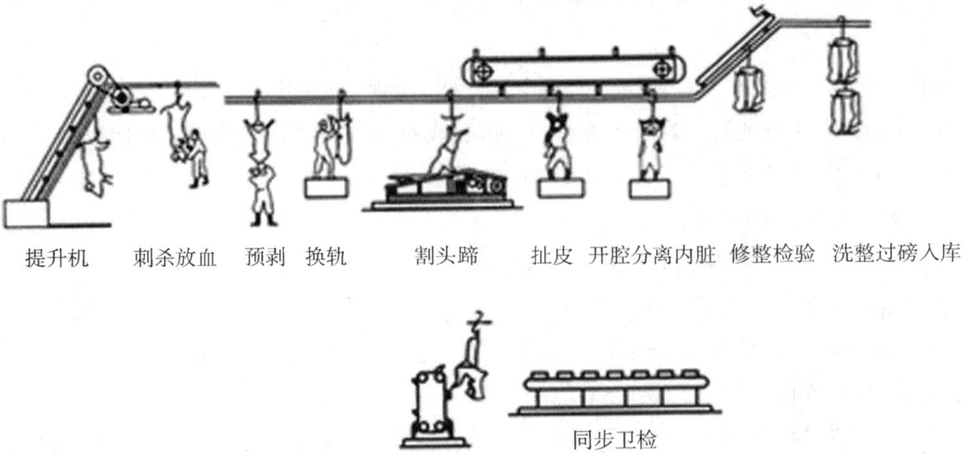

图 5-8 羊屠宰加工工艺流程图

1. 放血

(1)大抹脖:除机械化、半机械化屠宰场外,我国广大农村牧区宰杀绵羊、山羊多采用“大抹脖”方法。此法简便易行,但影响皮形完整,因血液容易污染皮毛,有时胃内容物倒出使得皮张污浊。具体方法从羊颈切断血管、气管和食管,将羊头稍向下倾斜,使血液充分流净。

(2)胸腔放血:先将羊的前两肢和一后肢捆住,人腿压住羊的另一后肢,用尖刀从羊第 3、4 肋骨的腹中线处划开一刀口。将手伸入胸腔,用手指折断背动脉,血液流至胸腔。

(3)纵向放血:为了避免血液污染皮毛,在羊的颈部切开皮肤,切口长 8～12 cm,然后用刀伸入切口内向右捅,挑断血管、气管,但不得切断食管,让血液流入容器内。

放血时要将羊固定好,头稍下倾斜,防止血液污染皮毛,当血流干净后立即进行剥皮。

2. 剥皮

将羊四肢朝上仰置于剥皮架上,用尖刀沿腹中线挑开皮层,向前沿前胸部中线挑至嘴角,向后经过肛门挑至尾尖,再从两前肢和两后肢同侧,垂直于腹中线向前后肢各挑开 2 条横线,前肢到腕节,后肢至飞节。接着剥尾部皮肤,由于尾部脂肪多,皮肤薄,剥皮时要特别小心,以免影响皮张完整。胸部皮下脂肪较少,皮肤紧贴肌肉,用刀一点一点地剥离,直至剥离干净。剥皮时,先用刀沿着挑开的皮层向内剥开 5～10 cm,然后用拳揣法剥皮。采用半机械化剥皮时,可将羊倒挂在横式架上,然后将羊皮向下方向用力撕剥,将所剥下的整张羊皮割掉 4 个蹄子。采用机械剥皮时,将羊倒挂在轨道滑轮钩上,按上述方法剥皮,用大抹脖法屠宰时,可一次性完成放血、剥皮过程,但容易使皮毛发生污染。

3. 取内脏

先将腹部刀口延长到 15～20 cm,瘤胃随即涌出,食管稍加剥离,打一结扣,从胸腔用力取出。然后取出胃、肠、食管、脂肪等,再划开横膈肌。取出心脏、肝脏、肺脏、气管,一般将肾脏带在胴体上,不进行剥离。摘取内脏往往直接用手取下,必要时用刀,下刀轻巧,不能划破胃、肠、胆囊等,以免污染肉体。最后用刀剥去阴茎、睾丸、乳房等。

4. 冲洗

为保持胴体表面的整洁,用自来水将胴体残留的污物和血液等冲洗干净,并对胴体稍加修整，整齐地挂在横架上，以待备用。

(二)检验

对于屠宰加工后的鲜羊肉和内脏，必须按照《肉品卫生检验试行规程》的规定进行检验。其方法有感官检验和仪器检验，前者包括视检、触检和嗅检。

1.视检

视检主要是用眼观察肉体和内脏的表面颜色、大小、形状等有无异常变化，然后切肉体和内脏深部，进一步观察。

2.触检

触检主要是用手直接触摸有关部位的硬度如何，弹性大小。例如，检查肺部时，外部并无变化，只有用手触摸才能发觉肺内有无节结或其他病灶。

3.嗅检

嗅检主要用鼻子闻气味是否正常，有无腐败发臭和患有尿毒症病畜的尿味，以及有无生前用过某些药物治疗后的药物气味。

4.肉体检验

剥皮后及时对肉体进行检验，首先观察肌肉、脂肪、腹膜、皮肤等有无出血点，凡患有急性传染病的羊，肌肉和脂肪常有放血不全或颜色不正常的现象。其次是淋巴结的检查，包括腹股沟深淋巴结，腹前淋巴结、胞淋巴结等。检查时应纵方向切割，以多切口为好，以便仔细检查，还应剖切腰肌、臀肌、肩胛肌以及肋骨肌、腹膜肌等部位，以检查有无囊虫寄生。

5.内脏检验

开膛后取出心脏、肝脏、肺脏、脾脏、肠、胃、膀胱、子宫等脏器，观察外形、弹性、色泽，是否有充血、出血、溃疡、化脓等现象，凡内脏器官有病变者不得食用。

根据检验结果，由屠宰加工厂按照统一规定，在肉体上加盖"兽医验讫"或"合格验讫"，可供鲜销；不合格者，则分别盖印"高温""腌""冻""酸""炼油""销毁"等印证，禁止鲜销。凡在检验时修割的废弃物，不可乱扔，要集中起来按规定处理。

(三)羊肉胴体分割

1.胴体品质

胴体的品质受品种、年龄、性别、营养水平和屠宰季节等因素的影响。对胴体的品质要求，因人们的习惯和爱好不同而有差异，一般可包括以下几个方面。

(1)肌肉丰满：柔嫩胴体中肌肉比例高，骨的比例低，脂肪适中，以当年羔羊的肥羔肉最好。

(2)肉块紧凑、美观：消费者需要小而紧凑、重量不大的肉块，切割容易，适合多种菜谱的配制。骨骼尽量短而细，使肌肉显得丰满，烹调时可以切成鲜嫩的肉片。倘若骨骼长而粗、肌肉薄而脂肪少，则烹饪后显得干枯。

(3)脂肪匀称适中：皮下脂肪和肌间脂肪的比例要适中。皮下脂肪均匀地分布在胴体的整个表面。因为羊在不同年龄时脂肪的贮积速度不同，一般按下列先后次序排列：花油→板油→肌间脂肪→皮下脂肪。上等品质肥羔的胴体上，必须有一层最低限度的皮下脂肪覆盖。按此规律，可在宰前一个时期给予高营养水平饲养，以获得满意的皮下脂肪。脂肪的含量应该中等，防止肉在贮藏、运输和烹调时过于干燥。

(4)肉细、色鲜、可口:肌肉应细嫩,肌肉和脂肪所含水分宜少,肌间脂肪(即大理石状脂肪)含量宜高。大理石状脂肪能使肉嫩味美,尤其在老龄绵羊更需要有这种脂肪。肉色以浅红色至鲜红色为佳,脂肪应坚实、白色,不要黄色脂肪。脂肪组织中不饱和脂肪酸含量宜低,这种脂肪酸使脂肪变软,容易氧化酸败,不能长期保存。多种动物在出生时肌肉细嫩,但缺乏香味,随着年龄增长,肉质逐步变得粗壮,香味增加。在肌肉尚未十分坚韧和气味不很重之前屠宰最为合适。

2.绵羊肉的规格标准

绵羊肉可分为大羊肉和羔羊肉,前者是指周岁以上的羊,后者指不满1岁的羊,4～6月龄羊生产的肉称为肥羔肉。

我国把绵羊胴体分为4级。

一级:肌肉发育最佳,骨不外露,全身覆盖脂肪合适,在肩胛骨上附有柔软的脂肪层。

二级:肌肉发育良好,骨不外露,全身覆盖脂肪合适,肩胛骨稍突起,脊椎上附有肌肉。

三级:肌肉不发达,骨骼显著外露,并附有细条脂肪层,臀部、骨盆部有瘦肉。

四级:肌肉不发达,骨骼明显外露,体腔上部附有脂肪层。

3.山羊肉胴体分级标准

山羊肉胴体分级按肌肉发育程度和肥度,可分为3级。

一级:肌肉发育良好,仅肩胛部和脊椎骨上部稍外露,其他部位骨骼不外露,皮下脂肪布满全身,肩颈部脂肪层分布稀薄。

二级:肌肉发育中等,肩胛部和脊椎骨上部稍外露,肩部脂肪层薄,腰部、肋部稍有脂肪沉积。

三级:肌肉发育差,肩胛骨和脊椎骨明显外露,体表脂肪层稀薄且分布不均。

4.胴体分割

根据羊胴体各部位肌肉组织结构的特点,结合消费者的不同需求,可将羊的胴体进行分割,便于运输和保管。

(1)常见分割法:这种分割法把胴体分为7块(图5-9)。

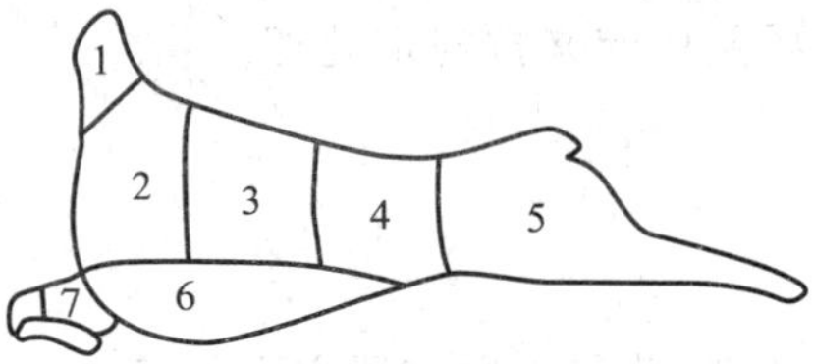

图5-9　常见胴体剖分示意图

1.颈肉　2.肩胛肉　3.肋肉　4.腰肉　5.后腿肉　6.胸下肉　7.前腿肉

肩胛肉:从肩胛骨前缘至第4肋骨去掉颈肉和胸下肉。

肋肉:从最后一对肋骨间至第4与第3对肋骨间横切,去掉胸下肉。

腰肉:从最后腰椎处至最后一对肋骨间横切,去掉胸下肉。

后腿肉:从最后腰椎处横切下的后腿部分。

胸下肉:从肩端到胸骨,以及腹下肋骨部分,包括前腿腕颈肉(从最后颈椎与第1胸椎间切开的整个颈部)。

前腿肉:前腿腕骨以下部分。

不同的分割肉其价格、食用价值和食用方法区别很大。一般后腿肉和腰肉最好,而且占胴体的 50%以上。按商品肉分级，后腿肉、腰肉、肋肉和肩胛肉属于一等肉，颈部、胸部和腹肉属于二等肉。

（2）美国的羔羊胴体分割法：通常把羊胴体分割成后腿肉、上腰肉、腰肉、肋肉、肩胛肉、肠肉、颈肉、胸肉共 8 块（图 5-10）。

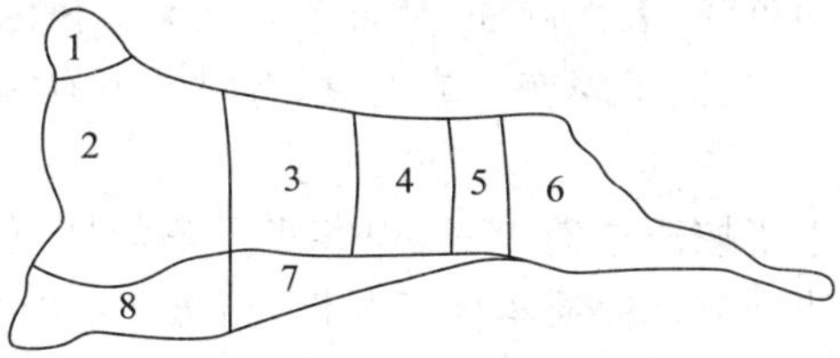

图 5-10 美国羔羊胴体剖分示意图

1. 颈肉 2. 肩胛肉 3. 肋肉 4. 腰肉 5. 上腰肉 6. 后腿肉 7. 胸肉 8. 胫肉

（四）羊肉质量指标

1. 羊肉的质量指标（表 5-22 至表 5-24）

表 5-22 羊肉感官指标

项目	指标
色泽	肌肉呈红色，有光泽，脂肪呈白色或淡黄色
黏度	肌纤维致密，有韧性，富有弹性
气味	外表微干或有风干膜，切面湿润，不黏手
煮沸后肉汤	具有羊肉固有的气味，无异味，澄清透明，脂肪团聚于表面
肉眼可见异物	不应检出

表 5-23 羊肉理化指标 mg/kg

项目	指标	项目	指标
每 100 g 含挥发性盐基氮/mg	≤15	滴滴滴	≤0.20
汞	≤0.05	六六六	≤0.10
铅	≤0.10	金霉素	≤0.10
砷	≤0.50	土霉素	≤0.10
铬	≤1.0	四环素	≤0.10
镉	≤0.20	磺胺类（以磺胺类总计量）	≤0.10

表 5-24 羊肉微生物指标

项目	指标	项目	指标
菌落总数/（cfu/g）	$\leqslant 5\times10^5$	志贺氏菌	不应检出
每 100 g 含大肠菌群/MPN	$\leqslant 1\times10^5$	金黄色葡萄球菌	不应检出
沙门氏菌	不应检出	溶血性链球菌	不应检出

2. 感官检验

(1)色泽与黏度：将样品置于白色瓷盘中，在自然光线下观察。注意肉的外部状态、色泽、有无干膜或污物，肉表面和深层组织的状态以及发黏的程度，肉表面的清洁度。羊肉外表具有干膜、肌肉和脂肪，有其固有的色泽，表面湿润，切面有渗出液、不发黏。腐败变质的羊肉颜色变暗，呈褐红色、灰色或淡绿色，表面干膜变干或发黏，有时被覆有霉层，切面发黏，肉色呈灰色或绿色。

(2)组织状态与弹性：用手指按压羊肉表面，观察指压陷的恢复速度和状态。新鲜羊肉富有弹性，结实紧密，指压陷很快恢复。变质羊肉无弹性，指压陷不能恢复。

(3)气味：在常温(20℃)下检查羊肉的气味。首先，判定外部气味；其次，用刀切开立即判定深层的气味，注意检查骨骼周围组织的气味。新鲜羊肉具有其固有的气味，无异味。腐败变质羊肉有酸臭味、霉味或其他异味。

(4)煮沸后肉汤：称取 20 g 切碎的肉样，置于 200 mL 烧杯中，加水 100 mL，用表面皿盖上，加热至 50～60℃，开盖检查气味。继续加热煮沸 20～30 min 后，迅速检查肉汤的气味、滋味、透明度及表面浮游脂肪的状态、多少、气味和滋味。新鲜羊肉的肉汤透明、芳香，且肉汤表面浮有大的油滴，脂肪气味正常。变质羊肉的肉汤混浊、有絮片，具腐臭气味，肉汤表面几乎不浮油滴，具酸败脂肪气味。

3. 理化检验

理化检验内容包括挥发性盐基氮的测定，重金属、农药和兽药残留检测。由具有相应的专业技术和资格条件的专职人员按国家有关规定组织实施。

任务 6　山羊的饲养管理

一、山羊的饲养管理

(一)奶山羊

1. 哺乳期羔羊的培育

哺乳期是指羔羊出生到断奶这一阶段，羔羊的哺乳期一般为 2～3 个月，这一阶段是羊一生中生长发育速度最快的时期，它在 4 个月内体重增长 7～8 倍。哺乳期羔羊的培育分为初乳阶段(出生到 5 日龄)、常乳阶段(6～60 日龄)、由奶到草料的过渡阶段(61～90 日龄)和以草为主的阶段(91～120 日龄)

(1)初乳阶段：羔羊生后 5 d 以内为初乳期。初乳是羔羊生后唯一获取的营养物质。初乳宜于生后 20～30 min 内饲喂，让羔羊随母羊自然哺乳，一昼夜哺喂次数以 6～7 次为宜。要细心观察，当发现羔羊拱腰鸣叫、肚子较扁、无精打采、被毛蓬松等表现时，表明羔羊没有吃足初乳，应及时饲喂。

（2）常乳阶段：羔羊出生 6 d 后进入常乳阶段。这一阶段要保证羔羊吃足常乳，哺乳时要做到“四定”。①定时。按规定的时间要求，安排一昼夜的哺乳，开始每隔 3 h 喂 1 次，每日 4～6 次，2 月龄以后减为 3 次，3 月龄以后减为 2 次，4 月龄时减为 1 次，直至断奶。②定量。哺喂常乳初期，每只羔羊每次哺喂 0.25 kg，随着日龄的增长和体重的增加，哺乳量也要增加。一般而言，一昼夜的哺乳量应不低于体重的 16% 为宜。③定温。人工哺乳时，奶温应控制在 38～42℃。④定质。饲喂羔羊的奶汁要求新鲜、清洁以刚挤出的鲜奶最好。

（3）奶到草料的过渡阶段：羔羊 10～15 日龄后，可以训练采食新鲜的青、干草，20 日龄后可以补饲一定量的精料。其精料的喂量见表 5-25。

表 5-25 羔羊精料喂量

g

项目	20 日龄	40 日龄	60 日龄	90 日龄	120 日龄
精料喂量	30	60	120	220	460

此阶段，日粮中可消化蛋白质以 16%～17% 为最佳，可消化总养分以 74% 为宜。后期不断减少奶量时，应以优质的青、干草和精料为主。其混合精料的日粮配方可参考以下配方。①配方一：玉米 50%、大麦 12%、麸皮 1.5%、豆饼 30%、苜蓿粉 1.0%、糖蜜 2.0%、食盐 0.5%、磷酸钙 1.8%、碳酸钙 0.9%、无机盐预混剂 0.3%。②配方二：玉米 48%、大麦 10%、麸皮 4%、豆饼 30%、苜蓿粉 1.6%、糖蜜 3.0%、食盐 0.5%、磷酸钙 1.8%、碳酸钙 0.8%、无机盐预混剂 0.3%。

（4）以草为主的阶段：羔羊 90 日龄以后，应以草料为主，奶量可以减少或不喂。选用优质的干草、青绿饲料和混合精料饲喂。其混合精料的日粮组成见表 5-26。

表 5-26 羔羊配合饲料配方

（程凌．养羊与羊病防治，2006．）

%

饲料名称	配方Ⅰ	配方Ⅱ	配方Ⅲ	配方Ⅳ
干草粉颗粒	20	20	20	20
玉米粗粉	37	22	55	52
麸皮	20	40		
糖蜜	10	10	10	10
饼粕类	10	5	12	15
磷酸氢钙	2	2	2	2
微量元素添加剂	1	1	1	1

2. 青年羊的饲养管理

青年羊指从羔羊断奶到配种前的羊。羊的青年阶段正处在生长发育比较强烈的阶段，其体重、躯干宽度、深度和长度都迅速增长，做好本阶段的饲养管理，对促进生长发育，适时配种产羔与提高产奶量都有重要意义。

青年羊最理想的饲养方式为放牧加补饲。断奶后至 8 月龄，每天在吃足优质干草的基础上，补饲混合精料 250～300 g，其中可消化粗蛋白质的含量不应低于 15%。18 月龄配种的母羊,每日给精料 400～500 g,如果草的质量好,可适当减少精料喂量。青年母羊一般满 8～10 月龄,体重达到 35 kg 以上即可参加配种。青年公羊的生长速度比青年母羊快,应多喂一些精料。运动对青年公羊更为重要,不仅有利于生长发育,而且可以防止形成草腹和恶癖。青年公羊在 10 月龄以上,体重达到 40 kg 以上方可进行配种。其混合精料的日粮配方为:玉米 52%、麸皮 10%、豆饼 20%、苜蓿粉 10%、糖蜜 5%、食盐 1%、磷酸钙 1%、无机盐预混剂 1%。

3.泌乳羊的饲养管理

奶山羊的泌乳期依照泌乳规律可分为 4 个阶段,即泌乳初期、泌乳盛期、泌乳中期和泌乳末期。各个时期的饲养管理不尽相同。

(1)泌乳初期:母羊产羔后 20 d 内为泌乳初期,也叫恢复期。由于母羊刚分娩,体质虚弱,腹部空虚且消化功能较差,生殖器官尚未恢复,泌乳及血液循环系统功能不很正常,部分羊乳房、四肢和腹下水肿还未消失。因此,此期饲养目的是尽快恢复母羊的食欲和体力,减少体重损失,确保母羊泌乳量稳定上升。产后应禁止母羊吞食胎衣,产后 5～6 d 应饲喂易消化饲料,如优质青干草,饮用温盐水小米、盐钙汤(麸皮 100 g、食盐 5 g、碳酸钙 5 g、温开水 1～2 L)或益母红糖汤(益母草粉 30 g、红糖 60 g、水 1 000 mL,煎服,每日 1 次,连用 3 d),6 d 以后逐渐增加青贮饲料或多汁饲料,14 d 后精料的喂量应根据母羊的体况、食欲、乳房膨胀程度、消化能力等具体情况而定,防止突然过量导致腹泻和胃肠功能紊乱。日粮中粗蛋白质含量以 12%～14% 为宜,具体含量要根据粗饲料中粗蛋白质的含量灵活运用,粗纤维的含量以 16%～18%为宜,干物质采食量按体重的 3%～4%供给。

(2)泌乳盛期:产后 20～120 d 为泌乳高峰期,其中又以产后 40～70 d 产奶量最高,大约占全泌乳期产奶量的 50%,这个时期母羊的饲养管理水平对泌乳能力的发挥起关键性作用。母羊产后 20 d,体质逐渐恢复,泌乳量不断上升,体内蓄积的营养不断流失,体重明显下降,应特别注意增加饲喂次数及喂量,营养要完全,并给以催奶饲料。催奶从产后 20 d 开始,在原来精料量(0.5～0.75 kg)的基础上,每天增加 50～80 g 精料,只要奶量不断上升,就继续增加,当增加到每千克奶给 0.35～0.40 kg 精料而奶量不升时,就要停止加料,并维持该料量 5～7 d,然后按泌乳羊饲养标准供给。此时要前边看食欲(是否旺盛),中间看奶量(是否继续上升),后边看粪便(是否拉软粪),要时刻保持羊只旺盛食欲,并防止消化不良。

高产母羊的泌乳高峰期出现较早,而采食高峰出现较晚,为了防止泌乳高峰期营养亏损,要求饲料的适口性要好、体积小、营养高、种类多、易消化。要增加饲喂次数,定时定量,少给勤添。增加多汁饲料和豆浆,保证充足饮水,自由采食优质干草和食盐。

(3)泌乳中期:母羊产后 120～210 d 为泌乳后期,该期泌乳量逐渐下降,在饲养上要调配好日粮,尽量避免饲料、饲养方法及工作日程的改变,多给一些青绿多汁饲料,保证清洁的饮水,缓慢减料,加喂粥料,加强运动,按摩乳房,精细管理,尽可能地使高产奶量稳定保持一个较长时期。

(4)泌乳末期:产后 210 d 至干奶(9～11 月份)为泌乳后期,由于气候、饲料的影响,尤其是发情与怀孕的影响,产奶量显著下降,饲养上要想法使产奶量下降的慢一些。在泌乳高峰期精料的增加,是在产奶量上升之前,而此期精料的减少,是在产奶量下降之后,以减缓奶量下降速度。

4.干乳羊的饲养管理

母羊经过 10 个月的泌乳和 3 个月的怀孕,营养消耗很大,为了使其有个恢复和补充的机会，应停止产奶，停止产奶的这段时间叫干奶期。母羊在干奶期应得到充足的蛋白质、矿物质和维生素，使母羊乳腺组织得到恢复，保证胎儿发育，为下一轮泌乳贮备营养。

干奶期的长短取决于母羊的体质、产奶量高低、泌乳胎次等，干奶期母羊饲养可分为干奶前期和干奶后期。

(1)干奶前期：此期青贮饲料和多汁饲料不宜饲喂过多，以免引起早产。营养良好的母羊应喂给优质粗饲料和少量精料，营养不良的母羊除优质饲草外，要加喂一定量混合精料，此外，还应补充含磷、钙丰富的矿物质饲料。

(2)干奶后期：奶羊干奶后期胎儿发育较大，需要更多的营养，同时为满足分娩后泌乳需要，干奶后期应加强饲养，饲喂营养价值较高的饲料。精料喂量应逐渐增加，青干草应自由采食，多喂青绿饲料。

营养物质的给量应依据妊娠母羊的饲养标准供给，一般按体重 50 kg，日产奶 1.0～1.5 kg 计算，每日供给优质豆科干草 1.0～1.5 kg，玉米青贮 1.5～2.5 kg，混合精料 0.5 kg。母羊分娩前 1 周左右，应适当减少精料和多汁饲料。干奶期要注意羊舍的环境卫生，以减少乳房感染。防止羊只相互顶撞，出入圈门谨防拥挤，严防滑到，注意保胎。每天刷拭羊体，避免感染虱病和皮肤病。母羊应坚持运动，但不能剧烈。产前 1～2 d，让母羊进入产羔舍，查准预产期并做好接产准备。

5. 奶山羊的饲养管理工作日程(表 5-27)。

表 5-27　奶山羊场饲养管理工作日程

季节	时间	饲养管理工作日程安排
冬季(当年 10 月至翌年 2 月) 每日挤奶 2 次	5:30～7:00	检查羊群，第 1 次饲喂，挤奶
	7:30～9:00	饮水，打扫羊舍卫生
	9:00～12:00	放牧、运动
	14:00～16:50	补饲饲料、运动或放牧
	16:50～18:00	第 2 次饲喂，挤奶，打扫挤奶室卫生
	19:30～21:30	添喂干草
	21:30～22:10	检查羊群
夏季(当年 3 月至 9 月) 每日挤奶 2 次	4:50～6:00	检查羊群，第 1 次饲喂、挤奶，梳刷
	7:00～8:00	饮水，打扫羊舍卫生
	8:00～11:00	运动或放牧
	15:00～17:00	饮水、喂草或放牧
	17:00～18:00	第 2 次饲喂、挤奶，打扫挤奶室卫生
	19:00～21:30	添喂饲草
	22:00～22:30	检查羊群

(二)绒山羊

1.种公羊的饲养管理

(1)配种期:配种期公羊的日粮营养要全面,特别是蛋白质数量要足、品质要好,以保证种公羊射精量多,精子密度大和母羊的受胎率高。

配种期每日供给种公羊精料混合料 0.7~0.8 kg,其中玉米不超过 50%,饼粕类不少于 20%,另外,补喂鸡蛋 2 枚,骨粉 1%,食盐 2%。

配种期公羊要加强运动,及时修蹄和经常检查生殖器官的健康状况。

(2)非配种期:这一时期近 10 个月时间,种公羊经过 2 个月的配种,体力消耗很大,故在当年 12 月至翌年 1 月为增膘复重阶段。2~8 月份主要靠放牧饲养;8 月下旬至 10 月下旬是准备配种时期,一定要让公羊早日排精,开始时可每 2 周 1 次,进而每周 1 次,再接下来每周 2 次,直至隔日排精 1 次。

2.成年母羊的饲养管理

(1)空怀期:空怀期是指从羔羊断乳至下期配种前的 2~3 个月时间。饲养任务是恢复母羊体况,增加体重,补偿哺乳期消耗,为下次配种做好准备。①适时断乳。根据具体情况,尽可能早把羔羊断乳、分群,以减轻母羊负担。断乳时间可视具体情况而定,原则上最早为 30 日龄,最晚为 120 日龄。②加强营养,补偿哺乳消耗。日喂混合精料 0.45~0.60 kg,优质干草 0.60~0.75 kg,秸秆等粗料自由采食。对体质较差、体况瘦弱的羊要适当增加混合精料的补给,使母羊在配种前达 7~8 成膘,要把握好膘情,切忌过肥。③短期优饲。在配种前 20~30 d 采取短期优饲,增加优质干草、混合精料给量,同时加强运动,促进母羊集中发情,可以提高双羔率 5%~10%。④驱虫、防疫。对母羊全群体内、外寄生虫进行驱虫,布氏杆菌检疫,在配种前三周注射口蹄疫疫苗。

(2)妊娠前期:母羊妊娠后的前 2 个月为妊娠前期。妊娠前期胎儿发育较慢,又处在牧草籽实成熟和补饲优质饲草时期,故放牧即可满足其营养需要或稍加补饲即可。其补饲饲料的量为日喂 0.45~0.60 kg 混合精料,优质干草和秸秆各 0.5~0.7 kg,钙 4~5 g,磷 2~3 g,维生素、微量元素适量,自由啖盐。

(3)妊娠后期:母羊除维持自身营养外,还需供给胎儿所需的营养物质。羔羊初生重的 90%是在妊娠后期发生的,母羊妊娠后期热能代谢比空怀期高 60%~80%,可消化粗蛋白质提高 150%,钙和磷增加 1~2 倍。妊娠后期精料补量每天为 0.5~0.7 kg,优质干草 2.5 kg,有条件可补喂胡萝卜 0.3~0.5 kg,钙 8~12 g,磷 4~6 g,维生素、微量元素适量,自由啖盐。每天上、下午各驱赶运动 1.5 h,行走 2.5 km 左右,在圈舍内进行。

妊娠期母羊不能饲喂腐败、发霉或冰冻的饲料,也不能饲喂过多具有轻泻作用的青贮料。放牧时应避开霜和冷露,早上出牧可晚一些,最好饮温水,不要鞭打和驱赶羊,出入羊圈时要防止拥挤,以防流产,禁止进行防疫注射,避免使用影响胎儿发育的药物。

(4)哺乳期:母羊的泌乳力通常以羔羊的增重来衡量,羔羊出生 2 周后体重达到初生时的 2 倍为正常,对达不到要求的要改善饲养管理。单羔母羊每天补精料 0.3~0.4 kg,双羔母羊补精料 0.4～0.6 kg。随着羔羊开始采食饲料和草料，母羊的营养标准可逐步降低。

(5)配种期：配种期应保证母羊蛋白质、矿物质和维生素的营养，特别是钙、磷、维生素 A 和维生素 D 的供应。在配种前 20 d 要对母羊实行短期优饲，每日供给混合精料 0.2 kg，瓜菜类多汁饲料 0.5 kg，以达到促使母羊多排卵、提高母羊受胎率和双羔率的目的。

二、奶山羊挤奶技术

挤奶是奶山羊泌乳期的一项日常管理工作，技术要求高，劳动强度大。挤奶技术的好坏不仅影响产奶量，而且会因操作不当而造成羊乳房疾病。挤奶包括机器挤奶和人工挤奶 2 种方法。

(一)机器挤奶

欧美奶山羊业发达国家普遍采用机器挤奶的方法，奶山羊场一般都配有不同规格的挤奶间，挤奶间的构造比较简单，配置 8～12 个挤奶杯，挤奶台距地面约 1 m，以挤奶员操作方便为宜。挤奶机的关键部件为挤奶杯，其设计是根据奶山羊的泌乳特点和乳头构造等确定的。发育良好的乳房围度为 37～38 cm。乳头长短要适中，过小不利于操作。乳头距挤奶台面的距离应在 20 cm 以上，否则容易造成羊奶污染。奶山羊机器挤奶的速度很快，3～5 min 即可完成，前 2 min 内的挤奶量大约为产奶量的 85%。目前的奶山羊挤奶机，每小时可挤 100～200 只。

(二)人工挤奶

我国的奶山羊集约化生产程度不高，以小型羊场或农户饲养为主，均采用人工挤奶方式。

1. 挤奶室及其设备

饲养奶山羊较多的羊场，应有专门的挤奶室，设在羊舍一端，室内要清洁卫生，光线明亮，无尘土飞扬，设有专门的挤奶台(图 5-11)，台面距地面 40 cm，台宽 50 cm，台长 110 cm，前面颈枷总高为 1.3 m，颈枷前方设有饲槽，台面右侧前方有方凳，为挤奶员操作时的座位。另外，需配备挤奶桶、热水桶、盛奶桶、台秤、毛巾、桌凳和记录表格等。

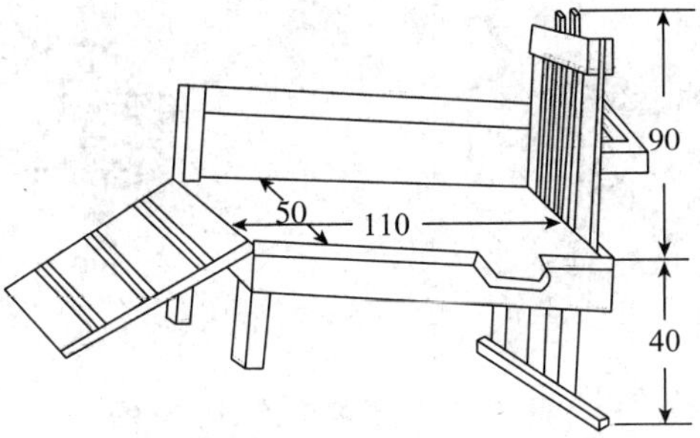

图 5-11 奶山羊挤奶台(单位：cm)

2.挤奶操作规程和方法

为便于操作和有利于奶品卫生,奶羊在产羔后应将其乳房周围的毛剪去,挤奶人员的手指甲应经常修秃,工作服要常洗换。挤奶员对待奶羊要耐心、和善,挤奶室要保持安静,切忌吵闹、惊扰。

(1)挤奶羊的保定:将羊牵上挤奶台(已习惯挤奶的母羊,会自动走上挤奶台),然后再用颈枷或绳子固定。在挤奶台前方的食槽内撒上一些混合精料,使其安静采食,方便挤奶。

(2)擦洗乳房:挤奶前擦洗乳房,水温要保持在45~50℃,先用湿毛巾擦洗,然后将毛巾拧干再进行擦干。这样既清洁,又因温热的刺激能使乳静脉血管扩张,使流向乳房的血流量增加,促进泌乳。

(3)按摩乳房:挤奶前充分按摩乳房,给予适当的刺激,促使其迅速排乳。按摩的方法有3种:一是用两手托住乳房,左右对揉,由上而下依次进行,每次揉3~4遍,约0.5 min;二是用手指捻转刺激乳头,约0.5 min(超过2 min会引起慢性乳头部外伤,导致乳腺炎),刺激不要过度,以免造成疼痛;三是顶撞按摩法,即模仿羔羊吃奶顶撞乳房的动作,两手松握两个乳头基部,向上顶撞2~3次,然后挤奶,这3种按摩方法可依次连续进行,因为血液中的催产素是于开始刺激后的2 min时浓度最高,以后便急剧下降,约0.5 min即结束。为此,擦洗和按摩的时间不可过长,一般不要超过3 min,否则将会错过最适宜的挤奶时间,引起不良后果,如产奶量减少,乳房发病率增加等。

(4)拳握挤奶:采用双手拳握法挤奶能引起强烈的排乳反射、挤的奶多,方法是先用大拇指和食指合拢卡住乳头基部,堵住乳头腔与乳池间的孔,以防乳汁四流。然后轻巧而有力地依次将中指、无名指、小指向手心收压,促使乳汁排出。每握紧挤一次奶后,大拇指和食指立即放松,然后再重新握紧,如此有节律地一握一松反复进行,操作时双手要分别握住两个乳头,两手动作要轻巧敏捷,握力均匀,速度一致,交替进行。对于个别乳头短小,无法挤压的,可采用滑挤法,即用拇指和食指捏住乳头,由上向下滑动,挤出乳汁(图5-12)。

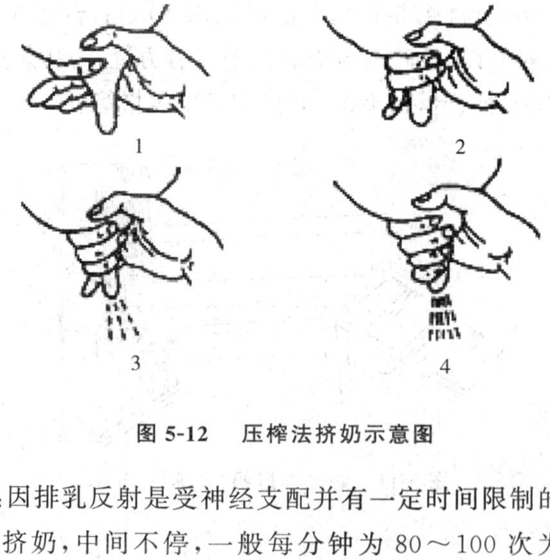

图5-12　压榨法挤奶示意图

(5)挤奶速度要快:因排乳反射是受神经支配并有一定时间限制的,超过一定时间,便挤不出来了。因此,要快速挤奶,中间不停,一般每分钟为80~100次为宜,挤完一只羊需3~

4 min。切忌动作迟缓或单手滑挤。

(6)奶要挤干净:每次挤奶务必挤干净,如果挤不净,残存的奶容易诱发乳腺炎,而且还会减少产奶量,缩短泌乳期。因此,在挤奶结束前还要进行乳房按摩,挤净最后一滴奶。

(7)增加挤奶次数:乳房内压力越小,乳腺泌乳越快、越多。因此,适当增加挤奶次数,减少乳房的内压力就可增加泌乳速度,提高产奶量。据测算,高产奶山羊在良好的饲管条件下,每天挤 2 次比挤 1 次可提高产奶量 20%~30%,每天挤 3 次比挤 2 次提高 12%~15%。从实用和方便的方面考虑,一般羊应每天挤 2 次,高产羊应挤 3 次。

(8)做到"三定":即每天挤奶要定时、定人、定地,不要随意变更。此外,挤奶环境要安静。

(9)检查乳房:挤奶时应细心检查乳房情况,如果发现乳头干裂、破伤或乳房发炎、红肿、热痛,奶中混有血丝或絮状物时,应及时治疗。

(10)浸浴乳头:为防止乳腺炎,每次挤完奶后可选用 1%碘液、0.5%~1%洗必泰或 4%次氯酸钠溶液浸泡乳头。

(11)过滤和消毒:羊奶称重后经 4 层纱布过滤,之后装入盛奶瓶,及时送往收奶站或经消毒处理后短期保存。消毒方法一般采用低温巴氏消毒,即将羊奶加热(最好是间接加热)至 60~65℃,并保持 30 min,可以起到灭菌和保鲜的作用。

(12)清扫:挤奶完毕后,须将挤奶时的地面、挤奶台、饲槽、清洁用具、毛巾、奶桶等清洗、刷洗干净。毛巾等可煮沸消毒后晾干,以备下次挤奶时使用。

3. 山羊奶的贮存

(1)低温保存:生鲜奶的盛装应采用表面光滑、不锈钢制成的桶和贮奶罐,置于低温处(冷槽、冷库),以防止温度升高。如将鲜奶冷却到 18℃时,对其保存也有一定的作用;冷却到 13℃时,可保存 12 h 以上。由于冷却只能暂时阻止微生物的活动,当奶温升高时,微生物又会开始活动,所以奶在冷却后应在整个保存期间维持低温条件,一般贮藏的温度为 4~5℃。

(2)LP 体系法:即活化羊奶中过氧化物酶体系保存鲜奶法,向鲜奶中添加 12 mg/kg 硫酸氰酸盐(SCN^-)和 8.5 mg/kg 过氧化氢(H_2O_2),可使鲜奶在 30℃时保鲜 7~8 h,在 15℃时保鲜 24~26 h,在 3~5℃时保鲜 5~7 昼夜不变质,该方法保鲜效果好,无害消费者的健康,经济、简便,不需要任何设备。

三、山羊绒的品质与特性

山羊绒被誉为纤维宝石,它洁白如玉,轻盈如云,其制品以其柔软温暖、高雅靓丽而著称于世,备受消费者青睐。

(一)山羊绒的理化特性

1. 山羊绒的细度

山羊绒的细度受品种和产地的不同而有差异。我国产的山羊绒细度平均在 14.5~16.5 μm 之间。

2. 山羊绒长度

山羊绒的长度比绵羊毛短，在寒冷地区山羊绒长度为 50 mm，温暖地区山羊绒长度只有 40 mm。依据羊绒的颜色，白绒最长，青绒次之，紫绒最短。

3. 其他特性

山羊绒基本属于正常卷曲，且卷曲深度比羊毛大，所以羊绒制品具有丰满、手感柔软和富有弹性等特点。

4. 山羊绒化学特性

山羊绒耐酸程度强于羊毛，对碱的反应比羊毛敏感，损伤也较羊毛纤维严重。

(二)山羊绒的分类和分等

1. 山羊绒的分类

山羊绒通常按颜色可分为白、紫、青、红等 4 类，其中白绒易着色，所以最为珍贵，仅占世界羊绒产量的 30%。中国的山羊绒中白绒占 50%以上，其次是紫绒，最少为青绒和红绒，不到 5%。从物理性状来看，紫绒最细，青绒次之，白绒略粗；白绒最长，青绒比紫绒粗而长，但强力不如紫绒。

2. 山羊绒的分等

山羊绒纤维直径(即细度)是反映其品质的主要指标，是衡量山羊绒价值的重要性状。中国纤维检验局于 2000 年制定了中国山羊绒国家标准 GB 18267—2000，规定的检测项目中列入了商品原绒检测要求，并规定了按纤维直径定型，在纤维直径内按长度定等的具体分类分级办法，并以品质特点为参考指标，中国山羊原绒等级(表 5-28)。

表 5-28　中国山羊原绒等级

(范颖，宋连喜. 羊生产，2008.)

型号	平均直径/μm	等级	手扯度/mm	品质特征
特细型	≤14.5	一	≥40	自然颜色，光泽明亮而柔和，手感光滑细腻；纤维强力和弹性好，含有微量易于脱落的皮屑
		二	<40	
细型	>14.5 <16.0	一	≥43	自然颜色，光泽明亮，手感柔软；纤维强力和弹性好，含有少量易于脱落的皮屑
		二	≥40	
		三	≥33	
		四	<33	
粗型	≥16.0	一	≥45	自然颜色，光泽好，手感好；纤维有弹性，含有少量易于脱落的皮屑
		二	<45	

总之，对山羊绒总的质量要求是，颜色洁白、绒细而长、富有弹性、强力好、手感柔软细腻、净绒率或含绒率高。

(三)绒山羊的梳绒

梳绒又称抓绒，指用特制的金属梳将山羊被毛内层的绒毛梳理下来的过程。梳绒技术是保证山羊绒质量和数量的关键。

1. 梳绒时间

绒山羊每年梳绒一次，当绒毛根部与皮肤脱离时（俗称“起浮”），梳绒最为适宜，一般在4～5月份进行。绒山羊脱绒有一定的规律：从羊体位上来看，前躯先于后躯脱绒；从羊的年龄和性别来看，年龄大的比年龄小的先脱绒，母羊比公羊先脱绒；从不同生理时期来看，哺乳羊比妊娠羊先脱绒，妊娠羊比空怀羊先脱绒；从营养状况来看，膘情好的比膘情差的先脱绒；个别病羊由于用药也容易早脱绒。总之，个体之间由于饲养水平、个体差异等不同，脱绒时间有所不同，应根据具体情况来定梳绒时间。

2. 梳绒工具

梳绒用的钢丝梳子分2种：一种是稀梳，由5～8根钢丝组成，钢丝间距为2～2.5 cm；另一种是密梳，由12～18根钢丝组成，钢丝间距为0.5～1.0 cm。钢丝直径均为0.3 cm，梳子前端弯成钩状，磨成秃圆形，顶端要整齐，钢丝之间由一个中间一排均匀的略大于钢丝直径圆与整钢片连接，钢片可平行滑动，使之梳绒时保持钢丝平行（图5-13）。

图 5-13　抓绒梳子

3. 梳绒方法

梳绒前1周要培训好梳绒人员，检修梳绒工具，准备好梳绒场所，清扫、消毒，备好梳绒记录。梳绒时先用剪子将羊毛打梢（不要剪掉绒尖），然后将羊角用绳子拴住，随之将羊侧卧在干净地方，其贴地面的前肢和后肢绑在一起，梳绒者将脚插入其中（以防羊只翻身，发生肠扭转）。首先用稀梳顺毛方向，轻轻地由上至下把羊身上沾带的碎草、粪块及污垢清理掉。然后用梳子从头部梳起，一只手在梳子上面稍下压帮助另一只手梳绒。手劲要均匀，并轻快有力地弹扣在绒丛上，不要平梳，以免梳顺耙不挂绒。一般梳子与羊体表面呈30°～45°，距离要短，顺毛沿颈、肩、背、腰、股、腹等部位依次进行梳绒。梳子上的绒积存到一定数量后，将羊绒从梳子上退下来（1梳子可积绒50～100 g），放入干净的桶中。这样，羊绒紧缩成片，易包装不丢失。稀梳抓梳完后，再用密梳逆毛抓梳一遍至梳净为止。一侧梳好后再梳另一侧，并做好梳绒记录。因起伏程度不同，有的羊只一次很难梳净，过1周左右再梳绒1次。对羔羊，育成羊和个别比较难梳绒的个体采取剪绒。剪绒的方法有手工剪和机械剪2种。剪绒时将羊保定，一般从尾根部或四肢开始剪，这样利于操作。每只羊每次梳绒后要及时填写梳绒记录。

4. 注意事项

要选晴天梳绒。梳绒前后避免雨淋，预防感冒。羊只梳绒前要禁食12～18 h。梳绒时要轻而稳，贴近皮肤，快而均匀，切忌过猛，以防伤耙（皮肤脱离肌肉，损伤绒毛囊，伤后将不再生长绒毛）。羊的后背、十字部位最易伤耙，梳该部位绒时应加倍小心。

注意保定羊的头部，避免机械性创伤。对妊娠羊动作要轻，以防流产，最好产羔后梳绒；对无法梳绒的个体可用长剪紧贴皮肤将绒毛剪下。春羔一般在当年6月上旬剪绒毛为宜。冬羔一般在翌年7月份才开始脱绒，该季节因气候炎热，不利于机体散热，易造成皮肤病，且不便体表驱虫，对生长发育有不良影响，在5月中旬剪下绒毛为宜。育成羊只大多数脱绒较晚，特别是绒毛密度好、产绒量高的个体脱绒时间更晚，如果硬梳不但损伤绒毛囊，还易损伤羊只，因此，也应在5月上旬将绒毛剪下。有的羊只因趴卧，腿、腹部绒毛粘连在一起无法梳绒，只能采取类似于绵羊剪毛的方法将绒毛一并剪下，对于这类羊只剪绒后应单独饲养一段时间，以防被其他羊顶伤。

对患有皮肤病的羊只要单独梳绒，耙子用后要消毒，以防传染。对体弱羊只也应单独梳绒，梳绒时要注意羊只的面部、耳部安全，还应保护好乳房、包皮等器官，扯坏的地方，要涂碘酒消毒，必要时做缝合处理。

放倒羊时要按一个方向，即从哪侧放倒，要从哪侧立起，以防羊只大翻身出现肠扭转、臌气而导致猝死。梳绒以后，要注意羊舍温度，以防羊只感冒。随时观察羊只有无异常，如发现精神不振、不食草，应检查是否伤耙或其他原因，以便及时诊治。

任务7　羊常见的普通病

一、瘤胃积食

瘤胃积食是瘤胃内积滞大量饲料，致使瘤胃容积增大，胃壁扩张及运动机能障碍的一种疾病。该病临床特征为反刍、嗳气停止，瘤胃坚实，腹痛，瘤胃蠕动减弱或消失。本病一年四季均可发生，但多见于冬、春季节。

(一)病因

1. 采食过量的粗纤维饲料

多因突然更换饲料，由舍饲改为放牧，由劣质饲料更换为优质饲料，或因饥饿等一次采食大量粗纤维饲料，如干玉米秸秆等。

2. 采食过量的精饲料

如连续多次饲喂豆谷或偷食过量豆谷等精料。

3. 继发于其他疾病

可继发于前胃弛缓、瓣胃阻塞、创伤性网胃炎等疾病的过程。

(二)临诊表现

病初食欲、反刍、嗳气减少或停止，站立不安，腹痛摇尾，呻吟，或后蹄踏地，拱背，咩叫。腹部膨大，左肷部充满，触压瘤胃坚硬或呈现面团样，叩诊呈浊音，触压瘤胃患羊常有疼痛表现。重症后期，呼吸迫促，脉搏加快，黏膜发绀，并呈现脱水及心力衰竭症状，严重者可出现视力障碍，盲目运动，或嗜睡，卧地不起。全身症状加剧时，病羊呈现昏迷状态。

(三)防治

1. 预防

加强饲养管理,防止过食,不要突然更换饲料,合理使役,防止偷食,饲喂精料时,要逐渐增加精料,让其有一个适应过程。

2. 治疗

治疗原则是排除瘤胃内容物,抑制发酵和恢复瘤胃运动机能。如继发瘤胃臌气时,应先行穿刺放气,以缓解病情,然后再治本病。

病初停喂1～2 d,多次少量饮水,待瘤胃内容物后转出现食欲时,逐渐给予易消化的饲料,如吃了大量易膨胀性饲料,则应限制饮水。

药物疗法,应先投给泻剂,清理胃肠,再投给兴奋瘤胃蠕动的药物和防腐止酵剂。成年羊可用硫酸镁或人工盐20～30 g、石蜡油100～200 mL、番木鳖酊2 mL、大黄酊10 mL,加水500 mL,一次内服。或用10%氯化钠20 mL、10%氯化钙10 mL、10%安钠咖2 mL,混合后,一次静脉注射。也可用酵母粉10 g、红糖10 g、陈皮酊5 mL、酒精10 mL,混合加水适量,一次内服。瘤胃兴奋剂可用2%毛果芸香碱1 mL,皮下注射。为防止酸中毒,可内服碳酸氢钠10～15 g。另外,可用大蒜酊20 mL、龙胆末10 g,加水适量,一次内服。

二、急性瘤胃臌气

急性瘤胃臌气是羊采食了大量易发酵的饲料,在瘤胃内异常发酵,迅速产生大量气体,致使瘤胃急剧扩张的一种疾病。该病多发生于春末夏初放牧的羊,往往绵羊较山羊多见。

(一)病因

原发性瘤胃臌气,主要是采食了易发酵的鲜嫩多汁的豆科牧草或青草,如苜蓿草、豌豆藤、紫云英,甜菜叶、白菜叶等;或采食了带露水的青草;霉变、冷冻饲料等。

继发性瘤胃臌气,见于食道阻塞、创伤性网胃炎、肠阻塞、破伤风等病程中。

(二)临诊表现

常于采食过程中或采食后突然发病,左腹部急剧膨大,肷部突起,触诊腹部紧张性增加,叩诊呈鼓音,听诊瘤胃蠕动音消失,病羊腹痛不安,拧腰踢腹,时起时卧。严重者呼吸困难,两前肢张开,结膜发绀,心跳加快,静脉怒张,站立不稳,最后倒地窒息死亡。继发性瘤胃臌气,病程缓慢(食道阻塞除外),多反复发作,且有原发病症状。

(三)防治

1. 预防

避免羊采食霉败和易发酵饲料,或雨后、有露水的嫩草。

2. 治疗

以排气减压,止酵,消除泡沫和恢复瘤胃机能为治疗原则。

排气减压,急性臌气应瘤胃穿刺放气,用兽用套管针或 16 号针头垂直刺入腹壁并穿透瘤胃壁,在放气中紧紧按压住腹壁,勿使腹壁与瘤胃壁脱离,边放气边下压,防止胃液漏入腹腔,引起腹膜炎。放气宜缓慢,防止发生脑贫血。放气后,用鱼石脂、乳酸各 2 g,用陈皮酊 20 mL 溶化后加适量水注入瘤胃。或放气后,用食醋 200 g、食用油 100 g、酒精 50 mL,一次灌服或注入瘤胃。(民间验方:大蒜泥 50 g、食醋 100 mL,拌均匀后一次瘤胃灌服。)

轻症瘤胃臌气,可行瘤胃按摩或用一木棒横衔于口中,两端拴绳固定于羊角后边,诱使羊嗳气。

三、胃肠炎

胃肠炎是胃肠黏膜及其深层组织的出血性或坏死性炎症。临床表现以食欲减退或废绝、体温升高、腹泻、脱水、腹痛和不同程度的自体中毒为特征。

(一)病因

胃肠炎可分为原发性和继发性 2 种。原发性胃肠炎的病因是多种多样的,但饲养管理上的错误占首要地位。当羊采食霉变草料以及有毒植物,化学药品或误食农药处理过的种子等均可致病。另外,该病可继发于前胃病和某些传染病、寄生虫病等。

(二)临诊表现

临床表现以消化机能紊乱、腹痛、发热、腹泻、脱水和毒血症为特征。病羊食欲废绝,口腔干燥发臭,舌面覆有黄白苔,常伴有腹痛。肠音初期增强,以后减弱或消失,不断排稀粪便或水样粪便,气味恶臭,粪便中混有血液及坏死的组织片。由于腹泻,可引起脱水。脱水严重时,尿少色浓,眼球下陷,皮肤弹性减低,迅速消瘦,腹围紧缩。随着病情发展,体温升高,脉搏细弱,四肢冰冷,昏睡。

(三)防治

1. 预防

必须注意饲料质量、饲养方法,建立合理的饲养管理制度,注意饲料保管和调配工作,不喂霉变饲料。饲喂要做到定时定量,少喂勤添,先草后料;检查饮水质量,禁止饮用污秽不洁饮水;久渴失饮时,注意防止暴饮;严寒季节,给予温水,预防冷痛。

应定期检查,注意平时观察,当发现羊只采食、饮水及排粪异常时,应及时治疗,加强护理。

2. 治疗

治疗原则是抗菌消炎,制止发酵,清理胃肠,保护胃肠黏膜,强心补液,防止脱水和自体中毒。

可使用磺胺胍 4～8 g、碳酸氢钠 3～5 g;或萨罗 2～8 g、药用碳 10 g、次硝酸铋 3 g,加水适量,一次灌服。青霉素 40 万～80 万 IU,链霉素 50 万～100 万 IU,生理盐水溶解,一次肌肉注射,连用 3 d。也可用庆大霉素 20 万 IU,肌肉注射,每天 2 次。脱水严重时,可用复方生理盐水或 5%葡萄糖溶液 500 mL、10%安钠咖 2 mL、维生素 C 100 mg,混合后静脉注射,每天 2 次。

四、感冒

感冒是机体受风寒侵袭而引起的以上呼吸道炎症为主的急性、热性疾病。一年四季都可发生，但以早春和晚秋、气候剧变时多发。

(一)病因

主要是由于受寒冷的突然侵袭，如冬季羊舍防寒设施差，突然遭受寒流袭击，在寒冷气候条件下露宿，久卧湿地，或出汗后遭雨淋风吹或受贼风吹袭，由温暖地区突然转至寒冷地区；早春、晚秋及冬季，气温骤变，特别是大风、降温时多发；动物营养不良、体质瘦弱以及患有其他疾病时，更易发病。

(二)临诊表现

病羊精神沉郁，食欲减退，舌苔薄白，反刍、瘤胃蠕动减弱，体温升高；结膜充血，耳尖、鼻端发凉；鼻塞不通，初流水样鼻液，后转为黏性或脓性鼻液；呼吸加快，时有咳嗽。

(三)防治

1. 预防

加强对羊群的管理，防止突然受寒，早晚温差大或气温骤变时，及时采取防寒措施，特别应防止汗后风吹雨淋和寒风吹袭。

2. 治疗

治疗原则以解热镇痛、祛风散寒为主。病初应给予解热镇痛药，如复方氨基比林注射液、30%安乃近、柴胡、穿心莲等注射液，羊 4～6 mL，一次肌肉注射。为预防继发感染，可适当应用磺胺类药物或抗生素，如青霉素、链霉素，每天 2 次，每次 40 万～80 万 IU，肌肉注射，严重时，配地塞米松等。

中药治疗：荆芥 10 g、紫苏 10 g、薄荷 10 g，煎后灌服，每天 2 次。羔羊用量减半。也可口服一般人用感冒药，成人量即可。

五、肺炎

肺炎是细支气管与个别肺小叶或小叶群肺泡的炎症，一般由支气管炎症蔓延所引起。

(一)病因

本病除微生物作用外，营养不良、维生素和矿物质缺乏、气候剧变、圈舍潮湿、感冒继发、通风不畅、有害气体刺激等因素都可引起。此外，由于异物或药物入肺、肺寄生虫等也可引起肺炎。怀孕母羊、产后营养不良的泌乳羊最易发生。

(二)临诊表现

病初精神不振，食欲减退，鼻流清涕，喷鼻作响，有的头颈伸直，咳嗽，咳嗽之后常又吞咽而下。以后体温升高，眼结膜红肿，心跳加快，呼吸困难。听诊肺区有捻发音。

(三)防治

1. 预防

加强饲养管理，增强机体抗病能力，每个圈舍要严格控制头数，防止密度过大。圈舍应通风良好，干燥向阳；冬季保暖，春季防寒，以防感冒的发生。为此应供给蛋白质、矿物质、维生素含量丰富的饲料。对某些传染病或寄生虫病继发的肺炎，要及时用药根除。

2. 治疗

为控制感染，可用磺胺类药物和抗生素。常以青霉素 40 万～80 万 IU，链霉素 0.5 g，一次肌肉注射，每天 2 次，连用 2～3 d。也可使用青霉素直接气管内注射。当体温升高时，可肌肉注射安乃近 2 mL 或安痛定 2～4 mL，每天 2 次。镇咳祛痰，可使用氯化铵 2～5 g、吐酒石 0.4～1 g、杏仁水 2～3 mL，加水混合，一次灌服。或复方樟脑酊 5 mL、止咳糖浆 30 mL、小苏打 0.3 g×10 片、磺胺嘧啶 0.5 g×8 片，混合一次灌服，每天 2 次。心脏衰弱时，可用 10%安钠咖 2 mL，一次肌肉注射。

六、羔羊白肌病

羔羊白肌病又称肌肉营养不良症，是饲料中缺乏微量元素硒和维生素 E 而引起的一种代谢障碍性疾病。生后数周或 2 个月后发病，其临床特征为患病羔羊拱背，四肢无力，运动困难，喜卧地。死后剖检骨骼肌苍白、营养不良。常呈地方性同群发病，危害很大。

(一)病因

该病主要是由于饲料中缺乏足量的硒和维生素 E 而引起，故又称为硒-维生素 E 缺乏综合征。土壤中硒的含量不足，以致农作物内的硒含量也很少或缺乏，故本病呈地方性流行，在缺硒地区，羔羊发病率很高。此外，还和缺钴、铜和锰等微量元素有关。

(二)临诊表现

病羔精神不振，运动无力，甚至跛行，站立困难，卧地不愿起立。心跳次数增加，每分钟可达 200 次左右，而且心律不齐。可视黏膜苍白，呼吸浅而快，每分钟达 80～90 次。一般肠音无明显变化，若肠音弱，病情已严重，多有下痢，也有便秘的。尿呈淡红、红褐色，尿中含蛋白质和糖。也有羔羊病初不见异常，往往于放牧时由于惊动而剧烈运动或过度兴奋而突然死亡。

该病多呈地方性流行，3～5 周龄羔羊最易发病，死亡率有时高达 40%～60%。生长发育越快的羔羊，越易发病，且死亡越快。应用其他药物治疗不能控制病情。

有经验的牧民是把羔羊抱起，轻轻掷下，健壮羔羊立即向前跑去，但病羔则稍停片刻才向前跑去，可作为羔羊白肌病早期诊断的依据，这些经验只供参考。

(三)防治

1. 预防

对缺硒地区，每年所产羔羊在出生后 20 d 左右，开始用 0.2%亚硒酸钠 1 mL，皮下或肌肉注射,间隔 20 d 后再注射 1.5 mL。注射开始日期最晚不超过 25 日龄。给怀孕母羊皮下注射一次亚硒酸钠,剂量为 4～6 mg,能预防新生羔羊白肌病。

2. 治疗

对发病羔羊每只应立即用 0.2%亚硒酸钠 2 mL,每月肌肉或皮下注射一次,连用 2 次。与此同时,应用氯化钴 3 mg、硫酸铜 8 mg、氯化锰 4 mg、碘盐 3 g,加水适量内服。如辅以维生素 E 注射液 300 mg,肌肉注射,则疗效更佳。

硒具有一定的毒性,注射剂量过大可发生急性中毒,主要表现为步态不稳,食欲废绝,腹痛,结膜发绀,视力障碍,呼吸困难等,终因呼吸衰竭而突然死亡。亚硒酸钠的治疗量和中毒量很接近,用量要谨慎,使用亚硒酸钠时应特别注意以下几点。

(1)大群使用时,切忌盲目使用,先进行小群安全试验,然后再进行全群注射。

(2)严格控制用药次数和间隔时间。

(3)硒中毒时,可肌肉注射二巯基丙醇,每千克体重 2.5～5 mg,或饲喂含蛋白质丰富的饲料,也能减轻硒的毒性。

七、绵羊妊娠毒血症

绵羊妊娠毒血症,是绵羊怀孕后期发生的一种酮病,以酮血、酮尿和低血糖为特征。

(一)病因

母羊妊娠后期或多胎妊娠,由于营养供应不足,糖和蛋白质缺乏,机体动用体脂肪,使血液中酮体增多而发生酮病。运动不足、天气寒冷和严重的寄生虫病,可诱发本病的发生。

(二)临诊表现

母羊于妊娠后期,食欲减退,前胃弛缓,粪球干小,甚至附有血性黏液。呼吸增数、脉搏细弱,尿液有特异的烂苹果气味。体温正常或偏低,精神高度沉郁,头颈低垂或向后仰呈观星状,对刺激反应迟钝。重剧病例磨牙,失明,常于昏迷中死亡。轻者多于分娩或流产后逐渐好转。应注意与产前低血钙症区别,后者病程急速,肌肉发抖,用葡萄糖酸钙静脉注射,可获显著疗效。

(三)防治

1. 预防

妊娠后期,补充富含碳水化合物饲料(如胡萝卜、甜菜等),给予足够精料和优质干草。

2. 治疗

用 10%葡萄糖溶液 100～200 mL 静脉注射。也可用甘油,每千克体重 3 mL,加等量水稀释,灌服。25%葡萄糖溶液 200 mL、5%丙酸钠溶液 100 mL,静脉注射有较好的效果。必要时,可行剖腹产中断妊娠。

八、有机磷农药中毒

有机磷农药具有杀虫效果好、品种多等特点,在农业生产上至今还广泛应用,但对人、畜的毒性很大。我国生产的有机磷农药主要有对硫磷、内吸磷、甲拌磷、马拉硫磷、敌百虫、敌敌畏、乐果等。由于农药知识普及跟不上农药发展的速度，因此出现了农药残毒、环境污染和人畜中毒等。

羊有机磷农药中毒是由于接触、吸入有机磷农药或误食被有机磷农药污染的饲草、饲料所致。临床上主要以神经机能紊乱为特征。

（一）病因

（1）饲喂被有机磷农药污染的饲料、饲草或放牧时吃了污染的牧草或饮水。

（2）违反使用、保管农药的安全操作规程，使用盛装过农药未彻底清洗的容器存放饲料或饮水；在车船运输中农药与饲料混杂装运；在饲料库内或附近存放农药，特别是在饲料库内配制或搅拌农药等。

（3）不按《剧毒药物安全使用规程》，应用敌百虫等有机磷农药驱除内外寄生虫时，如剂量过大，使用不当，污染饲槽被羊舔食等引起中毒。

（4）人为投毒的破坏活动。

（二）临诊表现

中毒后，常于1～3 h出现症状。

1.轻度中毒

轻度中毒表现为食欲大减或废绝，反刍停止、恶心、流涎、腹泻、腹痛、出汗、呼吸困难等。

2.中度中毒

除上述症状加重外，主要表现为骨骼肌的兴奋，发生肌纤维震颤，严重的全身抽搐，以后发展为麻痹，最终因呼吸肌麻痹窒息死亡。

3.重度中毒

重度中毒表现为兴奋不安，甚至出现冲撞蹦跳、全身震颤，发热，继而步态踉跄，以至倒地不起，甚至陷于昏迷或突然倒地，心跳加快，瞳孔缩小，很快死亡。

（三）防治

1.预防

加强对农药的保管和使用，严格按照《剧毒药物安全使用规程》进行操作和使用。喷过农药的农田、菜地，7 d内不得让羊进入，喷洒过或被有机磷农药污染的青草，1个月内不准用以饲喂羊。

2.治疗

（1）经皮肤引起中毒的，常用5%石灰水或肥皂水（敌百虫中毒禁用）洗涮。夏秋季节，在羊刚出现症状时，可用大量水洗涮，越彻底越好。经口引起中毒者，要迅速用0.2%～0.5%高锰酸钾（1605中毒禁用）或2%～3%碳酸氢钠（敌百虫中毒禁用）溶液洗胃，越早越快越好。

（2）迅速使用特效解毒剂，常用的特效解毒剂有乙酰胆碱拮抗剂和胆碱酯酶复活剂。乙酰胆碱拮抗剂，常用的是硫酸阿托品，可超量使用，使机体达到阿托品化。一次用量为每千克体重0.5～1 mg，皮下或静脉注射。严重中毒时，可按其1/3量混于5%葡萄糖生理盐水中缓慢静脉注射，另外2/3作皮下或肌肉注射，经1～2 h后症状不减轻时，可减量重复应用，直至出现阿托品化状态(口腔干燥、出汗停止、瞳孔散大不再缩小)。以后每隔 3～4 h 皮下注射一般剂量,以巩固疗效。胆碱酯酶复活剂常用解磷定或氯磷定,均按每千克体重 15～30 mg,用生理盐水稀释成 10%溶液,缓慢静脉注射,每 2～3 h 一次,直到症状缓解后,酌量减量或停药。轻度中毒,阿托品与解磷定可任选其一,中度和严重中毒时,则以两者联合或交替应用为宜,可以互补不足,增强疗效。

九、尿素中毒

尿素是动物体内蛋白质分解的终末产物,尿液中含有这种物质。现用的尿素皆为工业合成品,含氮量为 46%,是一种优良的速效氮肥。反刍动物瘤胃内的微生物可将尿素的非蛋白氮转化为蛋白质,因此,利用尿素加入日粮中以补充蛋白质来饲喂羊,早已在畜牧生产中实施了,然而补饲不当或过量即可发生中毒。

(一)病因

(1)使用尿素补饲不当。在饲料中加入尿素补饲时,初次就突然按规定量饲喂,极易引起中毒。另外,不按规定控制用量,或添加的尿素因饲料混合不匀,或将尿素溶于水而大量饲喂,均可引起中毒。

(2)补饲尿素的同时饲喂富含脲酶的大豆饼或蚕豆饼等饲料,可增加中毒的危险性。

(3)动物饮水不足、体温升高、肝机能障碍、瘤胃的高 pH 以及动物处于应激状态等都可能增加动物对尿素中毒的易感性。

(4)尿素管理不善,被羊误食。

(二)临诊表现

羊采食过量尿素后 30～60 min 出现症状。初期表现精神沉郁,随后不安,呻吟,反刍停止,瘤胃臌气,肌肉痉挛,步态不稳。继而反复发作,强直性痉挛,常呈角弓反张姿势,同时呼吸困难,呼出气体带有氨臭味,心跳加快,鼻流出泡沫状液体。后期则出汗,瞳孔散大,肛门松弛。急性中毒经 1～2 h 即可因窒息死亡。

(三)防治

1. 预防

(1)妥善保管尿素,防羊误食、偷食。

(2)正确控制尿素用量和熟悉尿素饲喂的方法。料中添加尿素,应由少到多,逐渐增量至规定用量。尿素的饲喂量一般应控制在饲料总干物质的 1%以下或精料的 2%以下,全天用量以 20～30 g 为宜。开始在饲料中只能加入少量尿素,然后在 10～15 d 内达到标准规定量,使羊有一个逐渐适应的过程。

(3)不要将富含尿酶的豆饼类饲料与尿素同喂;尿素不宜溶于水中饮用;补饲的尿素应与饲料拌匀,同时喂给富含碳水化合物的饲料,以保证瘤胃微生物生命活动的需要。

2. 治疗

首先应立即暂时停止饲喂尿素,同时灌服大量食醋或稀醋酸等弱酸类溶液,以抑制瘤胃中脲酶的活力，并中和尿素的分解产物氨，减少氨的吸收。

(1)食醋 450 mL，加大量冷水，给成年羊一次灌服。或 1%醋酸溶液 100 mL，糖 50～100 g，加水适量灌服。或灌服 1%甲醛 150～500 mL。

(2)对症治疗。用水合氯醛 24 g，加水配成 1%～5%溶液，内服，以抑制痉挛。用 10%硫代硫酸钠溶液 30 mL，静脉注射，或用谷氨酸钠或精制食用味精 5～10 g，溶于 10%葡萄糖注射液 200～300 mL，再加维生素 C 2～3 g，氢化可的松 40～50 mg，一次静脉注射，有解毒作用。

尿素中毒时，严禁补碱。

十、流产

流产是指母羊妊娠中断，或胎儿不足月就排出子宫而死亡。山羊流产较多、绵羊少见。

(一)病因

流产的原因极为复杂。普通病、传染病和寄生虫病等均可引起流产。流产还见于子宫畸形、胎盘坏死、羊水过多等产科病；肺炎、肾炎、有毒植物中毒、食盐中毒、农药中毒等内科病；无机盐缺乏、微量元素不足或过剩、维生素不足等营养代谢障碍病；布氏杆菌病、沙门氏杆菌病等传染病；此外，饲喂冰冻和发霉饲料以及运输拥挤等也可引起流产。

(二)临诊表现

突然发生流产者，产前一般无特征表现。发病缓慢者，表现精神不佳，食欲停止，腹痛起卧，努责，阴户流出羊水，待胎儿排出后稍为安静。若在同一群中病因相同，则陆续出现流产，直至受害母羊流产完毕，方能稳定下来。由于外伤性致病，可使羊发生隐性流产，即胎儿不排出体外，自行溶解，形成胎骨残留于子宫。由于受外伤的程度不同，受伤的胎儿常因胎膜出血、剥离，于数小时或数天排出。

(三)防治

1. 预防

以加强饲养管理为主，重视传染病的防治，根据流产发生的原因，采取有效的防治措施。应给予数量足、质量高的饲料。日粮中所含的营养成分，要考虑母体和胎儿需要。严禁饲喂冰冻、霉败及有毒饲料，防止饥饿、过渴、过食、暴饮。适当运动，防止挤压碰撞、跌打损伤、鞭打惊吓，做好防寒及防暑工作。合理选配，以防偷配、乱配。

母羊配种(受精)、妊娠诊断、直肠及阴道检查，要严格遵守操作规程，严防粗暴从事。定期检疫、预防接种、驱虫及消毒。凡遇疾病，要及时诊断，及早治疗，谨慎用药。发生流产时，先行隔离消毒，一面查明原因，一面进行处理，以防传染性流产散播。

2. 治疗

针对不同情况，采取不同措施。对有流产征兆(胎动不安、腹痛起卧、呼吸、脉搏增数)而胎儿未被排出及习惯性流产，应全力保胎，以防流产。可用黄体酮注射液(含 15 mg)，一次肌肉注射。

中药治疗，宜用四物胶艾汤加减：当归 6 g、熟地 6 g、川芎 4 g、黄芩 3 g、阿胶 12 g、艾叶 9 g、菟丝子 6 g，共研末，用开水调，每天 1 次，灌服 2 剂。

十一、胎衣不下

胎衣不下又称胎膜滞留，是指分娩后不能在正常时间内将胎膜完全排出。正常排出胎衣时间，山羊大约在分娩后 2.5(1～5)h，绵羊大约在分娩后 3.5(2～6)h。

(一)病因

该病多因孕羊缺乏运动，饲料中缺乏钙盐、维生素，饲喂饮水失调，体质虚弱，胎水过多，胎儿过大等引起。此外，子宫内膜炎、布氏杆菌病等也可致病。据报道，羊缺硒也可导致胎衣不下。

(二)临诊表现

病羊常表现弓腰努责，食欲减少或废绝，精神不振，喜卧地。体温升高，呼吸数、脉搏数增加。胎衣久久不下，经 1～2 d 胎衣开始腐败分解(有时可延迟至 4～5 d)，从阴门中流出污红色腐败恶臭的黏液和灰白色胎衣碎片。当全部胎衣不下时，部分胎衣从阴门中悬垂于后肢附关节部。

(三)防治

1. 预防

为了预防本病的发生，可用亚硒酸钠-维生素 E 注射液，在妊娠期肌肉注射 3 次，每次 0.5 mL。饲喂含钙及维生素丰富的饲料。舍饲时要适当增加运动时间，临产前 1 周减少精料，分娩后让母羊自行舔干羔羊身体上的黏液，可能条件下灌服羊水，并尽早让羔羊吮乳。分娩后即注射葡萄糖氯化钙溶液。

2. 治疗

病羊分娩后不超过 24 h 的，可用垂体后叶素注射液或催产素注射液 0.8～1 mL，一次肌肉注射。中药可用当归 9 g、川芎 3 g、桃仁 3 g，益母草 9 g、白术 6 g、红花 6 g、党参 9 g、黄芪 9 g，共研末，开水冲，加黄酒 50 mL 为引。

为防止子宫感染和胎衣腐败而引起子宫炎及败血症，应放置抗生素胶囊或灌注防腐剂，如青霉素 80 万 IU，生理盐水 50 mL，溶解后注入子宫腔。

十二、子宫内膜炎

子宫内膜炎是由于分娩、助产、子宫脱、阴道脱、胎衣不下、腹膜炎、胎儿死于腹中等导致细菌感染而引起的子宫黏膜的炎症。该病是造成母羊不育的主要原因之一。

(一)病因

人工授精、分娩、难产助产、阴道检查时，由于消毒不严，导致病原微生物的侵入而感染致病。母羊患产道损伤、阴道炎、子宫脱、胎衣不下、难产、布鲁氏菌病等，往往也可并发子宫内膜炎。

(二)临诊表现

按其病程的长短可分为急性型和慢性型2种。

1.急性型

病初体温升高，食欲减退，精神不振，泌乳量降低。磨牙、呻吟、弓背、努责、经常作排尿姿势。阴门中排出黏液性或脓性分泌物，卧下时排出量增多。阴道检查，子宫颈稍开张，外口充血肿胀，可发现有黏液性分泌物从子宫颈口排出。

2.慢性型

病情较急性轻微，病程长，子宫分泌物少，如不及时治疗可发展为子宫坏死，继而全身恶化，发生败血症或脓毒败血症。有时可继发腹膜炎、肺炎、膀胱炎、肠炎、乳腺炎等。

(三)防治

1.预防

怀孕母羊应给予营养丰富的饲料，适当运动，增强机体的抗病能力。人工授精时，严格进行无菌操作。在分娩接产和难产助产时，对手臂必须进行严格的消毒。对分娩后的圈舍，要保持清洁、干燥。

2.治疗

治疗原则是增强机体抵抗力，消除炎症，促进子宫机能恢复。

(1)子宫冲洗：用0.1%高锰酸钾溶液或0.1%雷佛奴尔溶液300 mL，灌入子宫腔内，然后用虹吸法排出灌入子宫内的消毒溶液，每日或隔日冲洗子宫，直至排出透明的液体。

(2)消炎：冲洗排液后，可向子宫内注入碘甘油3 mL，或投放土霉素(0.5 g)胶囊。用青霉素80万IU、链霉素50万IU，肌肉注射，每日早晚各1次。

(3)治疗自体中毒：可用10%葡萄糖溶液100 mL、复方氯化钠溶液100 mL、5%碳酸氢钠溶液30～50 mL，混合一次静脉注射；肌肉注射维生素C 200 mg。

任务8　羊常见的传染病

一、口蹄疫

口蹄疫俗称“口疮”、“蹄癀”，是由口蹄疫病毒引起的一种急性、热性、高度接触性传染病。本病的特征是口腔黏膜、蹄部及乳房皮肤形成水疱和烂斑。人也可感染。

(一)病因

口蹄疫病毒有7个主型，我国主要是O型和A型。口蹄疫除羊易感外，其他偶蹄动物亦可感染。实践中疫苗的毒型与流行毒型不同时，不能产生预期的免疫效果。患病动物和带毒动物是主要的传染源。潜伏期的后期和痊愈后的动物是本病危险的传染源。患病动物通过水疱皮、水疱液以及发热期的乳汁、泪液、口涎、尿液、粪便等向外排毒。

本病主要经呼吸道、消化道、损伤的皮肤黏膜而感染。饲管工具、运输工具、饲料、饮水、垫草、饲养管理人员以及犬、猫、鼠类、家禽等都可成为本病的传播媒介。本病传播迅速，流行猛烈，几天内即可波及全群或某一地区，发病率高，新疫区可达100%，老疫区达50%，死亡率低，一般为1%～3%。一年四季均可发生。本病常呈流行性或大流行性，有时也呈地方流行性。有一定的周期性。

(二)临诊表现

潜伏期平均为2～4 d，短的1 d，长的7 d。病初病羊出现体温升高、肌肉震颤、流涎、食欲减退或废绝，反刍停止，病羊口腔黏膜、四肢的蹄叉和趾间甚至乳房等处出现水疱。起初水疱只有豌豆到蚕豆大，继而融合增大或连成片状，水疱中初为淡黄色透明液体，以后变为混浊，破溃后，若护理得好，不被感染，很快痊愈；若被细菌感染，导致严重跛行。绵羊的蹄部变化比较明显，而山羊的口腔变化明显。成年羊病死率较低，羔羊常表现为心肌炎和胃肠炎，病死率可达25%～50%。

(三)病理变化

除口腔、蹄部等处出现水疱和烂斑外，严重者咽喉、气管、支气管和前胃黏膜有时也有烂斑和溃疡，真胃和肠黏膜有出血性炎症。心包膜有出血斑点，心肌切面有灰白色或淡黄色的出血斑点或条纹，称为"虎斑心"，心脏似煮熟状。

(四)防治

1.平时的预防措施

加强检疫，购入羊只时，必须先检疫，后要隔离观察，确认健康方可混群；禁止从疫区购入羊、羊产品、饲料、生物制品等。加强饲养管理，搞好卫生，定期消毒。常发地区定期应用相应毒型的口蹄疫疫苗进行预防接种。目前常用的疫苗是羊O型口蹄疫灭活疫苗，羔羊每只1 mL，成年羊每只2 mL，皮下注射。

2.发病时的扑灭措施

发生口蹄疫或疑似口蹄疫时，应立即上报疫情，有关部门应立即组织人员进行病料的采取(最好在水疱未破裂前进行)，送实验室确诊定型。确诊后划定并封锁疫点、疫区，扑杀患病羊，尸体焚烧或深埋；对疫区及受威胁区的假定健康羊接种流行毒型口蹄疫疫苗；对污染的环境及用具随时消毒，常用的消毒剂是2%～4%的氢氧化钠溶液；待最后一只病羊处理之后，14 d内无新病例出现，经过终末大消毒后解除封锁。

二、羊痘病

羊痘，农牧民称之为"羊天花"或"羊出花"，是由痘病毒引起的一种急性、热性、接触性传染病。其特征是皮肤和黏膜上发生特异性的痘疹。羊痘分为绵羊痘和山羊痘，以绵羊痘多见。

(一)病因

绵羊痘病毒和山羊痘病毒分别引起绵羊痘和山羊痘。病羊和带毒羊是本病的主要的传染源,可通过水疱液、脓疱液、脱落的痂皮以及呼吸道分泌物排毒。本病主要经呼吸道感染,也可通过损伤的皮肤或黏膜感染。饲养管理人员、用具、皮毛、饲料、垫草和外寄生虫等都可成为传播的媒介。不同品种、性别、年龄的绵羊都有易感性,以细毛羊最为易感,羔羊比成年羊易感,病死率亦高。本病可发生于任何季节,但以冬春寒冷季节多见。羊舍狭窄、拥挤、阴暗潮湿、卫生和通风不良,可使流行加剧和病情加重。

(二)临诊表现

潜伏期平均为6～8 d,短的2～3 d,长的达15～16 d。

1.典型羊痘

病初,体温升高到41～42℃,食欲减退,精神沉郁,结膜潮红;流鼻液,呼吸数、脉搏数增加。1～4 d后,在身体无毛或少毛部位的皮肤(眼周围、鼻、唇、颊、四肢、尾内侧、乳房、阴唇、阴囊和包皮上)出现红斑,再经1～2 d后形成丘疹(凸出于皮肤表面的灰红色硬结,指压变为苍白色),丘疹逐渐增大,变成水疱(灰白色或淡红色,充满浆液),以后再形成脓疱,进而脓疱破溃、结痂,经7 d左右,痂皮脱落后留下一个红色瘢痕(以后颜色逐渐变淡),病羊康复。

2.非典型羊痘

有的病羊出现轻度体温升高,不出现或仅有少数痘疹,或出现丘疹后不再继续发展,即逐渐消散痊愈;有的病羊见痘疱内出血,呈黑色痘;还有的病羊痘疱发生化脓和坏疽,形成相当深的溃疡,发出恶臭气味,病死率达20%～50%。

(三)病理变化

除上述体表所见病变外,剖检可见胃黏膜上,有圆形或椭圆形白色坚实结节,严重的可形成糜烂或溃疡。口腔、舌面、咽喉部和支气管黏膜也常有痘疹,肺有干酪样结节和卡他性肺炎区,淋巴结肿大。

(四)防治

平时加强饲养管理,常发区每年定期预防注射。羊痘鸡胚化弱毒疫苗,不论羊只大小,一律尾部或股内侧皮内注射0.5 mL,4～6 d可产生免疫,免疫期1年。

发病时,立即隔离或淘汰病羊,未发病者紧急接种疫苗。封锁疫点、疫区,严格消毒污染的环境,尸体深埋处理;目前尚无特效疗法,皮肤病变部位可涂擦碘酊,为防止继发感染,可以肌肉注射青霉素80万～160万IU,链霉素100万～200万IU,每天1～2次,羔羊酌减。康复血清也有一定防治作用,大羊为5～10 mL,小羊为2.5～5 mL,皮下注射,预防量减半。

三、布氏杆菌病

本病是由布鲁氏菌引起人畜共患的一种慢性传染病。其特征是生殖器官和胎膜发炎,引起流产、不育和各种组织的局部炎性病灶。

(一)病因

由布鲁氏菌引起。传染源是病羊及带菌羊。最危险的是受感染的妊娠母羊,它们在流产或分娩时将大量布鲁氏菌随着胎儿、胎水和胎衣排出。流产后的阴道分泌物以及乳汁中都含有布鲁氏菌。布鲁氏菌感染的睾丸炎病例的精液中也有布鲁氏菌存在。此外,布鲁氏菌间或随尿排出。本病的主要传播途径是消化道,也可经皮肤、结膜、交媾而感染。吸血昆虫可以传播本病。羊的易感性是随性成熟年龄接近而增高。母羊较公羊易感。

(二)临诊表现

潜伏期不定,2 周至半年。常呈隐性感染。怀孕羊发生流产是本病的主要症状。流产多发生于怀孕后的 3～4 个月,流产前,食欲减退,口渴,精神沉郁,阴道流出黄色黏液等。有时患病羊发生关节炎和滑液囊炎而引起跛行,少部分病羊发生角膜炎和支气管炎。

(三)病理变化

剖检常见的病变是胎衣部分或全部呈黄色胶冻样浸润,有些部位覆有纤维蛋白絮片和脓液,有的增厚并有出血点。流产胎儿主要为败血症病变,浆膜与黏膜有出血点或出血斑,皮下和肌肉间发生浆液性浸润,淋巴结、脾脏和肝脏有程度不等的肿胀,有的有炎性坏死灶。公羊可发生化脓性、坏死性睾丸炎和附睾炎,睾丸先肿大,后期萎缩。

(四)防治

目前对本病尚无有效治疗方法,故应以预防为主。坚持自繁自养,必须引进时,要严格执行检疫。即将引进羊只隔离饲养 2 个月,同时进行布鲁氏菌病的检查,全群 2 次检查阴性者,才可以与原有羊混群。无本病羊群,也应定期检疫(至少一年一次),一经发现,应立即淘汰。羊群中如果发现流产,除隔离流产羊和消毒环境及处理流产胎儿、胎衣外,应尽快做出诊断。确诊为布鲁氏菌病或在羊群中检疫发现本病,应立即采取措施,将其消灭。彻底消毒被污染的用具和场所。销毁流产胎儿、胎衣、羊水和产道分泌物。羊场工作人员应注意个人防护,以防感染。对阴性羊,应进行疫苗接种,在我国,主要使用羊布鲁氏菌 2 号弱毒活苗和马耳他布鲁氏菌 5 号弱毒活苗。羊布鲁氏菌 2 号苗可经口服、注射和气雾免疫。羊马耳他布鲁氏菌 5 号苗气雾免疫也已成功。

四、羊快疫

羊快疫是由腐败梭菌经消化道感染引起的主要发生于绵羊的一种急性传染病。本病以突然发病,病程短促,真胃出血性炎症为特征。

(一)病因

病原为腐败梭菌,是革兰氏染色阳性的厌气大杆菌,产生多种毒素。一般经消化道感染。绵羊对羊快疫最易感,山羊也可感染。发病羊多为营养良好的,多发生于 6～18 月龄的羊。当存在不良的外界诱因,特别是在秋、冬和初春气候骤变、阴雨连绵之际,羊只受寒感冒或采食了冰冻带霜的草料，引起休克、死亡。本病以散发性流行为主，发病率低而病死率高。

(二)临诊表现

本病突然发生，临床症状还未出现就死亡。有的病羊离群独处，卧地，不愿走动，强迫行走时，表现虚弱和运动失调，腹部膨胀，有疝痛症状。体温表现不一，有的正常，有的升高到41.5℃左右。病羊最后极度衰弱、昏迷，通常于数分钟至数小时内死亡，罕有痊愈者。

(三)病理变化

主要是真胃出血性炎症变化。黏膜，尤其是胃底部及幽门附近的黏膜，常有大小不等的出血斑块，其表面发生坏死，出血坏死区低于周围的正常黏膜，黏膜下组织常水肿。胸腔、腹腔、心包腔有大量积液，暴露于空气易于凝固，心内膜下和心外膜下有点状出血，肠道和肺脏的浆膜下也可见到出血。胆囊多肿胀。如病羊死后未及时剖检，则尸体因迅速腐败而出现其他死后变化。

(四)防治

1. 预防

加强饲养管理，防止受寒感冒，避免羊只采食冰冻饲料，加强平时的防疫措施。发生本病时，将病羊隔离，同时用菌苗进行紧急接种。在本病常发地区，每年可定期注射1～2次羊快疫、羊肠毒血症、羊猝狙三联苗或羊快疫、羊肠毒血症、羊猝狙、羊黑疫、羔羊痢疾五联菌苗。厌气菌七联干粉苗(羊快疫、羊猝狙、羊肠毒血症、羊黑疫、羔羊痢疾、黑疫、肉毒中毒、破伤风七联菌苗)，这种菌苗可以随需要配合。

2. 治疗

由于本病的病程短促，往往来不及治疗。对病程较长的病例，可选用青霉素肌肉注射，剂量每次80万～160万IU，每天2次；磺胺嘧啶内服，剂量每次5～6 g，每天2次，连服3～4次；也可给病羊内服10%～20%石灰乳，每次50～100 mL，连服1～2次。在使用抗菌药物的同时应及时配合强心、输液等对症治疗措施。

五、羊肠毒血症

羊肠毒血症主要是绵羊的一种急性毒血症。是由于D型魏氏梭菌在羊肠道中大量繁殖，产生毒素所引起。死后肾组织易于软化，因此又称此病为“软肾病”。

(一)病因

本病病原为革兰氏阳性厌氧粗大杆菌，可形成荚膜，故又称产气荚膜杆菌，本菌可产生多种毒素，导致全身性毒血症。通常羊采食被芽孢污染的饲草或饮水而诱发本病。

本病多呈散发，绵羊发生较多，山羊较少。通常以2～12月龄、膘情较好的羊最易发病。本病的发生，具有明显的季节性和条件性。在牧区，多发于春末夏初青草萌发和秋季牧草结籽后的一段时期；在农区，则常常是在收菜季节，羊只吃了多量菜根菜叶，或收了庄稼后羊群抢茬吃了大量谷类的时候发生此病。

(二)临诊表现

突然发生,很少见到症状。能见到临床症状的通常可分为 2 种类型:抽搐型和昏迷型。前者在死亡前,四肢强烈的划动,肌肉颤抖,眼球转动,磨牙,流涎,随后头颈显著抽搐,往往 2～4 h 内死亡。后者病程较长,早期症状为步态不稳,随后倒地,并有感觉过敏,流涎,上下颌“咯咯”作响,继以昏迷,角膜反射消失,有的病羊发生腹泻,通常在 3～4 h 内静静地死去。

(三)病理变化

真胃含有未消化的饲料,回肠的某些区段呈急性出血性炎性变化,重症病例整个肠段出血变红色,俗称“血肠子”。肾脏比平时更易于软化,如脑髓样,俗称“软肾病”。

(四)防治

1. 预防

在常发地区,应定期注射疫苗。常用疫苗同羊快疫。在牧区夏初发病时,应该少抢青,而让羊群多在青草萌发较迟的地方放牧,秋末发病时,可尽量到草黄较迟的地方放牧;在农区针对引起发病的原因,减少或暂停抢茬,少喂菜根菜叶等多汁饲料。要加强羊只的饲养管理,加强羊只的运动。

2. 治疗

对病程较长的病例,可选用青霉素肌肉注射,剂量每次 80 万～160 万 IU,每天 2 次;内服磺胺脒 8～12 g,第 1 天 1 次灌服,第 2 天分 2 次灌服;也可灌服 10%石灰水,大羊 200 mL,小羊 50～80 mL,连服 1～2 次。此外,应结合强心、补液、镇静等对症治疗,有时可救活部分羊只。

六、羊猝狙

羊猝狙是由 C 型魏氏梭菌所引起的一种毒血症,以急性死亡、腹膜炎和溃疡性肠炎为特征。

(一)病因

病原为 C 型魏氏梭菌,在自然界广泛分布于土壤、污水、饲料及粪便中。经消化道感染,在小肠里繁殖,产生 β 毒素,引发本病。本病主要发生于成年绵羊,以 1～2 岁的绵羊发病较多。常见于低洼、沼泽地区,多发生于冬、春季节,常呈地方流行性。

(二)临诊表现

病程短促,常见不到症状即突然死亡。有时发现病羊掉群、卧地,表现不安、衰弱,痉挛,眼球突出,在数小时内死亡。

(三)病理变化

主要见于消化道和循环系统。十二指肠和空肠黏膜严重充血、糜烂,有的区段可见大小不等的溃疡。胸腔、腹腔和心包大量积液，暴露于空气后，容易形成纤维素性絮块。浆膜上有小点出血。病羊刚死时骨骼肌表现正常，但在死后 8 h 内，细菌在骨骼肌肉增殖，使肌间积聚血样液体，肌肉出血，有气性裂孔，骨骼肌的这种变化与黑腿病的病变十分相似。

(四)防治

可参照羊快疫、羊肠毒血症的防治方法进行。

七、羊黑疫

羊黑疫又称“传染性坏死性肝炎”，是羊的一种急性高度致死性毒血症。本病以肝实质的坏死性病灶为特征。

(一)病因

由 B 型诺维氏梭菌引起。本菌主要引起 1 岁以上的绵羊感染，尤其以 2～4 岁的绵羊发生最多。发病羊多为营养良好的羊只，山羊也可感染。本病主要发生于春夏季节和肝片吸虫病流行的低洼潮湿地区，当羊采食被细菌污染的饲料后而引发本病。

(二)临诊表现

本病在临床上与羊快疫、肠毒血症等极为相似。绝大多数情况是突然发生死亡。少数病例病程稍长，可拖延 1～2 d，但没有超过到 3 d 的。病羊掉群，不食，呼吸困难，体温升高到 41.5℃左右，呈昏睡俯卧，突然死去。

(三)病理变化

病羊尸体皮下静脉显著瘀血，其皮肤呈暗黑色外观(黑疫之名即由此而来)。胸腔、腹腔和心包腔常有积液。真胃幽门部和小肠充血和出血。肝脏充血肿胀，从表面可看到或摸到有一个到多个凝固性坏死灶，坏死灶的界限清晰，呈灰黄色，不整齐的圆形，周围常为一鲜红色的充血带围绕。这种病变和未成熟肝片吸虫通过肝脏所造成的病变不同，后者为黄绿色，弯曲似虫样的带状病痕。

(四)防治

1. 预防

此病首先在于控制肝片吸虫的感染，在肝片吸虫病流行地区，对羊群每年至少安排 2 次定期驱虫。一次在秋末冬初，由放牧转为舍饲之前；另一次在冬末春初，由舍饲改为放牧之前。药物可用丙硫苯咪唑、蛭得净等。常发病地区定期接种“羊快疫、羊肠毒血症、羊猝狙、羊黑疫、羔羊痢疾五联苗”，每只羊皮下或肌肉注射 5 mL，注射后 2 周可产生免疫力，保护期达半年。

2. 治疗

发生本病时，应将羊群移牧于高燥地区。对病程稍缓的病羊，可肌肉注射青霉素，也可用抗诺维氏梭菌血清，静脉注射或肌肉注射，每次注射 50～80 mL，连用 1～2 次。

八、羔羊痢疾

羔羊痢疾是初生羔羊的一种急性毒血症，以剧烈腹泻和小肠发生溃疡为其特征。本病常可使羔羊发生大批死亡，给养羊业带来重大损失。

(一)病因

由B型魏氏梭菌引起。本病主要危害7日龄以内的羔羊，尤其是2～3日龄的发病最多，7日龄以上的很少患病。传染途径主要是通过消化道，也可通过脐带或创伤而感染。纯种细毛羊的适应性差，发病率和死亡率最高，杂种羊则介于纯种与土种羊之间。母羊怀孕期营养不良，羔羊体质瘦弱，气候寒冷，特别是大风雪后，羔羊受冻，哺乳不当，羔羊饥饱不均等可以诱发本病的发生。

(二)临诊表现

自然感染的潜伏期为1～2 d。临床上通常有下痢型和神经型2种类型。

1. 下痢型

病初精神不振，低头弓背，不想吃奶。不久就发生腹泻，粪便恶臭，有的稠如面糊，有的稀薄如水，到了后期，有的还带有血液，甚至出现血便。病羔逐渐虚弱，卧地不起。若不及时治疗，常在1～2 d内死亡，只有少数病轻的可能自愈。

2. 神经型

病羔腹胀而不下痢，或只排少量稀粪(也可能带血或呈血便)，其主要表现是神经症状，四肢瘫软，卧地不起，呼吸急促，口流白沫，最后昏迷，头向后仰，体温降至常温以下。病情严重，病程很短，若不及时救治，常在数小时到十几小时内死亡。

(三)病理变化

尸体脱水现象严重。最显著的病理变化是在消化道。第四胃内往往有未消化的凝乳块。小肠黏膜充血发红，常可见到直径为1～2 cm的溃疡，溃疡周围有一出血带环绕，有的肠内容物呈血色。肠系膜淋巴结肿胀充血，间或出血。心包积液，心内膜有时有出血点。肺常有充血区域或瘀斑。

(四)防治

在长期防治该病中，广大兽医工作者已综合性的提出了一整套防治措施，如大抓“膘”、“暖”、“奶”、“消”、“治”等防治措施。

“膘”：大力搞好母羊抓膘保膘工作，使所产羔羊体格健壮，抗病力强。

“暖”：加强保暖工作。兴建棚圈，并在每年产羔前修补严密。放牧过程中产下的羔羊，尽快放入毡包，防止受冻。羊圈应保持干燥，避免潮湿。

“奶”：合理哺乳，避免羔羊饥饱不均。

“消”：即消毒隔离。每年及早在上冻之前，做好棚圈及用具的消毒工作。一旦疾病发生，应随时隔离病羔。搬圈也是一种有效的方法，能减少本病的发生。

“治”:即药物治疗。每年秋季注射羔羊痢疾菌苗或五联菌苗或七联苗,产前2～3周再接种一次。羔羊出生后12 h内,灌服土霉素0.15～0.2 g,每天1次,连续灌服3 d,有一定的预防效果。

对病羔要做到及早发现,仔细护理,积极治疗。治疗羔羊的方法很多,各地应用的效果也不一,应根据当地条件和实际效果,实验选用。

(1)土霉素0.2～0.3 g,或再加胃蛋白酶0.2～0.3 g,加水灌服,2次/d。

(2)磺胺胍0.5 g,鞣酸蛋白0.2 g,次硝酸铋0.2 g,碳酸钠0.2 g,加水灌服,3次/d。

也可服用中药加减乌梅汤:乌梅(去核)9 g、炒黄连9 g、黄芩9 g、郁金9 g、炙干草9 g、羊苓9 g、诃子肉12 g、焦山楂12 g、神曲7 g、泽泻7 g、干柿饼1个,将上述药研碎,加水400 mL,煎至150 mL,加红糖50 g为引,一次灌服。

在选用上述药物的同时,对心脏衰弱的,皮下注射25%安钠咖0.5～1 mL;对脱水严重的,静脉注射5%葡萄糖盐水50～100 mL;食欲不好者,可灌服人工胃液(胃蛋白酶5 mL、浓盐酸5 mL、水1 L)10 mL或番木鳖酊0.5 mL,每天1次。对于有兴奋症状的急性病例,用水合氯醛0.1～0.2 g,加水灌服,必要时4 h后重复1次,为了治疗并发的肺炎,可用青霉素、链霉素各40万IU,混合溶解,肌肉注射,每天2次。

九、炭疽

炭疽是由炭疽杆菌引起的人、畜共患的一种急性、热性、败血性传染病。临床特征是突然发生高热,可视黏膜发绀和天然孔出血。剖检呈败血性变化,以脾脏显著肿大,皮下和浆膜下结缔组织出血性胶样浸润,血凝不良呈煤焦油样,尸僵不全等为其特征。

(一)病因

由炭疽杆菌引起。本病的主要传染源是患病动物,病原体通过粪便、尿液、唾液及天然孔出血等方式排出而污染外界环境,形成芽孢。当羊采食含炭疽芽孢的饲料和饮水后通过消化道感染,也可经呼吸道和吸血昆虫叮咬而感染。在自然条件下,以绵羊、山羊易感性最强。本病有一定的地区性,呈散发性发病,无明显季节性,但夏季多见。

(二)临诊表现

本病潜伏期一般为1～5 d,最长的可达14 d。羊多为最急性型,表现突然倒地,全身战栗,摇摆,昏迷、磨牙,呼吸极度困难,可视黏膜发绀,天然孔流出带泡沫的黑红色血液,常于数分钟内死亡。病情缓和时,病羊兴奋不安,行走摇摆,呼吸急促,心跳加快,黏膜发绀,后期全身痉挛,天然孔出血,数小时内即可死亡。

(三)病理变化

死后尸体极易腐败,尸僵不全,天然孔出血,血凝不良,呈煤焦油样,黏膜发绀。全身多发性出血,皮下、浆膜下结缔组织呈现出血性胶样浸润,脾脏显著肿大,为正常的2～5倍。对死于炭疽的羊,严禁剖检。

(四)防治

1. 预防

在疫区或常发地区,每年对羊进行预防注射,常用的疫苗是炭疽第二号芽孢苗,皮下注射 1 mL,14 d 产生免疫力,免疫期 1 年。当有炭疽病发生时,要及时隔离病羊,对污染的羊舍、地面及用具要立即用 10%热氢氧化钠液或 20%漂白粉溶液喷洒消毒,每隔 1 h 喷洒 1 次,连续 3 次。对同群的未发病羊,使用青霉素连续注射 3 d,有预防作用。

2. 治疗

由于病羊呈最急性经过,往往来不及治疗。病程稍缓羊,必须在严格隔离条件下进行治疗。初期可使用抗炭疽血清,羊每次 40~80 mL,静脉注射。第 1 次注射剂量应适当加大,经 12 h 后再注射 1 次。炭疽杆菌对青霉素、土霉素及氯霉素敏感,其中青霉素最常用,剂量按每千克体重 1.5 万 IU,每隔 8 h 肌肉注射 1 次。实践证明,抗炭疽血清与青霉素合用效果更好。

发生本病时,应尽快上报疫情,划定疫点、疫区,采取隔离封锁等措施,对病羊要隔离治疗,禁止病羊的流动,受威胁区及假定健康羊作紧急免疫接种。做好消毒和尸体处理工作。

十、沙门氏菌病

羊沙门氏菌病,包括绵羊流产和羔羊副伤寒。临床上羔羊多表现为败血症和肠炎,怀孕母羊发生流产。

(一)病因

绵羊流产的病原是羊流产沙门氏菌;羔羊副伤寒的病原以都柏林沙门氏菌和鼠伤寒沙门氏菌为主。本菌在土壤、饲料、饮水、粪尿、流产胎儿及附属物中含有本菌,常经消化道感染。各种年龄的羊均可感染,但以未断乳或断乳不久的羔羊最易感。病羊和带菌羊是本病的主要传染源,人类带菌者也可成为传染源。通过粪便、尿、乳汁以及流产的胎儿、胎衣和羊水排出病菌,污染水源和饲料等感染健康羊。病羊与健康羊交配或用病公羊的精液人工授精可发生感染。此外,子宫内也可引起感染。本病一般呈散发性或地方流行性,一年四季均可发生。育成期羔羊常于夏季和早秋发病,孕羊则主要在晚冬、早春季节发生流产。

(二)临床表现

潜伏期长短不一,因年龄、诱发因素和侵入途径不同而异。

1. 羔羊副伤寒(下痢型)

羔羊副伤寒(下痢型)多见于 15~30 日龄的羔羊,病羊体温升高到 40~41℃,食欲减退,腹泻,排黏性带血稀粪,恶臭。精神沉郁、虚弱、低头、弓背、继而卧地,经 1~5 d 死亡。有的经 2 周后可康复。发病率 30%,病死率 25%。

2. 绵羊流产

绵羊流产多发生于怀孕的后 2 个月。病羊体温升高,厌食、精神沉郁,部分羊有腹泻症状。病羊产下的活羔,表现衰弱,卧地,并可能有腹泻;不吮乳,往往于 1~7 d 内死亡。病母羊也可在流产后或无流产的情况下死亡。羊群暴发一次,一般持续 10~15 d,流产率和病死率可达

60%。其他羔羊的病死率达10%，流产母羊一般有5%～7%死亡。

(三)病理变化

1.下痢型

病羊真胃和肠道空虚，黏膜充血，有半液状内容物，肠道黏膜上有黏液，并含有小的血块，肠道和胆囊黏膜水肿，肠系膜淋巴结肿大充血，心内外膜下有小出血点。

2.流产型

流产、死产的胎儿或出生后1周内死亡的羔羊，表现为败血症病变。死亡母羊有急性子宫炎。流产或死产者其子宫肿胀，常含有坏死组织、浆液性渗出物和滞留的胎盘。

(四)防治

1.预防

本病应加强饲养管理，保持圈舍清洁卫生，防止饲料和饮水被病原污染，注意羔羊保暖，及早喂给羔羊初乳。发现病羊，立即隔离治疗，被污染的羊舍、场地、用具应彻底消毒。病死羊尸体应作无害化处理。

2.治疗

可用抗菌素，如氯霉素、土霉素和新霉素，羔羊每千克体重30～50 mg，分3次灌服。成年羊每千克体重10～30 mg，肌肉或静脉注射，每日2次。痢特灵每千克体重10 mg，分2次灌服，连续用药5 d。种羊可用大肠杆菌、巴氏杆菌、沙门氏菌三价抗血清5 mL，一次皮下注射。

十一、羊链球菌病

羊链球菌病俗称“嗓喉病”，是由羊溶血性链球菌引起的一种急性、热性、败血性传染病。其特征是下颌淋巴结和咽喉部肿胀、大叶性肺炎、呼吸异常困难、各脏器出血、胆囊肿大。

(一)病因

由羊溶血性链球菌引起。病羊和带菌羊是主要传染源。本病绵羊最易感，山羊次之。主要经呼吸道和损伤的皮肤感染。本病的发生与气候变化有关。新疫区多在冬春季呈流行性发生，老疫区为散发。发病率为15%～24%，病死率在80%以上。

(二)临诊表现

羊链球菌病潜伏期一般为2～7 d，少数可长达10 d。

1.最急性型

最急性型病羊初期不易被发现，常于24 h内死亡，或在清晨发现死于圈内。

2.急性型

急性型病初体温升高到41℃以上，精神沉郁，垂头、弓背、呆立、不愿走动。食欲减退或废绝，反刍停止。眼结膜充血，随后出现浆液性分泌物。鼻腔流出浆液性脓性鼻汁。咽喉肿胀，颌下淋巴结肿大，呼吸困难，流涎、咳嗽。粪便有时带有黏液或血液。孕羊多发生流产。最后衰竭倒地，多数因窒息死亡。病程2～3 d。

3. 亚急性型

亚急性型体温升高，食欲减退。流鼻液，咳嗽，呼吸困难。粪便稀软带有黏液或血液。不愿走动，行走时步态不稳。病程 1～2 周。

4. 慢性型

慢性型一般表现为轻度发热、消瘦、食欲不振、步态僵硬；有的病羊咳嗽，有的出现关节炎。病程 1 个月左右。

(三)病理变化

特征性病理变化可见各个脏器广泛出血，淋巴结肿大、出血。鼻、咽喉和气管黏膜出血。肺水肿或气肿、出血、肝变、呈大叶性肺炎，有时可见有坏死灶；肺脏常与胸膜粘连。肝脏肿大，表面有少量出血点；胆囊肿大为正常的 2～4 倍，胆汁外渗。肾脏质地变脆、变软，肿胀、梗死，被膜不易剥离。各个器官浆膜面附有黏稠的纤维素性渗出物。胸、腹腔及心包腔积液。

(四)防治

1. 预防

平时加强饲养管理，做好抓膘、保膘及防寒保温工作，不从疫区引进羊只，并做好卫生消毒工作。常发病地区坚持免疫接种，在每年发病季节前，用羊链球菌氢氧化铝甲醛菌苗进行预防接种，大小羊只一律皮下注射 3 mL，3 月龄以下羔羊，2～3 周后重复接种 1 次，免疫期可维持半年以上。

2. 治疗

发生本病后，做好隔离治疗、消毒毁尸等工作。早期治疗常用青霉素或磺胺类药物治疗。青霉素每次 80 万～160 万 IU，每天肌肉注射 2 次，连用 2～3 d；20%磺胺嘧啶钠 5～10 mL，每天肌肉注射 2 次，或用磺胺嘧啶，每次 5～6 g(小羊减半)，每天内服 1～3 次，连用 2～3 d。

十二、羊传染性脓疱病

羊传染性脓疱病俗称“羊口疮”，是由传染性脓疱病毒引起羊的一种急性接触性传染病。其特征为口唇等处皮肤和黏膜上形成丘疹、脓疱、溃疡和结成疣状厚痂。主要危害羔羊。

(一)病因

传染性脓疱病毒又称羊口疮病毒。病羊和带毒羊是传染源。本病主要是经损伤的皮肤或黏膜感染。自然感染主要因购入病羊或带毒羊而传入健康羊群，或者是通过将健康羊置于曾有病羊用过的厩舍或污染的牧场而引起。本病只危害绵羊和山羊，无性别和品种的差异，以 3～6 月龄羔羊发病最多，并常为群发，成年羊同样有易感性，但发病较少。本病多发于秋季。

(二)临诊表现

羊传染性脓疱病潜伏期平均为 4～7 d。在临床上按感染部位不同分为唇型、蹄型和外阴型 3 种病型，也偶见有混合型。

1. 唇型

唇型是最常见的一种病型。病羊首先在口角或上唇出现散在的小红斑，很快即形成大麻籽大的小结节，继而成为水疱或脓疱，脓疱破溃后，结成黄色或棕色的硬痂。如为良性经过，则经 1～2 周痂皮干燥、脱落而康复。严重病例，患部继续发展至整个口唇周围及颜面、眼睑和耳廓等部，形成大面积具有龟裂、易出血的污秽痂垢，痂垢下伴以肉芽组织增生，整个嘴唇肿大外翻，严重影响采食，病羊日趋衰弱而死。

2. 蹄型

蹄型只发生于绵羊，多为一肢患病，但也可能同时或相继侵犯全部蹄端。常在蹄叉、蹄冠或系部皮肤上形成水疱或脓疱，破裂后形成由脓液覆盖的溃疡。

3. 外阴型

此型少见，阴道有黏性和脓性分泌物，在疼痛肿胀的阴唇和附近的皮肤上有溃疡，乳房和乳头的皮肤上(多系病羔吃乳时传染)发生脓疱、烂斑和痂垢。在公羊，阴鞘肿胀，阴鞘口和阴茎上发生小脓疱和溃疡。

(三)病理变化

无明显的肉眼病变。

(四)防治

1. 预防

预防要注意防止黏膜、皮肤发生损伤，特别是幼羔，加喂适量食盐。不要从疫区引进羊只和购买畜产品。如必须从情况不明，特别是可疑的羊场购入羊只，应隔离检疫 2～3 周，进行详细检查，同时应将蹄部彻底清洗和进行多次消毒。在本病流行地区，可使用羊口疮弱毒疫苗进行免疫接种。所使用的疫苗毒株型应与当地流行毒株相同。发病时，应对全部羊只进行检查，发现病羊立即隔离治疗，并用 2％氢氧化钠溶液、10％的石灰乳或 20％的草木灰水彻底消毒用具和羊舍。

2. 治疗

病羊治疗，如病变为唇型和外阴型，可先用 0.1％～0.2％高锰酸钾溶液冲洗创面，再涂以 5％碘酊甘油(1∶1)，每天 2～3 次。如为蹄型，可将病蹄在 5％的福尔马林中浸泡 1 min，必要时每周重复 1 次，连续 3 次，或每隔 2～3 d 用 3％的龙胆紫或 10％的硫酸锌酒精溶液重复涂擦。对严重病例应给予支持疗法，必要时可应用抗生素或磺胺类药物。

十三、破伤风

破伤风又名“强直症”，俗称“锁口风”，是由破伤风梭菌经伤口感染引起的一种急性中毒性疾病。其特征是患病动物全身肌肉发生强直性痉挛，对外界刺激的反射兴奋性增强。

(一)病因

破伤风梭菌为一种大型厌氧性革兰氏阳性杆菌，本菌广泛存在于自然界中。感染常见于各种创伤，如断脐、去势、手术、断尾、产后感染等，在临床上有 1/3～2/5 的病例查不到伤口，可能是创伤已愈合。本病无明显的季节性,多为散发性。

(二)临床表现

潜伏期最短 1 d,最长可达数月,一般 1～2 周。成年羊病初症状不明显,病的中、后期才出现不能自主卧下或起立,四肢逐渐强直,运步艰难,角弓反张,牙关紧闭,流涎,尾直和瘤胃臌气。羔羊的破伤风常起因于脐带感染,角弓反张明显,常伴有腹泻,病死率极高,几乎可达 100%。

(三)病理变化

一般无特殊的病理变化可见。

(四)防治

1. 预防

在本病常发地区,应对羊定期接种破伤风类毒素。防止外伤感染。平时要注意饲养管理和环境卫生,防止羊受伤。一旦发生外伤,要注意及时处理,防止感染。阉割手术时要注意器械的消毒和无菌操作。

2. 治疗

置病羊于安静处,避免强光刺激。首先处理伤口,以 0.1%高锰酸钾、3%过氧化氢(双氧水)或 5%～10%碘酊进行消毒处理,静脉注射破伤风抗毒素 5 万～10 万 IU,肌肉注射青霉素 160 万 IU,每日 1 次,连用 5 d。为缓解肌肉痉挛,可用 25%硫酸镁 10～20 mL 或盐酸氯丙嗪 5 mL 肌肉注射,每日 2 次。另外,可用 5%葡萄糖 1 000 mL、40%乌洛托品 15 mL,一次静脉注射。

任务 9 羊常见的寄生虫病

一、羊螨病

羊螨病俗称"疥癣"或"癞",是由螨寄生在体表而引起的慢性寄生性皮肤病,具有高度传染性,往往在短期内可引起羊群严重感染,危害十分严重。

(一)病因

主要由疥螨和痒螨通过接触传染。本病主要发生于冬季,秋末和春初也可发生。圈舍阴暗潮湿,羊群密度过大,皮肤卫生状况不良,营养缺乏,体质瘦弱,体表湿度过大等均易发生本病。

(二)临诊表现

1. 奇痒

由于皮肤发炎，病羊在围栏、墙上及其他羊体等处进行摩擦，也有的自己啃咬，出现越擦越痒，越咬越痒，使患部不断扩展。

2. 结痂

脱毛、皮肤增厚是螨病病羊必然出现的现象。由于痒，在蹭痒时使皮肤发生结节、水疱，破裂后流出渗出液，渗出液与脱落的上皮细胞、皮毛和污垢混杂在一起，干燥后就结成痂皮。随着病情的发展，患部脱毛、皮肤增厚。

3. 消瘦

一方面，病羊由于终日啃咬和摩擦患部，烦躁不安，影响了正常的采食和休息，日渐消瘦。另一方面，由于大面积脱毛，使皮肤裸露于寒冷的空气之中，体温随之大量散失，体内蓄积的脂肪被大量消耗，导致迅速消瘦。

4. 患螨病后的其他特征

痒螨主要危害绵羊，多发生于被毛稠密之处，脱毛明显；山羊痒螨病常见于耳壳内面，易在耳内形成黄色痂皮，将耳道阻塞。螨病主要危害山羊，多见于嘴唇四周、眼圈、耳根等处，严重者可见皮肤皲裂，影响采食；而绵羊主要局限于头部，病变部的皮肤有如干涸的石灰，故有"石灰头"之称。

(三)防治

1. 预防

圈舍保持干燥，光线充足，通风良好；羊群密度适宜；无本病的羊场引进羊只时要进行严格的临诊检查，严禁将病原体带入，疑似动物应及早确诊，并隔离治疗；被污染的圈舍及用具用杀虫剂处理；羊群应坚持剪毛后 7 d 进行药浴。

2. 治疗

(1)局部疗法：适用于病羊数量少，患部面积小的情况，不受季节的限制。但每次涂擦面积不应超过体表的 1/3。常用的药物有 5%的敌百虫溶液(来苏儿 5 份，溶于 100 份温水中，再加入 5 份敌百虫)。

(2)药浴疗法：该法适用于病畜数量多且气候温暖的季节。常选用的药物有 0.005%溴氰菊酯水乳剂、0.025%二嗪农(螨净)水乳液、0.5%～1%敌百虫水溶液、20%林丹乳油等。

(3)注射疗法：常用的药物有伊维菌素和碘硝酚。伊维菌素，0.2 mg/kg 体重，皮下注射；碘硝酚，10 mg/kg 体重或 0.05 mL/kg 体重，皮下注射。

注意：多数灭螨药品对虫卵没有杀灭作用，因此，一次用药后必须隔 7 d 后再治疗，要治疗 2～3 次才能达到彻底治愈的目的。

二、羊狂蝇蛆病

羊狂蝇蛆病又称鼻蝇幼虫病，简称羊鼻蝇，是由羊狂蝇的幼虫寄生于羊鼻腔及与其相通的腔窦内所引起的疾病。本病主要危害绵羊，对山羊的危害较轻。病羊表现为精神不安、身体消瘦，甚至发生死亡。

(一)病因

羊鼻蝇是由羊鼻蝇成虫(雌虫)将幼虫产于羊鼻孔或鼻孔周围，幼虫立即爬入鼻腔并向深处(鼻窦、额窦等)移行，定居后通过 2 次蜕化发育为第 3 期幼虫，从而引起羊鼻蝇幼病的发生。

该病常感染于每年的 5～7 月份，7～9 月份为高度感染季节，翌年春为高发病季节。

(二)临诊表现

病羊流鼻汁，初为浆液性的，后为黏液性和脓性的，有时混有血液；当大量鼻液干涸在鼻孔周围形成硬痂时，使羊发生呼吸困难。此外，病羊表现打喷嚏、摇头、蹭鼻子，眼睑浮肿，流泪，食欲减退，日渐消瘦。有时，当个别幼虫进入颅腔损伤脑膜而引起神经症状，病羊表现为运动失调，转圈，头弯向一侧或发生麻痹。最终羊只食欲废绝，陷于衰竭而死亡。

本病根据发病季节、临床症状和死后剖检见到幼虫可确诊。早期诊断可用药液喷射鼻腔，查找有无死亡虫体喷出，若有即可确诊。

(三)防治

1. 预防

(1)每年羊鼻蝇出现后，在羊鼻孔周围涂 2%精制敌百虫和废机油调成的油膏。

(2)2%精制敌百虫液、1%来苏儿液混合后用不带针头的注射器吸入配好药，一人抱定羊只使羊头稍抬起，另一人用注射器用力把药液射入羊鼻腔内，每侧 10～20 mL，喷完后羊头仰 0.5 min 即可。此法在立秋前半个月左右进行。

2. 治疗

应以消灭第 1 期幼虫为主要措施，多选在 9～11 月份进行。常用的药物如下。

(1)伊维菌素：0.2 mg/kg 体重，皮下注射，疗效高，是目前治疗羊鼻蝇病的理想药物。

(2)80%敌敌畏：剂量为 0.5～1 mL/m^3，在密闭的畜舍或旧房，关闭窗户，将羊群赶入畜舍内(以 1 只/m^2 为宜)，加热(放在一大铁锅内)或高压喷雾，等待 15 min 后放出羊群。

(3)敌百虫：用 10%敌百虫水溶液在室内高压喷雾处理，剂量为 4 g/m^3 敌百虫，喷雾时间为 1 h；或 1%～2%敌百虫水溶液直接喷鼻，15～20 mL/只。

(4)氯硝柳胺(灭绦灵)：50～75 mg/kg 体重，口服。可杀死各期幼虫。

三、肝片吸虫病

肝片吸虫病是由肝片吸虫和大片吸虫寄生于羊的肝脏胆管引起的疾病。本病能引起急性或慢性肝炎和胆管炎，并伴发全身性中毒现象和营养障碍。病羊大批死亡，慢性和急性症状的病羊因消瘦而使体重和毛、乳产量显著下降，肝脏因病变而必须废弃。该病在全国各地均有不同程度的发生，并可危害其他反刍动物及羊和马属动物，人亦可感染。

(一)病因

在有椎实螺或小土螺分布(滋生)区域放牧时，羊食入由囊蚴寄生(污染)的水、草而感染。

本病多发生于地势低洼、沼泽、潮湿地区和江河流域等，具有明显的季节动态，多感染在夏秋季节，在多雨或久旱逢雨的温暖季节可促使本病流行。感染季节决定了发病季节，幼虫引起的疾病多在秋末冬初；成虫引起的疾病多见于冬末和春季。

（二）临诊表现

根据病程的长短一般可分为急性型和慢性型 2 种类型。

1. 急性型

急性型是短期内感染大量虫体所引起。病初表现体温升高，精神沉郁，食欲减退，衰弱，迅速发生贫血。肝区有压痛感。结膜由潮红黄染转为苍白黄染，消瘦，腹水。重者在几天内死亡，不死者转为慢性型。

2. 慢性型

慢性型较多见，病羊逐渐消瘦、贫血，黏膜苍白，被毛粗乱易脱落。眼睑、下颌及胸下水肿，早晨明显，运动后可减轻或消失。间歇性瘤胃臌气和前胃弛缓，腹泻，或腹泻与便秘交替发生，妊娠羊易流产。病情逐渐加重，经 1～2 个月死亡。

（三）防治

1. 预防

可采取综合性防治措施。

（1）定期驱虫：驱虫的时间和次数视流行区的具体情况而定。南方每年可进行 3 次，北方每年可进行 2 次驱虫。流行严重地区，要注意对带虫动物的驱虫。对驱虫后的粪便进行生物热发酵处理。

（2）放牧：尽量选择高燥地方放牧或兴建牧场。在感染季节放牧时，应每经 1.5～2 个月轮换一块草地。

（3）饲养卫生：避免饮用地表非流动水，在湿洼地收割的牧草，晒干后存放 2～3 个月后再利用。

（4）消灭中间宿主，搞好灭螺工作：可用烧荒、洒药、疏通放牧地上的小水沟以及饲养水禽等措施灭螺。

（5）患病肝脏根据感染程度全部或部分废弃：废弃的患病动物肝脏经高温处理后再作动物饲料。

2. 治疗

治疗可选用以下药物进行治疗。

（1）三氯苯唑（肝蛭净）：10 mg/kg 体重，一次口服，对成虫和童虫均有效。

（2）丙硫苯咪唑（阿苯哒唑）：10～15 mg/kg 体重，一次口服，对成虫有效，对童虫有一定的疗效。

（3）硝氯酚：4～6 mg/kg 体重，一次口服；针剂可按 0.75～1 mg/kg 体重，深部肌肉注射。适用于慢性病例，对童虫无效。

（4）硫双二氯酚（别丁）：80～100 mg/kg 体重，口服。

四、脑多头蚴病(脑包虫病)

脑多头蚴病(脑包虫病)是由多头绦虫的幼虫——多头蚴寄生于绵羊、山羊的脑、脊髓内，引起脑炎、脑膜炎及一系列神经症状，甚至死亡的严重寄生虫病。多头蚴还可危害黄牛、牦牛、羊、马甚至人类。成虫则寄生于犬、狼、狐、豺等肉食动物的小肠。该病散布于各地，并多见于犬活动频繁的地方。

(一)病因

本病是由于羊吃了被多头蚴污染过的草料或饮被污染的水后而感染，2 岁以内的羊多发，牧区多发于农区，绵羊多发于山羊，羊与犬的关系越近越容易感染。

(二)临诊表现

主要取决于虫体的寄生部位。寄生于大脑额骨区时，头下垂，向前直线奔跑或呆立不动；寄生于大脑颞骨区时，常向患侧作转圈运动，虫体越大，转圈越小，有的病例对侧视力减弱或消失；寄生于枕骨区时，头高举；寄生于小脑时，病羊站立或运动失去平衡，行走时步态蹒跚；寄生于脊髓时，行走时后躯无力、麻痹，呈犬坐姿势。

本病常反复发生，重症者最后因极度消瘦或主要神经中枢受害而死亡。如寄生多个虫体而又位于不同部位时，则出现综合性症状。

(三)防治

1. 预防

防止犬等肉食动物食入带多头蚴的脑、脊髓，对病羊的脑和脊髓应烧毁或作深埋处理。对犬(尤其护羊犬)应用吡喹酮(每千克体重 5～10 mg，一次内服)或氢溴酸槟榔碱(每千克体重 1.5～2 mg，一次内服)定期驱虫。

2. 治疗

如寄生在大脑表层时，可行外科手术摘除。药物治疗很困难，可试用吡喹酮，50 mg/kg 体重，内服，连用 5 d 为一个疗程。或用阿维菌素(灭虫丁)注射剂向有寄生虫部位注射 1 mL，有一定效果。

五、棘球蚴病

棘球蚴病又称包虫病，是由数种棘球绦虫的幼虫——棘球蚴寄生于绵羊、山羊、牛、马、骆驼及人的肝脏、肺脏等脏器组织内所引起的一种严重的人兽共患寄生虫病。成虫以肉食动物为终末宿主，寄生于犬、狼、狐、豺和狮、虎、豹等动物的小肠内。该病分布较广，严重威胁着人类的生命安全，同时给畜牧业发展造成严重的危害。

(一)病因

棘球蚴的成虫为棘球绦虫。成虫寄生在犬、狼、狐等动物小肠内，成熟的孕卵节片脱落随粪便排出体外，污染周围的饲料、饮水和羊舍等。当羊随饲料或饮水吞食了这些虫卵后，即感染了棘球蚴病。

(二)临诊表现

轻度感染和初期感染，通常无明显的症状；当肺脏有大量棘球蚴寄生时，会引起呼吸困难和微弱咳嗽。肝脏感染严重时，触诊肝区病羊表现疼痛，患羊咳嗽，体温升高，反刍无力，瘤胃臌气，营养失调，体质消瘦，乃至衰竭。绵羊对本病敏感，死亡率高。

剖检病变主要见于虫体经常寄生的肝脏和肺脏，表面凹凸不平，重量增加，有数量不等、大小不一、白色半透明的棘球蚴包囊。此外，在脾脏、肾脏、脑、肌肉及皮下，偶可见有棘球蚴寄生。

(三)防治

尚缺乏有效的药物。预防本病的发生，可对犬进行定期驱虫，药物有氢溴酸槟榔碱，2～3 mg/kg 体重，灌服。也可用吡喹酮，5～10 mg/kg 体重，灌服。犬粪应无害化处理；对牧场上的野犬、狼、狐狸等食肉动物进行投放混有药物的诱饵驱虫，根除感染源；患病动物器官不得随意喂犬，必须无害化处理；保持畜舍、饲草、饲料和饮水卫生，防止犬粪污染。人与犬等动物接触时，应注意个人卫生和防护。

六、羊的绦虫病

羊的绦虫病是由裸头科莫尼茨属、曲子宫属和无卵黄腺属的绦虫寄生于羊的小肠内引起的疾病。其中莫尼茨绦虫危害最为严重，特别是羔羊感染时，不仅影响生长发育，甚至还可引起死亡。

(一)病因

由寄生在小肠内的绦虫所引起，成熟的绦虫节片和虫卵随粪便排出体外，被中间宿主地螨吞食，如果羊吃了地螨，就在体内发育成绦虫。每年 4～5 月份开始发病，6～7 月份达到高峰，主要危害羔羊。

(二)临诊表现

患羊症状的轻重主要与感染强度及体质、年龄等因素有关。成年动物一般无明显的临床症状。羔羊严重感染时主要表现为消化紊乱，经常腹痛、肠臌气和腹泻，粪便中常带有脱落的节片，有时还可见虫体的一段吊在肛门处。动物逐渐消瘦，贫血，精神沉郁，反应迟钝，被毛粗乱无光泽，喜躺卧，起立困难，体重迅速减轻。有时出现痉挛，空口咀嚼，口吐白沫，转圈运动等神经症状。后期，患羊仰头倒地，经常作咀嚼运动，口腔周围有泡沫，对外界反应几乎消失，直至全身衰竭而死亡。剖检死羊可在小肠中发现数量不等的虫体。

(三)防治

1. 预防

根据本病具有明显的季节性，在流行区，在虫体成熟前，即羊放牧后 30 d 内进行第 1 次驱虫，再经 10～15 d 进行第 2 次驱虫，此法不仅可驱除体内寄生的绦虫，还可防止牧场或外界环境遭受污染。有条件的地区可实行科学轮牧。尽可能避免在雨后、清晨和黄昏放牧，以减少羊吃入中间宿主——地螨的机会。粪便要堆积发酵处理，以杀死其中的虫卵。

2. 治疗

常用的药物有下列几种：

(1)丙硫苯咪唑(阿苯哒唑)：10～16 mg/kg 体重，一次口服。

(2)灭绦灵(氯硝柳胺)：75～100 mg/kg 体重，空腹或早晨一次口服。

(3)硫双二氯酚(别丁)：50～70 mg/kg 体重，一次灌服。

(4)砷制剂：包括砷酸亚锡、砷酸铅及砷酸钙，各药剂量均按羔羊每只 0.5 g，成年羊每只 1 g，一次灌服。

七、羊消化道线虫病

羊消化道线虫病是指寄生于羊的消化道中的多种线虫引起疾病的统称。在自然条件下多呈混合感染，对羊群造成不同程度的危害，各类线虫引起疾病的情况大致相似，其中以捻转血矛线虫(俗称"麻花虫")危害最为严重，常给养羊业带来严重损失。

(一)病因

寄生在羊消化道内的线虫种类很多(有捻转血矛线虫、仰口线虫、夏伯特线虫、毛首线虫等)，它们的发育不需要中间宿主，多数寄生于羊的肠道内，羊感染是由于吞食了被虫卵所污染的饲草、饲料及饮水所致。

感染季节主要在春秋季，而且常有"春季高潮"的说法。

(二)临诊表现

羊感染消化道线虫的主要表现为精神沉郁，消化障碍，食欲减退，消瘦，贫血，可视黏膜苍白，腹泻，血便等。严重的有时出现下颌及下腹水肿，羔羊发育不良，生长缓慢。少数病例体温升高，呼吸、脉搏数增加，心音减弱，有的病羊最终因衰竭而死亡。

剖检死羊，可见消化道各部有数量不等的相应线虫体寄生。

(三)防治

1. 预防

在流行区对羊群做好驱虫工作，一般每年进入舍饲后和春季放牧前，各驱虫 1 次；加强饲养管理，避免在潮湿地带和幼虫活跃的时间放牧，减少感染；注意饮水卫生，合理补充维生素和矿物质，提高机体抗病力；有条件的地区可实行轮牧；粪便要进行堆积发酵处理等。

2. 治疗

常用的药物有下列几种：

(1)丙硫苯咪唑(阿苯哒唑)：5～20 mg/kg 体重，一次口服。

(2)左旋咪唑：5～10 mg/kg 体重，一次口服。

(3)苯硫咪唑(芬苯哒唑)：5～10 mg/kg 体重，一次口服。

(4)伊维菌素：0.2 mg/kg 体重，皮下注射。

(5)精制敌百虫：绵羊 80～100 mg/kg 体重，山羊 50～70 mg/kg 体重，一次口服。

(6)硫酸铜：用蒸馏水配成 1%溶液，剂量按大羊 100 mL、中羊 80 mL、小羊 50 mL，山羊用量不得超过 60 mL，灌服。

八、羊肺线虫病

羊肺线虫病是由网尾科和原圆科的线虫，寄生于羊的气管、支气管以及肺部所引起的以支气管炎和肺炎为主要症状的疾病。网尾科的线虫较大，又称大型肺线虫，致病力强，在春乏季节常呈地方性流行，可造成羊群尤其是羔羊的大批死亡。原圆科的线虫较小，又称小型肺线虫，危害相对较轻。肺线虫病分布广泛，是羊常见的蠕虫病之一。

(一)病因

大型肺线虫的发育过程无中间宿主，小型肺线虫杂在发育时需要中间宿主(螺蛳和蛞蝓)。存在于外界草场、饲料、饮水中或中间宿主体内的大、小型肺线虫的感染性幼虫被羊吞食后而发病。

大型肺线虫，致病力强，在春季常呈地方流行性，可造成羊只(尤其是羔羊)的大批死亡。小型肺线虫的危害相对较轻，但在中间宿主体内可存活长达 2 年之久。

(二)临诊表现

病羊主要表现为咳嗽，尤其在清晨和夜间表现明显。常从鼻孔中排出黏液脓性分泌物，干涸后在鼻孔周围形成痂皮，常打喷嚏，呼吸加快或呼吸困难，逐渐消瘦、贫血，头、胸及四肢发生水肿，体温一般正常。羔羊发育受阻，甚至死亡。成年动物症状较轻。

病羊死后，剖检时若在支气管内发现虫体即可确诊。

(三)防治

1. 预防

在本病流行区，做好春秋两季的驱虫工作(春季在 2 月份，秋季在 11 月份为宜)。对粪便进行堆积发酵处理。羔羊与成羊分群放牧，有条件地区，可实行轮放。避免在低沼泽地区放牧等。冬季羊群应予适当补饲，补饲期间每隔 1 d 可在饲料中加入硫化二苯胺，按成年羊每只 1 g、羔羊每只 0.5 g 计算，让羊自由采食，能大大减少病原的感染。

2. 治疗

常用的药物有下列几种。

(1)丙硫苯咪唑(阿苯哒唑)：5～15 mg/kg 体重，一次口服。

(2)伊维菌素:0.2 mg/kg 体重,皮下注射。

(3)清虫佳:口服,0.05～0.1 mg/kg 体重,第 1 次用药 10 d 后再用药 1 次。

【案例分析】

河北省某养殖公司羔羊 30 日龄早期断乳及代乳料研究

一、案例介绍

河北省某养殖公司羔羊实施 30 日龄早期断奶技术,试验羔羊选择体格标准、健壮、体重相近的小尾寒羊羔羊 24 只,随机分为 3 组,分别为对照组、试验 1 组和试验 2 组,每组 8 只。

(一)羔羊断乳处理

对照组按传统方法断乳,即羔羊随母羊哺乳,10 日龄开始补饲青干草,15 日龄开始补饲混合精料,30～90 日龄平均日补料 250 g,90 日龄断乳;试验 1 组为标准营养水平组,即按营养标准配制日粮;试验 2 组按低于营养标准 15%配制日粮;试验组羔羊 22 日龄前同对照组补饲和管理方式相同,22～29 日龄分别预饲 30 日龄代乳日粮,30 日龄与母羊分开正式断乳,喂以 30 日龄断乳日粮,60 日龄换喂 60 日龄代乳料,90 日龄试验结束。羔羊自由采食青贮和干草。

(二)代乳日粮配制

代乳日粮以中华人民共和国农业部《肉用绵羊和山羊饲养标准》为依据,根据羔羊生长发育分为 30 日龄和 60 日龄 2 个阶段,按日增重 200 g 营养需要配制,除 30 日龄标准营养水平日粮为粉料外,其他均为颗粒料。代乳日粮配方及营养成分如表 5-29 所示。

表 5-29　代乳日粮配方及营养成分

(敦伟涛,房国芳,邢艳蕊.安徽农业科学杂志,2009.)　　%

项目	30 日龄(粉料)	30 日龄(低)	60 日龄	60 日龄(低)
饲料成分				
黄玉米	22.5	41.7	57.3	36.4
大豆粕	29.7	20.6	9.9	7.4
棉籽粕		5.0	5.0	5.2
菜籽粕		4.0	5.0	4.0
豌豆蛋白		2.7		
花生仁饼	7.5	3.0	6.0	
植物油	2.5			
鱼粉	5.5			
次粉	3.0	2.0	2.0	2.0
乳清粉	12.8			
脱脂奶粉	8.0			
葡萄糖	7.0			
麸皮		10.0	8.0	12.5

续表 5-29

项目	30 日龄(粉料)	30 日龄(低)	60 日龄	60 日龄(低)
苜蓿粉		9.5	5.0	11.0
添加剂	1.0	1.0	1.0	1.0
石粉	0.5	0.5	0.8	0.5
大豆秸				11.0
玉米青贮				9.0
营养成分				
消化能/(MJ/kg)	15.32	13.04	13.43	11.40
粗蛋白质	25.34	21.56	17.36	14.77
钙	0.75	0.73	0.68	0.85
磷	0.45	0.47	0.44	0.43

(三)饲养管理

试验羊舍为半开放式羊舍,每组 1 个羊舍,羔羊设单独补料栏(羔羊可自由出入,自由采食和饮水)。试验羊只预饲前打耳号,在 30 日龄、60 日龄和 90 日龄称重,并做好饲料消耗记录。试验组羊断奶后将母羊移走(羔羊仍留在原圈舍),尽量保持羔羊环境稳定,断奶后母羊奶量足时要进行人工挤乳,以免发生乳腺炎。

(四)结果与分析

1. 羔羊增重

由表 5-30 可知,60 日龄时试验 2 组羔羊体重最重,试验 1 组次之,对照组最轻,组间差异不显著($P>0.05$)。90 日龄时,试验组羔羊体重均高于对照组,试验 1 组羔羊体重最重,为 20.06 kg,对照组羔羊体重最轻,说明仅凭母乳和少量补饲不能满足羔羊生长的需要。

表 5-30 羔羊体重变化

(敦伟涛,房国芳,邢艳蕊.安徽农业科学杂志,2009.) kg

组别	30 日龄	60 日龄	90 日龄
试验 1 组	10.19±1.75	14.63±1.46	20.06±2.19
试验 2 组	10.38±1.85	15.13±2.56	19.94±2.48
对照组	10.50±2.04	13.63±3.27	17.63±3.82

2. 羔羊日增重

由表 5-31 可知,30~60 日龄羔羊以试验 2 组日增重最高,达 158.3 g,对照组日增重最低,仅为 104.2 g,试验 1 组羔羊日增重为 147.9 g,介于两者之间。统计分析结果表明,试验 2 组羔羊日增重显著高于对照组($P<0.05$)。60~90 日龄羔羊以试验 1 组日增重最高,与对照组差异显著($P<0.05$)。

30~90 日龄羔羊以试验 1 组日增重最高,为 164.6 g,试验 2 组次之,为 159.4 g,对照组最低,仅为 118.7 g,试验 1 组与对照组羔羊日增重差异极显著($P<0.01$),试验 2 组与对照组

羔羊日增重差异显著($P<0.05$)，试验1组与试验2组羔羊日增重差异不显著($P>0.05$)。

表5-31　羔羊日增重

(敦伟涛，房国芳，邢艳蕊.安徽农业科学杂志，2009.)　　g

组别	30日龄	60日龄	90日龄
试验1组	147.9±19.99	181.3±40.39	164.6±18.78
试验2组	158.3±40.82	160.4±39.33	159.4±26.82
对照组	104.2±52.63	133.4±26.68	118.7±38.51

根据配种记录，羔羊早期断乳对母羊发情具有明显影响，产羔后开始对3组母羊进行试情，试验1组和试验2组母羊发情较早，平均分别为51、54 d，对照组母羊发情期较长，平均为66 d。

二、案例评价

理论上讲，母乳是新生羔羊最理想的食物，母羊产羔后14～28 d达泌乳高峰，21 d内泌乳量相当于全期总泌乳量的75%，此后泌乳量明显下降。据观察，羔羊瘤胃发育可分为初生～21日龄的无反刍阶段、21～56日龄过渡阶段和56日龄以后的反刍阶段。21日龄内羔羊以母乳为饲料，由皱胃承担消化功能，消化规律与单胃动物相似，21日龄后才能慢慢消化植物性饲料。根据母羊的泌乳规律和羔羊消化系统的发育规律，羔羊早期断乳时间以30日龄较合适，配合适当的代乳日粮，羔羊的生长发育不受影响，该试验结果也证明了这一点。

母羊分娩后，羔羊的生存环境发生了根本变化，其营养由靠母羊血液供给转为靠自身的消化系统获得；羔羊出生后相对生长强度很大，其生长和健康主要依赖于乳汁中的营养和免疫物质的供给。若要实施羔羊早期断乳，就需要配制营养水平相对较高的代乳日粮供其生长发育，因此营养水平的高低是决定早期断乳能否成功的关键。王桂秋等的研究结果表明，在25%～33%蛋白质含量范围内，随蛋白质水平的提高，羔羊对营养物质的消化代谢率呈递增趋势。该试验根据国家标准确定代乳料的消化能为15.32 MJ，粗蛋白质含量为25.43%，但考虑到代乳料的成本又设置了一个低于标准15%的营养水平。试验结果表明标准营养水平的饲养效果好于其他组，但适当降低营养水平对羔羊的生长发育影响不大；30日龄后由于母羊泌乳量急剧下降，对照组哺乳加补饲，营养仍达不到羔羊生长发育的要求，因此羔羊的生产性能最差。在泌乳期间过多泌乳刺激(如吮乳或挤乳)可诱发母羊外周血浆中促乳素浓度升高，而促乳素对下丘脑具有负反馈作用，可抑制促性腺激素的释放，使垂体前叶促卵泡生成素(FSH)分泌量和促黄体生成素(LH)合成量减少，致使雌性动物不发情；非季节发情母羊大多在产后60～90 d发情，不哺乳的可在产后20 d左右发情。试验发现，早期断乳可加快母羊发情，早期断乳试验组母羊分别于产后51、54 d发情(即断乳后21、24 d)，而哺乳母羊则在产后66 d发情，这与张海涛等的试验结果相似。

【阅读材料】

细毛羊鉴定技术

一、鉴定次数和年龄

细毛羊鉴定共分4次进行，即初生羔羊鉴定、断奶羔羊鉴定、1～1.5岁育成羊鉴定和2.5岁成年羊鉴定。成年羊鉴定即为终生鉴定。各年龄鉴定内容不同，鉴定项目由简到细，逐龄选择淘汰。

二、鉴定方式

1. 初生鉴定

羔羊出生后第1次吃奶前，测量体重。按体重、外形、被毛品质分为3级。

优：体重大，被毛纯白同质，外形无缺陷。

中：体重中等，被毛白色同质或有少量犬毛，外形无缺陷。

劣：体重小，被毛白色同质或犬毛较多；或体重大或中等大，但有杂色毛和异质毛，均为劣级，一律淘汰。

2. 断奶鉴定

凡初生鉴定为优、中级者，满4月龄时断奶，按体重、毛长、羊毛细度、体质和外形结构等进行鉴定。

凡体质健壮，发育良好，外形符合品种要求者，对体重、毛长、羊毛细度进行实际测量。同时观察毛丛结构、弯曲形态，被毛匀度，逐项进行鉴定记录。凡体质瘦弱，发育不良，外形有缺陷，体重、毛长、羊毛细度不符合要求；或毛丛结构松散，有异质毛或有色纤维等缺陷的，均不宜继续留种。符合标准的选入育成羊群进行培育。

3. 育成鉴定

断奶鉴定被选留培育的种羊，到1～1.5岁每年春季剪毛前进行育成鉴定。

育成鉴定的内容：凡能用工具测定的均应实际测量，不能测量的用肉眼观察比较，鉴定项目主要包括头毛和皱褶类型，羊毛的长度、密度、细度、弯曲、油汗、色泽、匀度、腹毛着生等品质，外形与体格大小，体重和剪毛量4个方面，最后结合羊只的健康状态观察、生殖器官检查、繁育成绩评定，完成总评项目，并依据品种鉴定分级标准，给羊定出等级。

4. 成年鉴定

成羊鉴定的项目与育成羊鉴定的项目相同，其中体重、毛长、剪毛量按各品种鉴定分级标准执行。本次鉴定又叫复查鉴定，主要强调鉴定结果的可靠程度。

三、鉴定工作的准备和组织实施

羊的鉴定是育种工作的重要内容，应有计划地进行，安排好工作人员，制订好工作计划，熟练掌握品种标准，全面了解羊群情况。

鉴定前要选择距离羊群比较适中的地方，准备好鉴定圈，圈内最好设置鉴定台，高60 cm，长100～120 cm，宽50 cm，或者在圈出口的通道两侧挖坑，坑的尺寸同前鉴定台。鉴定人员和保定羊的人员站在坑内，目光正好平视被鉴定羊只的背部。鉴定员要根据鉴定项目对每只羊进行检查，上午鉴定的羊，下午可进行放牧，避免让全部羊都在圈内等待。鉴定完毕要及时整理资料，分析羊群中存在的问题。

四、鉴定的项目和分级标准

品种标准就是鉴定的根据，它高度概况了各品种的理想类型特征，也规定了不同级别羊的生产水平。中国国家标准局已发布了国内主要绵羊、山羊优良品种标准，各省(区)也相继颁布了一些地方绵羊、山羊品种标准，绵羊、山羊品种标准都属于专业技术标准。除了品种标准之外，中国国家标准局还发布了一项细毛羊鉴定的基础标准(GB 2427—81)。

(一)鉴定项目

细毛羊按以下顺序鉴定，采用汉语拼音文字字母及符号代表鉴定的结果。

1. 头毛

头毛用T表示，TX，X为评分。

T3——头毛着生到眼线，鼻梁平滑，面部光洁、无死毛。公羊角呈螺旋形，无角型公羊应有角凹；母羊无角。

T2——头毛过多或过少，鼻梁稍隆起。公羊角形较差；无角型公羊有角凹。

T1——头毛过多或光脸，鼻梁隆起。公羊角形较差；无角型公羊有角凹，母羊有小角。

2. 体型类型

体型类型用 L 表示，L*X*，*X* 为评分。

L3——正侧呈长方形。公、母羊颈部有优良的纵皱褶或群皱。胸深，背腰长，腰线平直，尻宽而平，后躯丰满，肢势端正。

L2——颈部皮肤较紧或皱褶多，体躯有明显皱褶。

L1——颈部皮肤紧或皱褶过多，背线不平，后躯不丰满。

3. 被毛长度

(1)被毛长度测定是在羊体左侧中线，肩胛骨后缘一掌处，顺毛丛方向测量毛丛自然状态的长度，以厘米数表示，最小单位为 0.5 cm，尾数三进二退。

(2)评定等级时，超过或不足 12 个月的毛长均应折算为 12 个月的毛长。可根据各地羊毛生长规律校正。

(3)种公羊的毛长除记录体侧毛长外，还可测定肩、背、股、腹部的毛长。作选种参考，记载方法如下：

	背	
肩	侧	股
	腹	

4. 长度匀度

长度匀度用 C 表示，C*X*，*X* 为评分。

C3——被毛各部位毛丛长度均匀。

C2——背部与体侧毛丛长度差异较大。

C1——被毛各部位的毛丛长度差异较大。

5. 被毛手感

被毛手感用 S 表示，为 S*X*，X 为评分。

*S*3——被毛手感柔软、光滑。

*S*2——被毛手感较柔软、光滑。

*S*1——被毛手感粗糙。

6. 羊毛密度

被毛密度用 *M* 表示，*MX*，*X* 为评分。

M3——被毛密度达中等以上。

M2——被毛密度达中等或很密。

M1——密度差。

7. 被毛纤维细度

细毛羊的细度应是 60 支以上或毛纤维直径$\leqslant$25.0 μm 的同质毛。

在测定毛长的部位，依不同的测定方法需要取少量毛纤维测细度，以微米数表示，现场可暂用支数或微米数表示。

8. 细度匀度

细度匀度用 Y 表示，Y*X*，*X* 为评分。

Y3——被毛细度均匀，体侧和股部细度差不超过 2.0 μm，毛丛内纤维直径均匀。
Y2——被毛细度较均匀，后躯毛丛内纤维直径欠均匀，少量浮现粗绒毛。
Y1——被毛细度欠均匀，毛丛中有较多浮现粗绒毛。
9. 羊毛弯曲
羊毛弯曲按羊毛弯曲的明显度及弯曲大小形状评定。
W3——属正常弯曲(弧度呈半圆形)。毛丛顶部到根部弯曲明显、大小均匀。
W2——正常弯曲。毛丛顶部到根部弯曲欠明显、大小均匀。
W1——弯曲不明显有非正常弯曲。
10. 羊毛油汗
羊毛油汗用 H 表示，HX，X 为评分。
H3——白色油汗，含量适中。
H2——乳白色油汗，含量适中。
H1——浅黄色油汗。
油汗颜色记录在同一符号的上方。
(二)总评
总评是综合品质和种羊种用价值的评定。按 10 分制评定。
10 分——全面符合指标中的优秀个体。
9 分——全面符合指标的个体，综合品质好。
8 分——符合指标个体，综合品质较好。
7 分——基本符合指标个体，综合品质一般。
6 分——不符合指标的个体，综合品质一般。
6 分以下不详细评定。
(三)等级标志
细毛羊 2 岁鉴定结束后，在右耳上作等级标记。
特级——在耳尖剪 1 个缺口。
一级——在耳下缘剪 1 个缺口。
二级——在耳下缘剪 2 个缺口。
三级：在耳上缘剪 1 个缺口。
四级：在耳上、下缘各剪 1 个缺口。
细毛羊场一般再鉴定结束后，对于三级以下的羊应进行淘汰。
(四)羊毛的净毛率和净毛量
1. 净毛率

$$净毛率=\frac{净毛绝对干燥重\times(1+0.16)}{污毛重}\times 100\%$$

2. 个体净毛率
种公羊、后备公羊及育种核心群母羊应测定个体净毛率。可在剪下毛被(体测部)采毛样 100～150 g 进行测定。
3. 净毛产量
污毛产量乘以净毛率即为净毛产量。

五、鉴定方法及各项指标统计

(一)鉴定方法

鉴定人员除了依据中国国家标准局发布的细毛羊鉴定的基础标准,即 GB 2427—81 外,鉴定人员还需做感官检查。

(1)观察羊只整体结构是否匀称,外形有无严重缺陷,被毛中有无花斑或杂色毛,行动是否正常。

(2)两眼与绵羊保持同高,观察头部、鬐甲、背腰、体侧、四肢姿势、臀部发育状况。

(3)查看公羊的睾丸及母羊乳房发育情况,以确定有无进行个体鉴定的价值。

(4)查看耳标、年龄,观察口齿、头部发育状况及面部、颈部有无缺陷等。

(5)根据鉴定成绩,对照相应标准评定出等级。

(6)鉴定结束后进行复查,如果分级有误可进行调整。

(二)绵羊鉴定记录表

细毛羊鉴定记录表见表 5-32。

表 5-32 细毛羊鉴定记录表

______年____月____日

序号	品种	羊号	性别	年龄	鉴定成绩											体重/kg	等级
					头部	体型类型	被毛长度/cm	长度匀度	被毛手感	被毛密度	被毛纤维细度/支	细度匀度	弯曲	油汗	总评		

鉴定员:______　　　　记录员:______

【考核评价】

青海省某肉羊场 1.5 月龄断奶羔羊育肥

一、考核题目

青海省某肉羊场现主要饲养的羊品种有萨福克羊、特克赛尔羊和青海半细毛羊等,长期从事羔羊的育肥工作,主要利用萨福克羊和特克赛尔羊作父本,青海半细毛羊作母本,进行二元杂交,杂交羔羊 1.5 月龄断奶育肥。该场在肉羊育肥中,充分利用羔羊 3 月龄内的生理特点:一是瘤胃功能发育不完全,消化方式与单胃动物相似,对谷物饲料的转化率高;二是羔羊此期生长最快;三是此期羔羊屠宰率高。请结合所学内容设计出比较合理的育肥技术方案。

二、评价标准

依据肉羊育肥技术,该场 1.5 月龄断奶羔羊进行育肥,其育肥技术方案设计如下。

(一)育肥前的准备及补饲

羔羊 1.5 月龄断奶前 15 d 实行隔栏补饲;或在早、晚有一定的时间将母羊与羔羊分开,让羔羊在设有精料槽和饮水器的圈内活动，其余时间仍母子同处。补饲的饲料应与断奶后育肥料相同。谷料在刚开始补饲时可以稍加破碎，待习惯后则以整粒整喂为宜，不要加工成粉状。羔羊活动范围的地面应干燥、防雨，通风良好，可铺少许垫草。羔羊育肥常见传染病有肠毒血症和出血性败血症，肠毒血症疫苗可在产羔前给母羊注射，或在断奶前给羔羊注射。

其隔栏面积 0.15 m^2/只，进出口宽 20 cm、高 38～46 cm，以羔羊进出方便为宜，清洁卫生。补饲饲料种类以玉米、豆饼、麸皮为主，不喂粗饲料。玉米在羔羊 1 月龄前以大碎粒饲喂为宜，以后以整粒饲喂为好。其饲料配方见表 5-33。

表 5-33　饲料配方　%

饲料加工条件	玉米	燕麦	麸皮	豆饼	骨粉	糖蜜	备注
具备	20	20	10	10	10	30	0.4～0.6 cm 颗粒饲料
不具备	60	20	10	10			整粒谷物拌匀

注：每 10 kg 混合饲料中加金霉素或土霉素 0.4 g。

（二）育肥前进行防疫注射

断奶羊羔羊或母羊产羔前注射疫苗防肠毒血症和出血性败血症。

（三）饲喂技术

开始补饲时，白天在饲槽内放些玉米和豆饼，量少而精。每天不管羔羊吃净与否，全部换成新料。待羔羊学会吃料后，每天再按日采食量投料。日采食量一般最初为每只 40～50 g，30 日龄达到每只 70 g，后期达到每只 300～350 g，全期消耗混合料 8～10 kg。投料时，每天早上或晚上放料 1 次，以 30 min 内吃净为佳。饲喂中，若发现羔羊对饲料不适应，可以更换饲料种类。其饲料配方如下：整粒玉米 83%、黄豆饼 15%、石粉 1.4%、食盐 0.5%、维生素及微量元素 0.1%（维生素及微量元素每千克饲料添加量：维生素 A 500 IU、维生素 D 1 000 IU、维生素 E 20 IU、$ZnSO_4$ 150 mg、$MnSO_4$ 80 mg、MgO 200 mg、$CoSO_4$ 5 mg、KI 1 mg）。每 10 kg 混合饲料中加金霉素或土霉素 0.4 g。

羔羊自由采食、自由饮水。投给饲料最好采用自制的简易自动饲槽，以防止羔羊四蹄踩入槽内，造成饲料污染而降低饲料摄入量，扩大球虫病与其他病菌的传播。饲槽高度应随羔羊日龄增长而提高，以槽内饲料不堆积或不溢出为宜。如发现某些羔羊啃食圈墙时，应在运动场内添设盐槽，槽内放入食盐或食盐加等量的石灰石粉，让羔羊自由采食。还应注意羔羊采食整粒玉米的初期，有玉米粒从口中吐出，随着日龄的增长，玉米粒吐出现象逐渐消失；羔羊反刍动作也是初期少、后期多，这些都属于正常现象，不影响育肥效果。在正常情况下，羔羊粪便呈团状，黄色，粪团内无玉米粒；但在天气变化或阴雨天，羔羊可能出现拉稀。育肥全期不变更饲料配方。

（四）适时出栏

羔羊育肥期为 50 d。断奶重在 13～15 kg 时，育肥 50 d 体重可达到 30 kg 以上，而断奶重在 12 kg 以下时，育肥终重在 25 kg 左右。

【信息链接】

1. NY/T 5151—2002《无公害食品肉羊饲养管理准则》。

2. NY/T 677—2003《细毛羊饲养技术规程标准》。

3. DB13/T 556—2004《舍饲养羊技术规程》。

4. DB37/T 591—2005《规模化肉羊生产技术规程》。

5. NY/T 1236—2006《绵羊、山羊生产性能测定技术规范》。

6. GB/T 14629.3—2008《滩二毛皮、滩羔皮》。

项目六　养羊生产成本与效益分析

【学习目标】

了解规模化养羊业的实施；掌握羊的饲养规模确定方法；学会羊场羊的成本核算和效益分析方法；会应用规模化养羊的基本知识，组织经营管理。

【学习任务】

任务1　羊场经营方向及饲养规模确定

随着养羊业规模化和专业化程度的不断提高，使专业化程度不仅具有相当大的规模和饲养管理的高水平，实现养羊产品的标准化和规范化，而且使羊产品逐步实现生产、加工、销售一体化的经济，最终以较低的生产成本、优良的产品质量和较高的劳动生产率将得到高的经济效益。

一、羊场的性质

羊场按照其生产任务和目的可分为：育种场、种羊场和商品羊场。

(一)育种场

育种场指以选育和提高品种为目的的羊场，为种羊场和商品羊场提供优质的种羊品种。育种场必须具备完整的育种制度，详细完整的育种记录体系，基础母羊中，特级和一级羊所占比例应不低于80%。育种场对技术条件和生产管理水平要求很高，一般都由国家的相关部门计划和筹建。

(二)种羊场

种羊场指以繁殖种羊和提高种羊品质为主，使用的种公羊必须为育种场的特级和一级的亲代、并经过后裔测定的特级个体。基础母羊群主要由特级和一级羊组成，具有若干个各具特点的品系。向外推广的种羊应该是特级和一级羊。

(三)商品羊场

商品羊场指生产数量多、质量好、成本低的羊毛、羊肉、羊乳、羊皮以及其他产品的羊场。有条件的商品羊场也可以有自己的种羊群，但最好是引进种羊场的优秀种公羊和种母羊。

二、规模化养羊的经营形式

(一)规模养羊的特点

1. 经营规模较大

目前我国农村家庭养羊数量较少，主要是利用老弱闲散劳动力附带经营，虽然投资少，技术要求不高，承担风险不大，但生产力太低，经济效益很差。为此，必须增加养羊数量，扩大养羊规模，充分利用草场资源，发挥劳动力和设备条件的潜力，以取得适度规模养羊生产的最大效益。

2. 生产方向专业化

为了达到养羊产品的优质高产，实现产品的标准化和规格化。规模化养羊应根据当地的自然生态条件、饲养管理基础设施和商品市场对养羊产品的需求，选择生产性能高、最适合的绵羊、山羊品种类型，建成生产方向较专一的养羊专业户，如奶山羊专业户、绒山羊专业户、细毛羊或半细毛羊专业户、种羊繁育专业户、肉羊生产专业户等。

3. 经营管理集约化

专业化规模养羊开始阶段，因资金不足和技术条件的限制，劳动力投入较多，劳动时间较长，这是劳动集约经营的形式。随着饲养规模的逐渐扩大，积累的资金增多，养羊设施逐步改善，饲养管理水平也不断提高，劳动强度随之减轻，由劳动集约经营向技术集约经营发展，劳动生产率将会得到较大程度的提高，养羊的经济效益就会越来越显著。

4. 养羊生产企业化、现代化

专业化规模养羊生产由低级阶段逐步发展到商品生产的最高水平，建立养羊产业化工程。专业化养羊生产不仅具有相当大的规模和饲养管理的高水平，实现养羊产品的标准化和规范化，而且毛、肉、奶、皮等产品逐步实现生产、加工、销售一体化的龙形经济。最终以较低的生产成本、优良的产品质量和较高的劳动生产率，成为社会主义商品生产的一个组成部分。

(二)规模养羊的经营形式

1. 独立自营养羊专业户

一个家庭自主投资、贷款引进种羊，或利用自家原有的羊群，充分利用当地的草场或农副产品进行放牧或舍饲饲养。该模式羊群的饲养数量较少，产品的数量也不大，自身经济实力薄弱，技术力量不足，先进的技术设备也很难有效利用，因此，经营风险相对较大。

2. 合股经营养羊专业联户

由多个家庭自愿联合组成，各家羊群进行估价入股或直接集资入股购买羊群，共同经营生产、投股分红。该方式能够形成一定的规模，羊群可以按种公羊、繁殖母羊、后备羊、商品羊等分别建群，产品集中运销或加工，设施设备的利用较高，在一定的发展基础上，可以扩大再生产。

3. 产业化养羊联合企业

产业化养羊联合企业是农村规模化养羊的高级组织形式，是集养羊生产、产品的初加工、销售管理等一体化的联合经营企业。联合经营企业由于饲养的品种优良，设施设备先进，故可以实行科学合理的饲养管理和疾病的防治，能够结合国家相关的标准和技术规程进行毛、肉、奶、皮的生产与加工，提高了产品的质量和销售服务，具有一定的社会效益，可实现种、养、加一体化，产、供、销一条龙的生产。

三、羊群周转管理

一个羊场要保持良好的经济效益，必须要随着羊群年龄和生产性能的变化，经常对羊群进行补充和淘汰，以保持羊群的高繁殖力。因此，羊场的生产管理者，应时刻掌握羊群的年龄结构、繁殖能力、健康状态等方面的变化动态，安排好羊群的合理周转。

羊群周转管理主要依据羊群结构进行规划。羊群周转计划必须根据产量计划的需要来制定。羊群周转计划的制订应依据不同的饲养方式、羊的生产工艺流程（图 6-1）、羊舍的设施设备条件、生产技术水平，最大限度地提高设施设备利用率和生产技术水平，以获得最佳经济效益为目标进行编制。首先要确定羊场年初、年终的羊群结构及各月各类羊的饲养只数，并计算出“全年平均饲养只数”和“全年饲养只日数”。同时还要确定羊(种)群淘汰、补充的数量，并根据生产指标确定各月淘汰率和数量。具体推算程序为：根据全年肉(种)羊产品产量分月计划，倒推出相应的肉(种)羊饲养计划，并以此推算出羔羊生产与饲养计划、繁殖公、母羊饲养计划，从而完成周转计划的编制（表 6-1）。

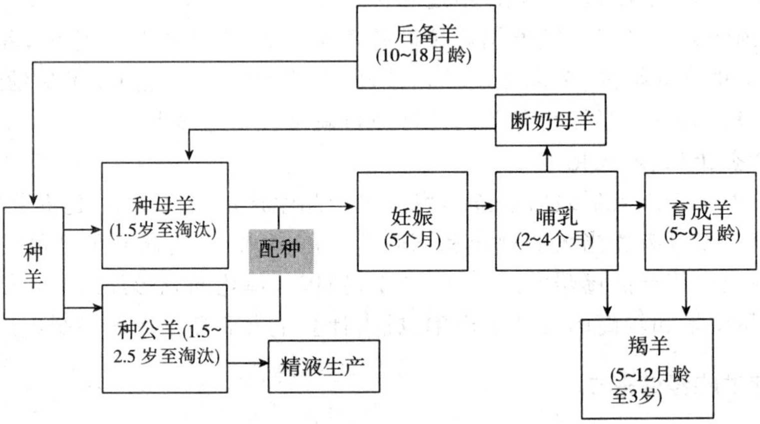

图 6-1 羊的生产工艺流程

(一)种羊场

种羊场以出售种羊为主，其生产规模的大小应依据资金、草场、羊舍等条件以及市场的需求量等确定。羊群的结构为：经产母羊（2～5 岁）应占羊群总数的 60%～65%，老龄母羊（6 岁以上）占羊群总数的 5%～10%，后备母羊（0.5～1.5 岁）占羊群总数的 25%～30%，羔羊（0～4 月龄）占羊群总数的 10%～15%；采用自然交配时，成年公羊应占 3%～4%，后备公羊占

1%～2%，羯羊不超过 10%；若实行人工授精，种公羊数量还可以减少，繁殖母羊的比例增加。

(二)商品羊场

为提高出栏率，加快羊群周转，繁殖母羊的比例应占 70%～80%，其中 2～5 岁壮龄母羊应占繁殖母羊的 60%～70%。采用本交时公母比例为 1∶(20～30)，人工授精时为 1∶(300～500)。羔羊产出后经育肥尽快出栏，不要超过 1 岁，以生产 6～8 月龄肥羔为好。

表 6-1　羊群周转计划表

羊群类型	上年末结存数	月份												计划年度末结存数
		1	2	3	4	5	6	7	8	9	10	11	12	
哺乳羔羊														
育成羊														
后备母羊	月初只数													
	转入													
	转出													
	淘汰													
后备公羊	月初只数													
	转入													
	转出													
	淘汰													
基础母羊	月初只数													
	转入													
	淘汰													
	月末只数													
基础公羊	月初只数													
	转入													
	淘汰													
	月末只数													
育肥羊	4 月龄以下													
	5～6 月龄													
	7 月龄以上													
月末结存														
出售种羊														
出售肥羔														
出售育肥羊														

四、羊场生产规模确定

(一)羊场的饲养规模

羊场的饲养规模一般是指饲养种羊或育肥羊数量的多少。羊场通过选用优良的种羊,饲喂优质粗饲料和精料补充饲料,并提供适宜的环境条件,执行严格的防疫等措施,实行高效益养羊,最终获得较高的经济效益。因此,需要有一定的资金、技术和设备等条件来保证。

1. 确定饲养规模的原则

(1)平衡原则:指生产者要使羊群的饲养数量与饲料供给量相平衡,避免料多羊少或羊多料少等情况的发生。生产中要求每月供应的饲料种类及饲料数量与当月的羊群数量及饲料需求量相平衡,避免季节性饲料不足的现象发生。

(2)充分利用原则:各种生产要素都要充分地加以利用。要把最少的生产要素(羊舍、资金、劳力)耗费转化为最大经济效益的生产规模列入计划,即最大限度地利用现有的生产条件。

(3)以销定产原则:生产的目标应与销售的目标相一致,生产计划应为销售计划服务,坚持以销定产,避免以产定销。要以生产为核心,以盈利为目标,以销售额为结果,全面地安排各个阶段的规模和任务。

2. 确定饲养规模的依据

一个肉羊场在根据实际条件在确定养羊生产经营目标之后,还必须确定羊只饲养数量的具体目标,即确定饲养规模。养羊生产的规模受多种因素制约,这些因素大体分为 2 类,一类属于经营问题,如土地面积、饲料资源、羊舍数量、资金情况、劳动力及周围环境条件等;一类属于技术问题,如生产工艺、种羊质量、设施设备及饲养管理水平高低等。这些因素相互交错,相互影响,是肉羊场总体经营中不可忽视的因素。

(1)根据生产资源确定规模:生产资源如土地面积的大小、资金的多少等,是养羊饲养规模确定的决定性因素。羊的饲养规模直接体现对资金和羊栏利用效率的高低,利用率高,则成本低,反之则然。例如,育肥羊舍每栏 15 m^2,造价为 5 250 元,可养 15～18 只肉羊,一年养 2 批,共 30～36 只,以折旧费、资金利息、维修费等共为造价的 10%计,每只羊的栏位费用为 15～18 元。但如果一个羊栏只养 10 只,一年养 20 只肉羊,则一只羊的栏位费为 26 元。所以在现有生产资源的基础上,确立合理的经营规模,提高设施、资金等的利用率和周转率,降低劳动消耗,采取科学的饲养管理技术,这是获取高效益的关键。

(2)根据预期目标确定规模:这是规模化羊场饲养规模确定的重要方法。在肉羊养殖企业的生产投资中,必须对市场进行全面的分析和调查,做好单位产品的利润测算,认真设计合理的羊只饲养规模。由于大部分养羊企业采用贷款投资的方式,这就涉及必须在一定期限内用所获利润进行还贷的问题。因此,在投资总额确定的情况下,养羊企业应根据单位产品的预期利润和投入资金的回收年限,合理确定羊的饲养规模。在标准化肉羊生产中,虽然投资较高,但它的生产效率高,仍然可以获得高的经济效益。

3. 确定饲养规模的方法

肉羊场的饲养规模是指在养羊生产正常运营的情况下，肉羊场年出栏商品肉羊的只数，如千只羊场、万只羊场等多种规模，通常称规模 1 000～2 000 只的羊场为小型养羊场，2 000～5 000 只为中型养羊场，5 000 只以上为大型养羊场。规模超过 10 000 只时宜分场建设，以免给疫病防治、环境控制和粪污处理等带来不便。研究与实践证明，羊场只有经营方向对路，饲养规模适度，才能达到资源、生产与目标的最佳配置，进而取得最佳效益。

运用生产资源规划法确定羊的最佳饲养规模时，必须掌握以下资料：一是几种有限资源的供应量；二是利用有限资源能够从事的生产项目；三是某一生产方向的单位产品所要消耗的各种资源数量；四是单位主产品的价格、成本及收益。

举例，2012 年某肉羊场投资建设时预计种羊和肉羊的直接生产成本（饲料费、防疫费、兽药费、饲养员工资等）为 150 万元，羊舍占用土地面积为 3 000 m^2，生产方向为种羊、肉羊综合生产。按市场价格计算，每只育肥羊需资金 900 元，占用羊舍面积 0.8 m^2/只；每只种母羊饲养 1 年需资金 1 000 元，占用羊舍面积 6 m^2/只（公、母羊取一致），公母比例为 1∶25（包含试情公羊）；肉羊按年育肥 2 批计算，每只肉羊可获利 200 元；母羊按年产 1.5 窝计，每只母羊可获利 650 元。根据以上资料设计该羊场收益最大时的最佳饲养规模。

①整理归纳资料。如表 6-2 所示。

表 6-2 已知资料表

项目	资金消耗	占用羊舍面积	每只羊收益
肉羊	900 元/只	0.8 m^2/只	200 元/只
种母羊	1 000 元/只	6.0 m^2/只	650 元/只
最大资源数	150 万元	3 000 m^2	

由于种羊公母比例为 1∶25，可将公羊资金消耗及占用羊舍面积加入到母羊消耗中去，即每只母羊的资金消耗为 1 000＋1 000×1/25＝1 040（元）；每只母羊占用羊舍面积为 6＋6×1/25＝6.24（m^2/只）。

②建立目标函数和约束方程。设育肥羊饲养量为 x 只，种羊饲养量为 y 只，z 为一年所获收益，则目标函数为：

$z=2\times200x+650y$

而约束方程为：

$900x+1\,040y\leqslant1\,500\,000$； $0.8x+6.24y\leqslant3\,000$。

因 x、y 为饲养量，只能为 0 或正数，故 $x\geqslant0$，$y\geqslant0$。

③用图解法解出使目标函数为最大时的 x 和 y 值。

建立直角坐标系，如图 6-2 所示。

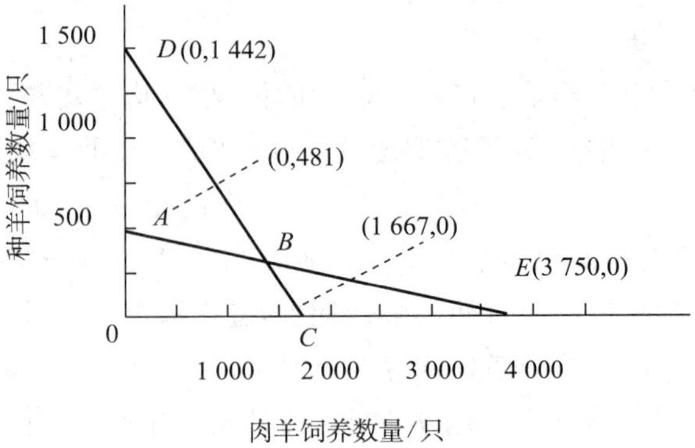

图 6-2　种羊与肉羊饲养只数线性分析图

根据方程 $900x+1\ 040y=1\ 500\ 000$ 作直线 DC，如图 6-2 所示。

令 $x=0$，得 $y=1\ 442$，得点 $D(0,1\ 442)$；令 $y=0$，得 $x=1\ 667$，得点 $C(1\ 667,0)$

根据方程 $0.8x+6.24y=3\ 000$ 作直线 AE，如图 6-1 所示。

令 $x=0$，得 $y=481$，得到点 $A(0,481)$，令 $y=0$，得 $x=3\ 750$，得到点 $E(3\ 750,0)$。

④图形分析。由于 $x\geqslant 0$，$y\geqslant 0$，x 和 y 值应都在第一象限。在该条件下，图中满足约束方程的公共区域是 $OABC$，即 x 和 y 在此区域内取值。分析如下：

在△ABD 范围内，有资金而无羊舍。

在△BCE 范围内，有羊舍而无资金。

在 D、B、E3 点以外的范围中，既无资金，又无羊舍。

以上 3 种情况都不能使羊场生产正常运转，只有在四边形 $OABC$ 区域内取值，生产才是可行的。但要使目标函数最大，应取四边形上凸点的值，其中原点的 Z 值为 0，A、B、C3 点是生产状态，但 Z 值大小不一，取值代入方程 $Z=2\times 200x+650y$。则：

A 点 Z 值为：$2\times 200\times 0+650\times 481=312\ 650$(元)

C 点 Z 值为：$2\times 200\times 1\ 667+650\times 0=666\ 800$(元)

B 点 Z 值则由联立方程组求解所得：

$900x+1\ 040y=1\ 500\ 000$

$0.8x+6.24y=3\ 000$

解出：$x=1\ 304$；　　$y=314$。

则 Z 值为：$2\times 200\times 1\ 304+650\times 314=725\ 700$(元)

比较 A、B、C3 点的 Z 值，可知 B 点 Z 值最大，即肉羊每批饲养 1 304 只，种羊饲养 314 只(含公、母羊)时，该场收益最大。若按公母比例 1∶25 计，则 314 只种羊内应饲养种母羊 302 只，种公羊 12 只。

(二)羊场生产技术指标

羊场生产技术指标见表 6-3。

表 6-3　羊场生产技术指标

项目	指标	项目	指标
配种分娩率/%	90	哺乳期/周	8
胎均活产羔羊/只	2	断奶期/周	9
胎均断奶成活羔羊/只	1.8	哺乳期成活率/%	90
出生重/kg	1.5～3.5	断奶期成活率/%	96
60 日龄个体重/kg	10	育成期成活率/%	99
180 日龄个体重/kg	30～40	全期成活率/%	86
母羊产羔周期/d	230		

(三)羊场生产工艺流程

羊场生产线(300 母羊为例)以周为生产节律,采用工厂化流水作业均衡生产方式,全过程分为 4 个生产环节。按图 6-3 所示工艺流程进行。

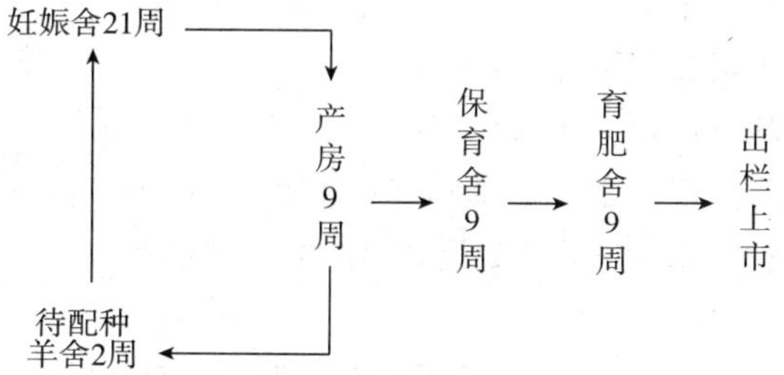

图 6-3　羊的生产线工艺流程

1. 待配母羊阶段

在配种舍内饲养包括空怀、后备、断奶母羊。300 只基础母羊生产线每 2 周参加配种的母羊 20 只,后备母羊 60 只,共计需 80 只栏位。

2. 母羊妊娠前期阶段

该阶段为 17 周(繁殖周期为 33 周),此阶段母羊数为 155 只(17/33×300)。

3. 母羊妊娠后期阶段

该阶段为 4 周,母羊数为 37 只。

4. 母羊产羔阶段

母羊按预产期进分娩舍产羔,在分娩舍内 10 周(临产 1 周,哺乳 9 周),羔羊平均 60 d 断奶。此哺乳阶段母羊数为 90 只(10/33×300)。母羊断奶当天转入配种舍,羔羊立即转入保育舍。如果有母羊产羔少、哺乳能力差等特殊情况,可将羔羊进行寄养或并窝,这样不负担哺乳的母羊可提前转回配种舍等待配种或考虑淘汰。

5. 断奶阶段

饲养 8 周,合计断奶期保育羊数为 150 只。

6. 育肥阶段

120～180 日龄,饲养 8～9 周,合计育肥羊数 150 只。

(四)羊场存栏结构计算方法

(1)妊娠母羊数=周配种母羊数×妊娠周数(21—1周)
(2)临产母羊数=周分娩母羊数
(3)哺乳母羊数=周分娩母羊数×8周
(4)空怀断奶母羊数=周断奶母羊数×2周
(5)成年公羊数=周配母羊数×2÷3(公羊周使用次数)
(6)断奶羔羊数=周断奶数×9周
(7)育成羊数=周保育成活数×9周
(8)年上市肉羊数=周分娩胎数×52周×2只/胎
举例:某肉羊场饲养300只基础母羊,其羊群存栏结构如下。
(1)妊娠母羊数=周配种母羊数×20周=200只
(2)临产母羊数=周分娩母羊数=9只
(3)哺乳母羊数=周分娩母羊数×8周=72只
(4)空怀断奶母羊数=周断奶母羊数×2周=19只
(5)成年公羊数=周配母羊数×2÷3(公羊周使用次数)=6只
(6)断奶羔羊数=周断奶数×9周=140只
(7)育成羊数=周保育成活数×9周=134只
(8)年上市肉羊数=周分娩胎数×52周×2只/胎=780只
(9)后备母羊数=60只、后备公羊=2只、羔羊数=156只
其满负荷羊群存栏数量见表6-4。

表6-4　300只基础母羊满负荷羊群存栏数量　　只

基础母羊数	300只基础母羊		
	周	月	年
满负荷配种母羊数	10	44	520
满负荷分娩胎数	9	39	468
满负荷活产羔羊数	18	78	936
满负荷断奶羔羊数	16	70	832
满负荷保育成活数	15.5	67	806
满负荷上市肉羊数	15	65	780

注:以周为节律,一年按52周计算,按基础母羊300只计划。

任务2　羊场成本核算和效益分析

养羊的主要目的是增加经济效益和提供肉食品、毛制品等。其中效益是最关键、最敏感的

部分,没有好的经济效益就不会促进养羊业的发展。

一、养羊经济效益的构成要素

(一)生产成本

1. 固定成本

房屋的折旧、机械设备折旧、饲养设备折旧、取暖费用、管理费用、维修费用、土地开支费用、种羊开支费用和年摊配费用等。

2. 可变费用

饲养开支、饲草开支、劳力开支、水电开支、防疫治疗开支等。

(二)收入构成

养羊业的收入大多为直接的、可变的收入,包括出栏羊数(包括种羊数)、羊肉产量、羊毛收入、羊绒收入、羊皮收入、羊粪收入等。

二、羊场的成本核算与效益分析

(一)成本与费用的构成

1. 产品成本

(1)直接材料:指构成产品实体或有助于产品形成的原料和材料,包括养羊生产中实际消耗的粗饲料、精饲料、矿物质饲料等饲料费用(如需外购,在采购中的运输费用和其他费用也列入饲料费用中),饲料粉碎和加工调制等耗用的燃料动力费等。

(2)直接工资:包括饲养员、放牧员、挤奶员等人员的工资、奖金、津贴和福利费等。如果是专业户养羊,也应该根据具体情况对人员工资、福利等做出估计费用。

(3)其他直接支出:包括医药费、防疫费、羊舍折旧费、专用机器设备折旧费、种羊摊销费等。医药费指所有羊只耗用的药品费和能直接计入的医疗费。种羊摊销费指自繁羔羊应负担的种羊摊销费,包括种公羊和种母羊,即种羊的折旧费用。公羊从能授配开始计算摊销,母羊从产羔开始计算摊销。其计算公式为:

种羊摊销费(元/年)=(种羊原值-残值)/使用年限

(4)制造费用:指羊场为组织和管理生产所产生的各项费用,包括生产人员的工资、办公费、差旅费、保险费、低值易耗品、修理费、租赁费、取暖费、水电费、运输费、试验检验费、低值易耗品、劳动保护费以及其他制造费用。

2. 期间费用

期间费用是指在生产经营过程中发生的,与产品生产活动没有直接联系,属于某一时期耗用的费用。期间费用不计入产品成本,直接计入当期损益,期末从销售收入中全部扣除。期间费用包括管理费用、财务费用和销售费用。

(1)管理费用:指管理人员的工资、福利费、差旅费、办公费、折旧费、物料消耗费用等,以及劳动保险费、技术转让费、无形资产摊销、招待费、坏账损失，以及其他管理费用等。

(2)财务费用：包括生产经营期间发生的利息支出、汇兑净损失、金融机构手续费，以及其他财务费用。

(3)销售费用：指在销售羊产品或其他产品、自制半成品和提供劳务等过程中发生的各项费用，包括运输费、包装费、保险费、装卸费、广告费、代销手续费、展览费等，或者还包括专业销售人员的费用。

(二)成本核算

羊场的成本核算，可以是一年计算一次成本，也可以是一批计算一次成本。成本核算必须要有详细的收入和支出记录，主要内容如下。

1. 支出部分

包括管理费用、财务费用和销售费用等内容。

2. 收入部分

包括羊毛、羊肉、羊皮、羊奶、羊绒等产品的销售收入，出售种羊、肉羊的收入，产品加工增值的收入，羊粪尿及加工副产品的收入等。

在做好以上记录的基础上，一般小规模羊场可按下列公式计算总成本。

养羊生产总成本＝工资支出(劳动力)＋固定资产折旧费＋草料消耗支出＋羊群防疫医疗费＋各项税费等。

较大规模的羊场除计算总成本外，为了仔细分析某项产品经营成果的好坏，还可以计算单项成本。现列举以下公式说明：

每千克羊奶生产成本＝全群奶山羊生产总成本－副产品收入/全年总产奶量

每千克羊毛生产成本＝全群生产总成本－副产品收入/全群年总产毛量

每只育成公羊生产成本＝断奶羔羊生产成本＋育成期生产成本－副产品收入/全年出育成公羊总数

每只肉羊生产成本＝肉羊群生产总成本－副产品收入/全年出栏肉羊总数

上式中副产品收入是指除主产品以外的其他养羊收入，如淘汰死亡收入、粪尿收入。

(三)经济效益分析

养羊生产的经济效益，用投入产出进行比较，分析的指标有总净值、净产值、盈利额、利润额等。

1. 总产值

是指各项养羊生产的总收入，包括销售产品(毛、肉、皮、奶、绒)的收入、自食自用产品的收入、出售种羊肉羊、淘汰死亡收入、羊群存栏折价收入等。

2. 净产值

是指专业户通过养羊生产创造的价值，计算的原则是用总产值减去养羊人工费、草料消耗费用、医疗费用等。

3. 盈利额

是指专业户养羊生产创造的剩余价值，是总产值中扣除生产成本后的剩余部分。其计算公式为：

盈利额＝总产值－养羊生产总成本

4.利润额

指专业户生产创造的剩余价值(盈利额)并不是专业户应得全部利润，还必须尽一定义务，向国家缴纳一定比例的税金和向地方(乡或村)缴纳有关生产管理和公益事业建设费用，余下的才是专业户为自身创造的经济价值。

养羊生产利润＝养羊生产盈利－税金－其他费用

【案例分析】

某肉羊场饲养1 000只基础母羊利润收入

一、案例介绍

某肉羊场饲养1 000只基础母羊，需要40只种公羊配种，养殖成本每年每只按900元计算，饲养人员10名。试结合相关知识分析如何提高肉羊场利润收入。

二、案例分析

按年自繁自养1 000只母羊，年出栏3 500只羔羊计算。

1.育肥羊150 d的饲料

需干草：1.25×150×3 500＝656 250(kg)，0.5×656 250＝328 125(元)。

需精料：1×150×3 500＝525 000(kg)，525 000×2.3＝1 207 500(元)。

2.1 000只母羊全年365 d的饲料

需干草：1.6×365×1 000＝584 000(kg)，0.5×584 000＝292 000(元)。

需精料：0.25×365×1 000＝91 000(kg)，91 000×3＝273 000(元)。

3.40只种公羊的饲料

需干草：1.6×365×40＝23 360(kg)，0.5×23 360＝11 680(元)。

需精料：0.5×365×40＝7 300(kg)，7 300×3＝21 900(元)。

1 040只种羊共计干草用量为1 263 610 kg，其费用为63.18万元；精料用量为623 300 kg，其费用为150.24万元；饲料总费用213.42万元。

4.整个销售额为423.5(3 500×55×22)万元，减去饲料成本213.42万元，工资36万元，水电费3.6万元，医药免疫费5万元，其他费用3万元，不贷款，不租地可以产生利润162.48万元左右，纯利润为销售收入的38.4%。

实际养殖过程中还有许多费用支出，如人工伙食、劳保、工作服、常用工具、驱虫药、健胃药、疫苗、药浴、食盐、钙添加剂、修补羊舍等。

养羊70%的成本在饲料上，生产过程中应想方设法提高粗饲料的质量，减少精料用量，进而降低饲料成本，提高效益，只有这样才能保证养羊在市场低迷时不被淘汰。另外，种植牧草时的人工成本、机械作业方式、场区布局合理与否、羊舍建设是否标准、设备工具是否齐全，也是影响养羊效益高低的重要因素。一般情况下条件完善的羊场，2名工人实际可以管理200只基础母羊及所产羔羊。

5.其他收入

1 040 只羊的羊毛收入为:2 kg×1 040 只×12 元=24 960 元,另外还有羊粪的收入,母羔4～5 月龄以种羊出售,可提高利润 20%以上,选育优质公羊当做种公羊留种或出售利润更高。

6.种羊投资

种母羊投资:1 000×1 200=120(万元)。

种公羊投资:40×3 000=12(万元)。

合计种羊投资为:132 万元。

种羊年均总摊销=1 320 000/5=26.4(万元/年)

作为种羊投资,使用年限为 5 年,每年种羊成本 26.4 万元。5 年后淘汰种羊可按商品肉羊出售,每只按照 1 200 元计算,总计 1 040×1 200=124.8(万元),平均摊销到每年,可与每年种羊成本相互抵消,因此核算中未出现种羊投入成本。

所有数据均未算每年固定资产总摊销。

7.基础建设总造价

500 只基础母羊,净舍面积为 500 m^2;周转羊舍(羔羊、育成羊),净舍面积为 1 250 m^2;25 只公羊,净舍面积为 50 m^2;合计,500 m^2+1 250 m^2+50 m^2=1 800 m^2×造价/m^2=羊舍总造价。

羊舍造价:1 000 只基础母羊,净舍面积为 1 000 m^2;周转羊舍(羔羊、育肥羊),净舍面积为 2 500 m^2;40 只种公羊,100 m^2 公羊舍;合计,3 600 m^2。

360 m^2×造价/m^2=羊舍总造价

青贮池总造价:2 300 m^3×造价/m^2,宽度 5 m,高度 3 m,长度自定。

干草棚及饲料加工车间总造价:100 m^2×造价/m^2。

8.设备机械及运输车辆投资

饲料设备主要包括铡草机、秸秆粉碎机、颗粒饲料机以及其他饲料机械,另外还有兽医药械费用、变压器等机电设备费用、运输车辆费用等,合计为设备机械及运输车辆总费用。

每年固定资产总摊销=(基础建设总造价+设备机械及运输车辆总费用)/10

9.单纯育肥利润

单纯育肥按月存栏 200 只计算,每只日增重 250 g,2 个月出栏,每年 10 个月,每个月进销各 100 只,毛利润为 200 只×250 g/d×300 d×22 元/kg=33 万元,减去食疗、利息、工资、水电、租金、防疫医药费 1 万元(1 000 只),则纯利润为

330 000-(175 500+18 000+36 000+72 000+10 000)=80 100(元)。

若不贷款有场地,可收益 101 300 元。

相当于 1 000 只羔羊,育肥 60 d。

需干草:1.25×60×1 000=75 000(kg);干草费用为:0.5×75 000=37 500(元)。

需精料:1×60×1 000=60 000(kg);精料费用为:60 000×2.3=128 000(元)。

合计 165 500 元。

由此可见,单纯育肥羔羊的利润比自繁自养风险小,周转快,通常情况下羔羊价格都略高于肉羊价格,因此实际利润可能小于计算结果,单纯育肥羔羊生长期短,没有羊毛产出,有羊粪产出。

这些仅是从肉羊的角度计算,其中母羔羊若按种羊销售,则利润更高,羊毛也可销售,羊粪自用或销售,实际生产中不同的养殖场数据亦不同。

青干草、草粉、花生秧粉等每千克为 0.5 元左右，自配母羊精料 2.3 元/kg(也可买料，价格一致)，种公羊精料 3 元/kg，平均日需干草：育肥羔 1.25 kg；种羊 1.6 kg。平均日需精料：育肥羊 1 kg，母羊 0.25 kg，公羊 0.5 kg。

青干草与鲜草折算比为 1∶3.5，青干草与青贮料折算比为 1∶3，青贮池每立方米可装填青干草 600 kg。1 000 只基础母羊，按青贮料占冬、春季一半的粗料，需 1 263 610÷2÷2÷150＝2 106(m^3)。即冬、春两季需青贮料 2 106 m^3，但前 9 个月无羔羊产出，因此初次建场不需要这么多饲料。

【阅读材料】

×××市草地生态畜牧业科技扶贫种草养羊

甲方：×××市草地畜牧业发展中心(以下简称甲方)。

乙方：________市________县________乡________村________组农户____________(以下简称乙方)。

为使×××市草地生态畜牧业产业化科技扶贫种草养羊项目持续、快速、健康发展，如期实现产业化建设预期发展目标，真正成为贫困地区贫困农户增收致富的支柱产业，根据省、市、县扶贫办对资金按照“有偿使用，滚动扶持”的要求，结合项目区实际，经双方充分酝酿协商，达成如下协议，双方共同遵守。

一、项目实施规模

饲养 100 只或价值 35 000 元的基础母羊，种植优质牧草 100 亩，新(改)建圈舍 150 m^2，每 4 户配 1 只种公羊。

二、资金投入

(一)甲方投入

1. 种植优质牧草

以物代现按每亩 400 元投入草种、肥料资金，100 亩投入 40 000 元。

2. 饲养基础母羊

以物代现投入购买基础母羊资金 35 000 元。

3. 购种公羊

以物代现每 4 户投入 1 只种公羊，每年更换一次，同时负责种公羊防疫治疗费、死亡更换等。

4. 新(改)建圈舍补助

补助新(改)建圈舍资金 2 000 元。

(二)乙方投入

100 亩种草地块，修(改)建 150 m^2 圈舍，同时负责种植、施肥、刈割、贮藏、管理人工牧草及羊群放牧、守牧、饲养管理的劳动力投入。

三、项目实施地点

________市________县________乡________村________组____________(小地名及面积)。

四、责任义务

第一条　规划种草地块及新(改)建圈舍地点一经确定，乙方不能后悔。

第二条　乙方应主动申请实施“×××市草地生态畜牧业科技扶贫种草养羊项目”，自觉遵守项目规章制度和乡规民约，遵守《中华人民共和国草原法》、《中华人民共和国动物防疫法》等法律法规。

第三条　乙方于______年____月____日前种植 100 亩以上牧草，于______年____月____日前完成羊圈修建或改建工作后，向村民委员会或村养羊专业合作社提出口头验收申请，村民委员会或村养羊专业合作社组织自查，当农户合格率超过 50%时，向甲方提出验收申请，甲方在收到验收申请后 1 周内组织向乙方发放修建补助，乙方应及时进行圈舍修建，当乙方圈舍修建合格并经甲方验收后，甲方向乙方发放价值 35 000 元的基础母羊。乙方自有基础母羊的，经验收合格称重、佩戴免疫标识、观察 30 d，确认羊只无疾病，甲方可以直接支付乙方购羊补助资金。基础母羊由甲方建立羊群档案，由乙方签字认可。

第四条　乙方必须按甲方技术人员的要求对草地进行科学管理，作好追肥、刈割、除杂草、防病、除虫等工作。如甲方发现草场管理不善，出现杂草丛生、病虫害蔓延、牧草长势较差等，甲方将自行雇人处理，费用由乙方承担，同时甲方有权收回发放给乙方的基础母羊，乙方承担违约责任。

第五条　甲方按照制订的《兽医卫生制度》，定期安排乙方进行驱虫健胃、注射疫苗、打扫环境卫生和消毒等，药品费用由甲方承担，但乙方不得因任何理由拒绝。否则，导致疫情发生，乙方承担一切损失，并按《中华人民共和国动物防疫法》追究相关责任。

第六条　双方按照每年每只基础母羊 20 元的标准共同出资存入专户，作为基础母羊防疫治疗费及羊只死亡补偿费，基础母羊生病时，由甲方负责治疗，因病治疗无效死亡的，经双方及村民委员会(或村养羊专业合作社)、村包片兽医员现场认定后，折算出金额，按总金额的 60%计算，甲、乙双方各承担一半。但羊群发病或有异常反应时，应及时通知项目点兽医员或甲方驻点技术人员及时处理，如未通知或通知时间较晚，耽误最佳治疗时间造成的羊只死亡，由乙方自行负责。

第七条　甲方为乙方提供品种改良服务，制订品种改良计划，保证基础母羊繁殖率不低于 150%。乙方不得拒绝进行品种改良，不得私自配种。

第八条　甲方派技术人员指导乙方进行种草和养羊，保证乙方饲养的羊成活率在 95%以上，乙方必须听从技术人员的指导。如因乙方管理不善，造成羊只走失、被盗、狗咬、落洞、跌岩、火烧、落水、中毒以及不及时汇报病情等造成伤亡的，由乙方承担所造成的损失，并负责赔偿或自行补足 100 只。

第九条　甲方为乙方提供养羊饲料配方，为乙方提供技术培训和技术咨询、登记造册，乙方必须按时参加由甲方组织的会议。无故不参加会议的每人每次处罚 10 元作为科技认识费，罚金由村养羊专业合作社统一收存，用于日常办公。

第十条　乙方不得收留非项目农户的牲畜，不得将其他牲畜与本项目饲养的羊混群饲养。乙方需购入牲畜时，须向甲方提出申请，并经甲方审核同意后才能购入。项目规划所种植的人工放牧草地只能用于放牧属于本项目饲养的羊，不能将项目外的羊或其他牲畜在草场上混群放牧。否则，造成项目区经济损失的，乙方将承担相应的法律责任，对造成的损失进行赔偿。同时，甲方有权解除协议，乙方需返还甲方提供的草种、肥料及种羊(包括 20 只基础母羊和种公羊)等物资或等值现金。

第十一条　甲方为乙方建立生产经营档案，每月对项目户进行一次生产发展和经营效益统计评价。当乙方饲养规模超过200只时，若要扩大饲养规模，由乙方提出申请，经甲方与本村养羊协会按照乙方生产经营记录进行共同研究后，才能扩大饲养规模。

第十二条　乙方饲养的羊达到出栏要求时，由甲、乙双方共同商议后方能出售，任何一方不得私自销售，收购价格以当地市场价为参考。

第十三条　淘汰种羊经甲方确定无种用能力后乙方按商品羊标准育肥，按第十二条要求上市销售。

第十四条　甲方免费为乙方提供养羊技术资料、市场信息，并负责市场开拓，指导村委会成立养羊专业合作社，引导农民进入市场参与市场活动。

第十五条　甲方按要求建立公示制度，对草种、肥料、基础母羊、种公羊、上市销售的羊、药品等进行定期公示，接受乙方监督。

第十六条　甲方收回的羊用于与村专业合作社分成，分成剩余部分用于滚动扶持其他贫困农户。

第十七条　村专业合作社与甲方另行签订协议，将分成的羊在村民委员会活动室公示，接受乙方监督。

第十八条　甲方聘请兽医员为农户提供服务，农户必须配合兽医员的工作，及时准确地向兽医员提供饲养管理情况，不得拒绝兽医员的管理，如确有争议，可以按协议规定及时向甲方反映情况。如乙方无故不服从兽医员管理，甲方有权终止协议，乙方需赔偿一切经济损失，并承担违约责任。

五、效益分成

从签订协议之日起，第1年甲方不分成，从第2年开始，每年以乙方饲养的100只基础母羊为基数，按新增羊数进行分成，甲方占30%，乙方占70%，返还的分成羊必须为达4月龄以上、体重在20 kg以上、身体健康的羊(公母比例为1∶1，可视实际情况协商调整公母比例)，连续返还5年，满5年后乙方自动拥有羊群产权，但仍需遵守本协议书第十二条之规定。返还羊后，如基础死亡或淘汰，须经双方共同认定。

六、合作期限

暂定为6年，从协议签订之日起计算，一年兑现一次。

七、违约责任

如单方违约，需向对方支付违约金10 000元。

八、其他约定事项

本协议如发生争议，双方共同协商解决，如协商不成，可向人民法院起诉或申请仲裁。

九、本协议一式两份，甲、乙双方各一份，自签字之日起生效。

甲方：×××市草地畜牧业发展中心(公章)　　法人代表(签字)：

乙方：________市________县________乡________村__________组农户(签字手印)：______________

签约时间：____________________　　签约地点：____________________

【考核评价】

青海省某肉羊场羊群存栏数量计算

一、考核题目

青海省某肉羊场现饲养的品种主要有无角陶赛特羊和小尾寒羊，为生产肥羔羊肉，该场以无角陶赛特羊为父本，以小尾寒羊为母本，进行二元杂交，基础母羊年生产窝数为 1.6 窝，每窝产羔数为 2 只。现该场饲养基础母羊 500 只，请结合项目六的相关知识，计算该肉羊场满负荷羊群的存栏数量。

二、评价标准

依据羊场存栏结构计算方法可知，该羊场不同阶段羊只的存栏数量计算公式为：

妊娠母羊数＝周配种母羊数×妊娠周数(21－1 周)

临产母羊数＝周分娩母羊数

哺乳母羊数＝周分娩母羊数×8 周

空怀断奶母羊数＝周断奶母羊数×2 周

成年公羊数＝周配母羊数×2÷3(公羊周使用次数)

断奶羔羊数＝周断奶数×9 周

育成羊数＝周保育成活数×9 周

年上市肉羊数＝周分娩胎数×52 周×2 只/胎

其满负荷羊群存栏数量见表 6-5。

表 6-5　500 只基础母羊满负荷羊群存栏数量　只

基础母羊数	500 只基础母羊		
	周	月	年
满负荷配种母羊数	17	68	889
满负荷分娩胎数	15	62	780
满负荷活产羔羊数	30	124	1 560
满负荷断奶羔羊数	27	112	1 404
满负荷保育成活数	25.9	108	1 348
满负荷上市肉羊数	25	107	1 335

注：以周为节律，一年按 52 周计算。

【信息链接】

1. 财政部财会[2004]5 号通知《农业企业会计核算办法——生物资产和农产品》。
2. 财政部财会[2004]5 号通知《农业企业会计核算办法——社会性收支》。
3. GB/T 20014.7—2008《良好农业规范第 7 部分：牛羊控制点与符合性规范》。

参考文献

[1] 道良佐.肉羊生产技术手册.北京:中国农业出版社,1996.
[2]沈正达.养羊防治手册(修订版).北京:金盾出版社,2000.
[3]贾志海.我国肉羊生产现状发展趋势及对策.中国草食动物,2000(4):28-30.
[4]张居农,剡根强.高效养羊综合配套技术.北京:中国农业出版社,2001.
[5]孟和.羊的生产与经营.北京:中国农业出版社,2001.
[6]杨和平.牛羊生产.北京:中国农业出版社,2001.
[7]丁洪涛.畜禽生产.北京:中国农业出版社,2001.
[8]李国江.动物普通病.北京:中国农业出版社,2001.
[9]赵有璋.羊生产学.北京:中国农业出版社,2002.
[10]崔中林.奶山羊无公害养殖综合技术.北京:中国农业出版社,2002.
[11]岳文斌,路建新.设施养羊新技术.北京:中国农业出版社,2002.
[12]张英杰.绵羊舍饲半舍饲养殖技术.北京:中国农业科学技术出版社,2003.
[13]任智慧.奶山羊品种介绍.养殖技术顾问,2003(2):5.
[14]马月辉,等.科学养羊指南.北京:金盾出版社,2003.
[15]薛慧文.肉羊无公害高效养殖.北京:金盾出版社,2003.
[16]张世伟.辽宁绒山羊综合饲养配套技术.北京:中国农业出版社,2003.
[17]许宗运.山羊舍饲半舍饲养殖技术.北京:中国农业科学技术出版社,2003.
[18]赵有璋.现代中国养羊.北京:金盾出版社,2004.
[19]卢泰安.养羊技术指导.北京:金盾出版社,2005.
[20]刘凤华.安全优质肉羊的生产与加工.北京:中国农业出版社,2005.
[21]李健文.奶山羊高效益饲养技术.北京:金盾出版社,2005.
[22]李军民.提高肉羊繁殖能力的综合措施.河南科技学院学报,2005(6):38-39.
[23]程凌.养羊与养病防治.北京:中国农业出版社,2006.
[24]李振.提高奶山羊产奶量的配套措施.畜禽生产,2006(3):14-15.
[25]敦伟涛,房国芳,邢艳蕊.羔羊 30 日龄早期断乳及代乳料研究.安徽农业科学,2009,37(33):16389-16390,16461.
[26]杜乐新.配合饲料在羊生产中的合理应用.畜牧与饲料科学,2011,32(4):47-48.
[27]权凯,马伟,张巧灵等.农区肉羊场设计与建设.北京:金盾出版社,2012.

[28]苗志国,常新耀.羊安全高效生产技术.北京:化学工业出版社,2012.2
[29]庞连海.肉羊规模化高效生产技术.北京:化学工业出版社,2012.
[30]薛慧文,包世军.羊防疫员培训教材.北京:金盾出版社,2012.
[31]王志武,毛杨毅,李俊等.日粮不同营养水平对羔羊育肥效果的影响.中国草食动物科学,2012,3:82-83.
[32]张英杰.规模化生态养羊技术.北京:中国农业大学出版社,2013.
[33]李范文,杨杜录.优质甘肃高山细毛羊实用生产技术.兰州:甘肃科学技术出版社,2013.
[34]耿明杰,常明雪.动物繁殖技术.北京:中国农业出版社,2013.